"BIM技术与应用"系列

Revit+Lumion中文版
从入门到精通
（建筑设计与表现）

我知教育　编著

清华大学出版社

北 京

内 容 简 介

本书以一个办公楼案例为主线，完整地讲述了Revit从前期建模到后期出图的全过程，最后还介绍了如何使用Lumion对模型进行渲染表现。在此基础上还配合了大量的小案例，使读者能够很好地理解Revit各项工具的具体用法。全书内容分三大部分：第一部分主要介绍基础建模，包括"BIM大世界""Revit基础操作""标高和轴网""结构布置""墙体与门窗""楼板、天花板和屋顶""楼梯、坡道、栏杆和洞口""构件与场地"；第二部分主要介绍模型的后期应用与族的建立，包括"房间和面积""材质、漫游与渲染""明细表""施工图设计""布图与打印""协同工作""体量与族"，贯穿Revit全过程的应用。主案例主要介绍三方面内容，从前期的基础建筑，到后期的出图、统计，再到最后渲染表现；第三部分主要介绍Lumion的应用，包括"Lumion基础入门"和"Revit+Lumion标准工作流"。

本书配备了极为丰富的学习资源，包括配套自学视频、技术速查手册、常用族文件、全套工程图纸及配套视频等。

本书定位于Revit+Lumion建筑设计与表现从入门到精通层次，可以作为建筑设计初学者的入门教程，也可以作为建筑设计师的参考书。另外，本书所有内容均采用中文版Revit 2018与Lumion 8.0进行编写，请读者注意。

图书在版编目（CIP）数据

Revit+Lumion中文版从入门到精通：建筑设计与表现 / 我知教育编著. — 北京：清华大学出版社，2019（2022.6重印）

（"BIM 技术与应用"系列）

ISBN 978-7-302-53385-6

Ⅰ. ①R… Ⅱ. ①我… ③王… Ⅲ. ①建筑结构—结构设计—计算机辅助设计—应用软件—高等学校—教材

Ⅳ. ①TU318-39

中国版本图书馆CIP数据核字（2019）第175976号

责任编辑：贾小红
封面设计：李志伟
版式设计：楠竹文化
责任校对：马军令
责任印制：宋　林

出版发行：清华大学出版社
　　网　　　址：http://www.tup.com.cn，http://www.wqbook.com
　　地　　　址：北京清华大学学研大厦A座　　　　　　　邮　　编：100084
　　社 总 机：010-83470000　　　　　　　　　　　　　邮　　购：010-62786544
　　投稿与读者服务：010-62776969，c-service@tup.tsinghua.edu.cn
　　质量反馈：010-62772015，zhiliang@tup.tsinghua.edu.cn

印 装 者：三河市铭诚印务有限公司
经　　销：全国新华书店
开　　本：203mm×260mm　　　　印　　张：23.25　　　　字　　数：904千字
版　　次：2019年10月第1版　　　　　　　　　　　　　印　　次：2022年6月第3次印刷
定　　价：118.00元

产品编号：079848-02

前　言
Preface

　　Revit是Autodesk公司一系列软件的名称。Revit系列软件是专为建筑信息模型（BIM）构建的，可帮助建筑设计师设计、建造和维护质量更好、能效更高的建筑。Autodesk Revit作为一种应用程序，它结合了Revit Architecture、Revit MEP和Revit Structure软件的功能。

　　Lumion是一个实时的3D可视化工具，用来制作电影和静帧作品，涉及的领域包括建筑、规划和设计，另外，它也可以进行现场演示。Lumion的强大在于它能够高效地提供优秀的图像，从而为用户节省时间、精力和金钱。

　　本书是初学者自学中文版Revit与Lumion的入门图书。全书从实用角度出发，全面、系统地讲解了中文版Revit 2018的几乎所有应用功能，涵盖了中文版Revit与Lumion的全部工具、面板、对话框和菜单命令。而在介绍软件功能的同时，还精心安排了125个非常具有针对性的实战实例，帮助读者轻松掌握软件的使用技巧和具体应用，以做到学用结合。全部实例都配有教学视频，详细演示了实例的制作过程。此外，本书还为初学者配备了附赠资源以进行深入练习。

本书的结构与内容

　　本书共17章，从最基础的Revit与Lumion软件介绍开始讲解，先介绍软件的界面和基本操作方法，然后讲解软件的功能，包括Revit的基本操作、建模工具应用、渲染模型、施工图输出，再到Lumion中的模型导入、材质调整、渲染输出等。内容贯穿整个建筑项目设计过程，从最初的模型建立，到后期的出图表现，涵盖了BIM设计全过程的应用。另外，在介绍软件功能的同时，还对相关应用领域进行了深入剖析。

本书的版面结构说明

　　为了让读者轻松自学并深入了解软件功能，本书专门设计了"实战""技巧提示""疑难问答""技术专题"和"知识链接"等项目。

　　大多数实例还配有视频演示，扫描书中二维码，即可在手机中观看对应的教学视频。充分利用碎片化时间，随时随地提升。

资源下载说明

　　扫描封底"文泉云盘"二维码获取本书配套资源下载方式，内容包括本书所有实例的源文件、素材文件与教学视频。

售后服务

在学习技术的过程中难免会碰到一些难解的问题，我们衷心地希望能够为广大读者提供力所能及的阅读服务。遇到有关本书的技术问题，可以扫描书后二维码，查看是否有勘误文件更新；如果没有，请在下方寻找作者联系方式；还可扫描对应章节的二维码，单击网页下部的"读者反馈"留下您的问题，我们将尽快回复。

祝大家在学习的道路上，百尺竿头，更进一步！

编　者

目 录
Contents

第 1 章

BIM 大视界

本章学习要点

- BIM的基本概念
- Revit与Lumion介绍

1.1 BIM 的概念

在正式学习软件之前，我们先来了解一下 BIM 的概念，这对我们日后的学习会起到非常积极的作用。BIM 的概念可以分解为如下两个方面（BIM 既是模型结果更是过程）。

（1）BIM 作为模型结果，与传统的 3D 建筑模型有着本质的区别，其兼具了物理特性与功能特性。其中，物理特性可以理解为几何特性；而功能特性是指此模型具备了所有与该建设项目有关的信息，也可以将其称为 Building Information Model。

（2）BIM 作为一种过程，其功能在于通过开发、使用和传递建设项目的数字化信息模型以提高项目或组合设施的设计、施工和运营管理能力，也可以将其称为 Building Information Modeling。

我们在使用 BIM 技术进行建筑设计的过程，适用于第二种概念，也就是 Building Information Modeling。而当设计完成之后，所交付的施工图纸与 BIM 模型，则适用于第一种概念，也就是 Building Information Model。

1.2 Revit 与 Lumion 介绍

本书将以 Revit 和 Lumion 这两款软件为主线，详细说明它们各自在建筑设计环节中所扮演的角色，并介绍其各自的用法。通过对本章的学习，读者将对这两款软件有初步的认识，从而对后续的学习更有计划性。

1.2.1 Revit 介绍

Revit 属于 BIM 建模软件，它是将设计思想转换为 BIM 模型必备的工具。其中以参数化建模为基础，辅以专业的绘制工具，能够快速地帮助我们完成设计模型的制作。目前以 Revit 技术平台为基础推出的专业版模块包括 Revit Architecture（Revit 建筑模块）、Revit Structure（Revit 结构模块）和 Revit MEP（Revit 设备模块——设备、电气、给排水），以满足设计中各专业的应用需求。

在 Revit 模型中，所有的图纸、二维视图和三维视图以及明细表都是同一个基本建筑模型数据库的信息表现形式。在图纸视图和明细表视图中操作时，Revit 将收集有关建筑项目的信息，并在项目的其他所有表现形式中协调该信息。Revit 参数化修改引擎可自动协调在任何位置（模型视图、图纸、明细表、剖面和平面）进行的修改。本书将以 Revit 2018 为实际使用软件进行讲解。Revit 2018 的启动界面如图 1-1 所示。

图 1-1

1.2.2　Lumion 介绍

　　Lumion 属于渲染表现软件，可以将 Revit 制作的设计模型导入其中，从而调节材质、光影等效果，最终达到我们满意的效果。通过 Lumion 可以快速地将设计模型转换为一张张漂亮的效果图，从而更好地诠释、展现我们的设计。

　　Lumion 本身包含了一个庞大而丰富的内容库，里面有建筑、汽车、人物、动物、街道、街饰、地表和石头等模型供我们使用。现在通过插件（Revit To Lumion Bridge）可以直接将 Revit 模型进行导出并使用。也可以无缝连接，即将 Revit 模型与 Lumion 场景同步修改。Lumion 有 3 个显著特点，第一是操作简单，新手几乎不需要任何专业知识便可上手；第二是"所见即所得"，通过使用快如闪电的 GPU 渲染技术，操作时能够实时预览 3D 场景的最终效果；第三，不论是渲染高清影片还是效果图，速度都非常快。本书将以 Lumion 8.0 为实际使用软件进行讲解。Lumion 8.0 的启动界面如图 1-2 所示。

图　1-2

🔖 **读书笔记**

第 2 章

Revit 基础操作

本章学习要点

- Revit基础介绍
- Revit的基本术语
- 视图控制工具
- 修改项目图元
- 文件的链接与插入

2.1 Revit 基础介绍

通过本节的内容，我们将学习 Revit 最基本，同时也是最重要的功能。"千里之行，始于足下"，在学习的路上，只有我们脚踏实地，才会走得更远。

2.1.1 Revit 2018 的界面

安装好 Revit 2018 之后，可以通过双击桌面上的快捷图标 R 来启动 Revit 2018，或者在 Windows 开始菜单中找到 Revit 2018 程序并单击，如图 2-1 所示。

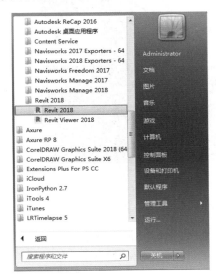

图　2-1

在启动的过程中，可以观察到 Revit 2018 的启动界面，如图 2-2 所示。首次启动软件会自动验证软件许可，等待片刻后，在弹出的"Autodesk 许可"对话框中可以选择"激活"或者"试用"，如图 2-3 和图 2-4 所示。

图　2-2

单击"激活"按钮后，出现如图 2-5 所示的对话框。单击"完成"按钮进入软件工作界面，单击"建筑样例项目"即可打开样例文件，如图 2-6 所示。

图　2-3

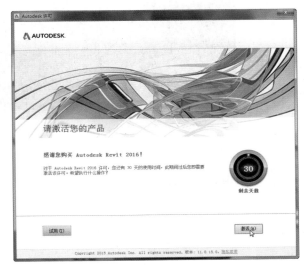

图　2-4

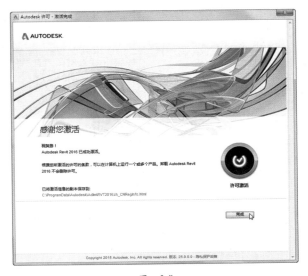

图　2-5

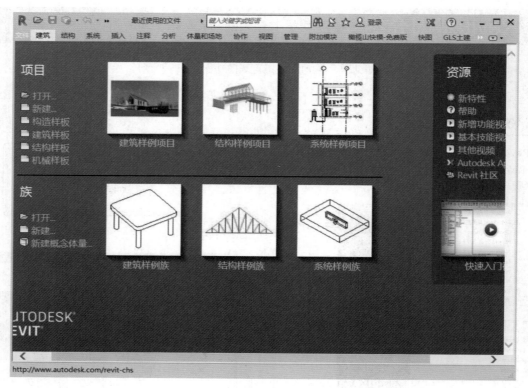

图　2-6

Revit 2018 使用了 Ribbon 界面，其不再像传统界面一样将命令隐藏于各个菜单下，而是按照日常使用习惯，将不同命令归类并分布于不同选项卡中，当选择相应的选项卡时，便可直接找到需要的命令。Revit 2018 的工作界面分为"文件菜单""快速访问工具栏""选项卡""信息中心""功能区""工具选项栏""属性面板""项目浏览器""视图控制栏""工作集状态""设计选项""绘图区域""导航栏"和"ViewCube"共 14 个部分，如图 2-7 所示。

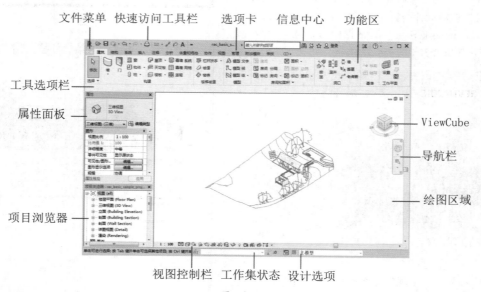

图　2-7

1. 文件菜单

单击"文件",可以打开"文件"下拉菜单。与 Autodesk 其他软件一样,其中包含"新建""打开""保存"和"导出"等基本命令。在下拉菜单右侧会默认显示最近打开过的文档,直接选择即可快速调用。当某个文件需要一直存在于"最近使用的文档"中时,可以单击其文件名称右侧的图钉图标 将其锁定,如图2-8所示。这样就可以使锁定的文件一直显示在列表中,而不会被其他新打开的文件替换掉。

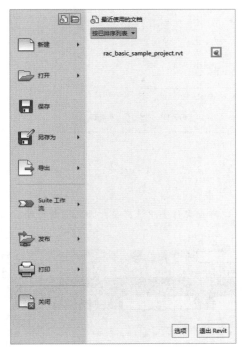

图   2-8

应用程序菜单介绍

● 新建 该命令用于新建项目与族文件,共包含 5 种方式,如图 2-9 所示。

图   2-9

◆ 项目 :新建一个项目,并选择相应的项目样板。

◆ 族 :新建一个族,需要选择相应的族样板。

◆ 概念体量 :使用概念体量样板,创建概念体量族。

◆ 标题栏 :使用标题栏样板,创建标题栏(图框)族。

◆ 注释符号 :使用注释族样板,创建各类型标记与符号族。

技巧提示

在一般情况下,新建项目都用快捷键来完成。按快捷键Ctrl+N可以打开"新建项目"对话框,在该对话框中可以按类型选择项目样板来创建项目或项目样板,如图2-10所示。

图   2-10

● 打开 :该命令用于打开项目、族、IFC 及各类 Revit 支持格式的模型,共包含 7 种方式,如图 2-11 所示。

图   2-11

◆ 项目 :执行该命令可以打开"打开"对话框,在该对话框中可以选择要打开的 Revit 项目和族文件,如图 2-12 所示。

图　2-12

技巧提示

除了可以用"打开"命令打开场景以外，还有一种更为简便的方法，即在文件夹中选择要打开的场景文件，然后使用鼠标左键将其直接拖曳到Revit的操作界面即可，如图2-13所示。

图　2-13

◆ 族🗋：执行该命令可以打开"打开"对话框，在该对话框中可以选择软件自带族库中的或自行创建的族文件，如图2-14所示。

图　2-14

◆ Revit文件🗋：执行该命令可以打开"打开"对话框，在该对话框中可以打开Revit所支持的大部分文件类型，其中包括.rvt、.rfa、.adsk和.rte，如图2-15所示。

图　2-15

疑难问答——"项目"与"Revit文件"命令的区别是什么？

使用"项目"命令只能打开"项目文件"（.rvt）与"族文件"（.rte）。但使用"Revit文件"命令除了可以打开上述两种文件格式以外，还可以直接打开"autodesk交换文件"（.adsk）与"样板文件"（.rte）。

◆ 建筑构件🖼：通过该命令可以打开"打开ADSK文件"对话框，在该对话框中可以打开ADSK格式的文件，

如图2-16所示。ADSK文件可以由autodesk公司其他软件生成，然后在Revit中进行使用。

图　2-16

◆ IFC🕸：执行该命令可以打开"打开IFC文件"对话框，在该对话框中可以打开.ifc类型文件，如图2-17所示。

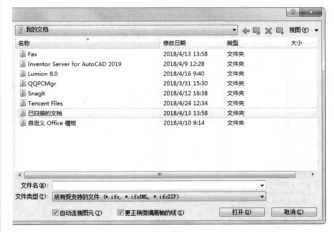

图　2-17

技巧提示

IFC文件格式是用Industry Foundation Classes 文件格式创建的模型文件，可以使用BIM（Building Information Modeling）程序打开浏览。IFC文件格式包含模型的建筑物或设施，也包括空间的元素、材料和形状。IFC文件通常用于BIM工业程序之间的互操作性方面。

◆ IFC选项🕸：执行该命令可以打开"导入IFC选项"对话框，在该对话框中可以设置IFC类名称所对应的Revit类别，如图2-18所示。只有在打开Revit文件的状态下该命令才可以使用。

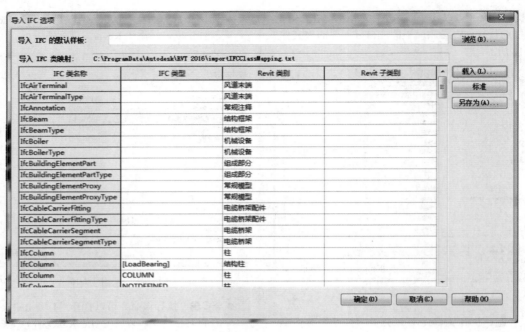

图　2-18

◆ 样例文件📂：执行该命令将直接跳转到 Revit 自带的样
例文件夹下，可打开软件自带的样例项目文件及族文
件，如图 2-19 所示。

图　2-19

图　2-20

● 保存💾：执行该命令可以保存当前项目。如果之前没
有保存项目，则执行该命令会打开"另存为"对话框，
在该对话框中可以设置文件的保存位置、文件名以及
保存的类型，如图 2-20 所示。

● 另存为📄：执行该命令可以将文件保存为 4 种类型，分
别是"项目""族""样板"和"库"，如图 2-21 所示。

◆ 项目📄：执行该命令可以打开"另存为"对话框，在
该对话框中可以设置文件的保存位置、文件名，如
图 2-22 所示。

图　2-21

◆ 族📄：执行该命令可以打开"另存为"对话框，在该
对话框中可以设置族文件的保存位置、文件名，如
图 2-23 所示。

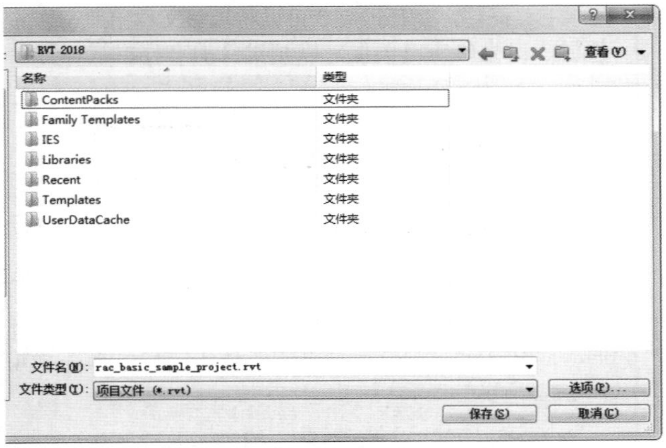

图 2-22

图 2-23

◆ 样板 ▣：执行该命令可以打开"另存为"对话框，在
该对话框中可以设置样板文件的保存位置、文件名，
如图 2-24 所示。

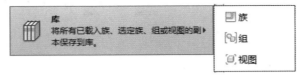

图 2-24

◆ 库▣：执行该命令可以将文件保存为 3 种文件类型，分

别是"族""组"和"视图"，如图 2-25 所示。

图 2-25

● 导出 ▣：执行该命令可以将项目文件导出为各种格式
的文件，共包含 13 种方式，如图 2-26 所示。

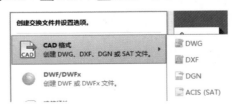

图 2-26

◆ CAD 格式 ▣：执行该命令可以将 Revit 模型导出为多
种 CAD 格式，以用于其他软件，其中包括▣ DWG、
▣ DXF、▣ DGN 和▣ ACIS（SAT），如图 2-27 所示。

图 2-27

◆ FBX ▣：执行该命令可以打开"导出 3ds Max（FBX）"
对话框，在该对话框中输入文件名称，即可将模型保
存为 .FBX 格式供 3d Max 使用，如图 2-28 所示。

◆ 族类型 ▣：执行该命令可以打开"导出为"对话
框，可以将族类型从打开的族导出到文本文件中，如
图 2-29 所示。

图 2-28

图 2-29

◆ IFC ⚙：执行该命令可以打开"导出 IFC"对话框，输入文件名称并勾选对应选项，同时选择导出文件的类型，即可将模型导出为 IFC 文件，如图 2-30 所示。

图 2-30

◆ 图像和动画 🎞️：执行该命令可以将项目文件中所制作的漫游、日光研究及图像，以相对应的文件格式保存至外部，如图 2-31 所示。

图 2-31

◆ 报告 📄：执行该命令可以将项目文件中的明细表及房间 / 面积报告，以相对应的文件格式保存至外部，如图 2-32 所示。

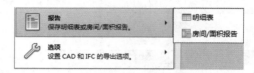

图 2-32

◆ 选项 🔧：执行该命令可以预设导出各种文件格式时所需要的参数设置，如图 2-33 所示。

图 2-33

● Suite 工作流 📇：执行该命令可以打开工作流管理器，以实现将项目无缝传递到套包内各个软件中，如图 2-34 所示。

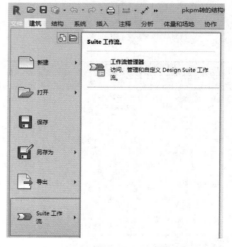

图 2-34

● 发布 📑：执行该命令可以将当前场景导出为不同的文件格式并发布到 Autodesk Buzzsaw，以实现资源共享。可以发布的格式共有 5 种，如图 2-35 所示。

图　2-35

疑难问答——Autodesk Buzzsaw是什么软件?

Autodesk Buzzsaw是一个联机协作服务,可以使用它存储、管理和共享来自任何互联网连接的项目文档,从而提高团队的生产效率并降低成本。

◉ 打印：执行该命令可进行文件打印、打印预览及打印设置,如图2-36所示。

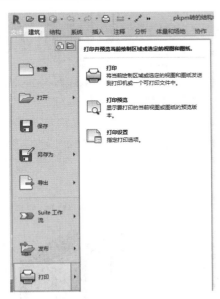

图　2-36

◆ 打印：执行该命令可以打开"打印"对话框,设置相应属性后就可以进行文件打印了,如图2-37所示。

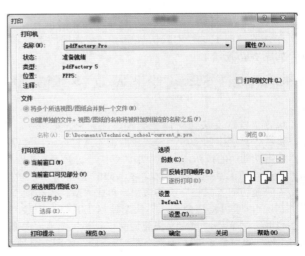

图　2-37

◆ 打印预览：执行该命令可以预览视图打印效果,如没有问题可直接单击"打印"按钮进行打印,如图2-38所示。

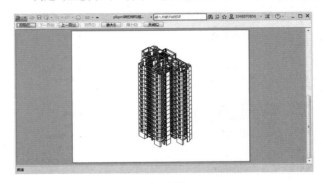

图　2-38

◆ 打印设置：执行该命令可以设置打印机的各项参数,包括纸张大小、页边距等,如图2-39所示。

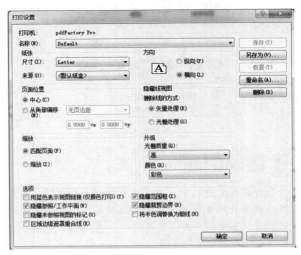

图　2-39

2. 快速访问工具栏

在快速访问工具栏中默认放置了一些常用的命令和按钮，如图2-40所示。

图 2-40

单击"自定义快速访问工具栏"按钮 ，如图2-41所示，查看工具栏中的命令，勾选或取消勾选以显示或隐藏命令。右击功能区的按钮，选择"添加到快速访问工具栏"，可向"快速访问工具栏"中添加命令，如图2-42所示。同样，右击"快速访问工具栏"中的按钮，单击"从快速访问工具栏中删除"，即可将该命令从"快速访问工具栏"删除，如图2-43所示。单击"自定义快速访问工具栏"选项，在弹出的对话框中可对命令进行排序、删除等操作，如图2-44所示。

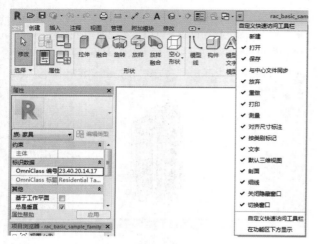

图 2-41

图 2-42

图 2-43

技巧提示

在搭建模型过程中，经常需要打开多个视图。打开视图的数量会严重影响计算机的运行速度。单击"快速访问工具栏"中的"关闭隐藏窗口" 按钮，可将除当前视图以外的窗口全部关闭。

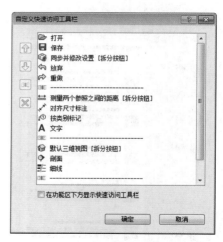

图 2-44

3. 功能区

软件功能区面板中显示了当前选项卡关联的命令按钮，其提供了3种显示方式，分别是"最小化为选项卡""最小化为面板标题"和"最小化为面板按钮"。当选择"最小化为选项卡"时，可最大化绘图区域以增加模型显示面积。单击功能区中的按钮 可对不同显示方式进行切换，也可单击按钮上的小黑三角符号直接选择，如图2-45所示。

在功能区面板中，当鼠标指针放到某个工具按钮上时，会显示当前按钮的功能信息，如图2-46所示。如停留时间稍长，还会提供当前命令的图示说明，如图2-47所示。对于复杂的工具按钮，还会提供简短的动画说明，供用户更直观地了解该命令的使用方法。

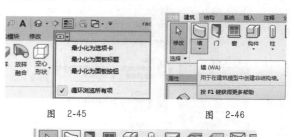

图 2-45   图 2-46

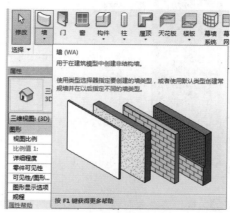

图 2-47

在 Revit 中还有一些隐藏工具，带有下三角或斜向小箭头的面板都会有隐藏工具。通常有展开面板、弹出对话框两种方式，如图 2-48 所示。单击 🖽 按钮，可让展开面板中隐藏的工具永久显示在视图中。

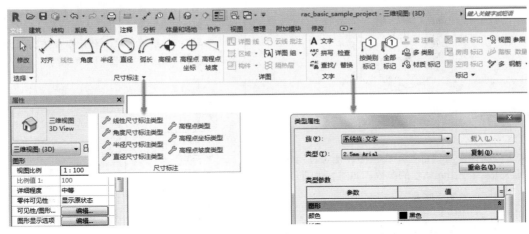

图　2-48

Revit 中的任何一个面板都可以变成自由面板，可放置在当前窗口的任何位置。以"构造"面板为例，将鼠标指针放在"构造"面板的标题位置或空白处，按住鼠标左键并拖拽，可将其脱离当前位置成为自由面板，也可以和其他面板交换位置。注意，"构建"面板只属于"建筑"选项卡类别，不可以放置到其他选项卡中，如图 2-49 所示。如果想将面板回归到原始位置，可以将鼠标指针放置在自由面板上，当出现 🔲（将面板返回到功能区）按钮时，单击它便可使面板回归到其原始位置，如图 2-50 所示。

图　2-49

图　2-50

4. 信息中心

"信息中心"对于初学者而言，是一个非常重要的部分。可以直接在检索框中输入所遇到的软件问题，Revit 将检索出相应的内容。如果用户购买了欧特克公司的速博服务，还可通过该功能登录速博服务中心。个人用户也可以通过申请的欧特克账户，登录到自己的云平台。单击 Exchange app 按钮 🗙 可以登录到欧特克官方的 App 网站，网站内有不同系列软件的插件供用户下载，如图 2-51 所示。

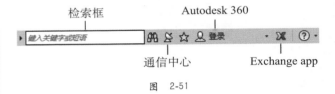

检索框　　　　　　　　Autodesk 360

通信中心　　　　　　　Exchange app

图　2-51

5. ViewCube

通过 ViewCube 可以对视图进行自由旋转、切换不同方向的视图等操作，单击 🏠 按钮还可将视图恢复到原始状态，如图 2-52 所示。

图　2-52

6. 导航栏

用于访问导航工具，包括全导航控制盘和区域放大、缩小和平移等命令调整窗口中的可视区域，如图 2-53 所示。单击导航盘工具，会相应弹出导航控制盘，如图 2-54 所示。

图　2-53　　　　　　　图　2-54

7. 属性面板

Revit 默认将"属性"对话框显示在界面左侧，可用来查看、修改和定义 Revit 中图元属性的参数，如图2-55所示。

图　2-55

疑难问答——视图中没有显示"属性"对话框，如何让其显示？

如果在视图中没有显示"属性"对话框，可以通过以下3种方式进行操作。

第1种：单击功能区中的"属性"按钮，打开"属性"对话框，如图2-56所示。

图　2-56

第2种：单击功能区中的"视图"→"用户界面"按钮，在"用户界面"下拉菜单中勾选"属性"选项，如图2-57所示。

第3种：在绘图区域空白处右击并在弹出的菜单中单击"属性"选项，如图2-58所示。

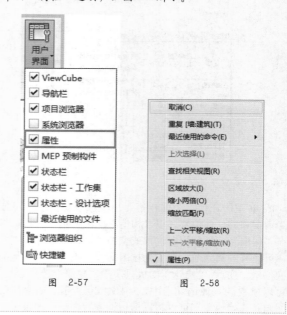

图　2-57　　　　　　　图　2-58

● 类型选择器：用于显示当前选择的族类型，并提供一个可从中选择其他类型的下拉列表。例如墙，在"类型选择器"中会显示当前的墙类型为"常规 -200mm"，在下拉菜单中显示出所有类型的墙，如图 2-59 所示。通过"类型选择器"可以指定或替换图元类型。

图　2-59

● 属性过滤器：用于显示当前选择图元的类别及数量，如图 2-60 所示。例如在选择多个图元的情况下，默认显示为"通用"名称及所选图元的数量（3），如图 2-61 所示。

图　2-60　　　　　　　　图　2-61

● 实例属性：用于显示视图参数信息和图元属性参数信息。切换到某个视图时，会显示当前视图的相关参数信息，如图 2-62 所示。如果在当前视图选择图元之后，会显示所选图元的参数信息，如图 2-63 所示。

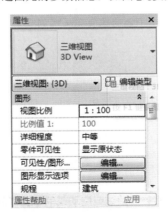

图　2-62

图　2-63

● 类型属性：用于显示当前视图或所选图元的类型参数，如图 2-64 所示。共有两种操作方法可进入修改类型参数对话框，一是选择图元，单击"类型属性"按钮，如图 2-65 所示；二是单击"属性"对话框中的"编辑类型"按钮，如图 2-66 所示。

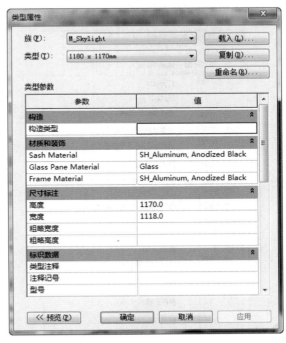

图　2-64

图　2-65

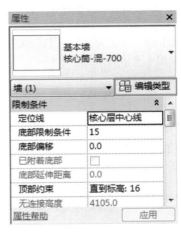

图　2-66

8. 项目浏览器

用于显示当前项目中所有视图、明细表、图纸、族、组、链接的 Revit 模型和其他部分的结构树，展开和折叠各分支时，将显示下一层项目。选择某视图，右击打开相关下拉菜单，可以对该视图进行"复制""删除""重命名"和"查找相关视图"等操作，如图 2-67 所示。

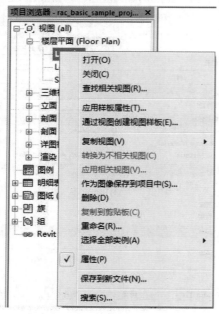

图　2-67

9. 视图控制栏

视图控制栏位于 Revit 窗口底部和状态栏上方，用于快速访问影响绘图区域的功能，如图 2-68 所示。

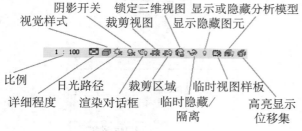

图　2-68

视图控制栏工具介绍

- 比例：视图比例是在图纸中用于表示对象的比例系统。
- 详细程度：可根据视图比例设置新建视图的详细程度，有"粗略""中等""精细"3 种模式。
- 视觉样式：可以为项目视图指定许多不同的图形样式。
- 打开日光 / 关闭日光 / 日光设置：打开日光路径并进行设置。

- 打开阴影 / 关闭阴影：打开或关闭模型中对阴影的显示。
- 显示渲染对话框（仅 3D 视图显示该按钮）：图形渲染方面的参数设置。
- 打开裁剪视图 / 关闭裁剪视图：控制是否应用视图裁剪。
- 显示裁剪区域 / 隐藏裁剪区域：显示或隐藏裁剪区域范围框。
- 保存方向并锁定视图（仅 3D 视图显示该按钮）：将三维视图锁定，以在视图中标记图元并添加注释记号。
- 临时隐藏 / 隔离：将视图中的个别图元暂时性地独立显示或隐藏。
- 显示隐藏的图元：临时查看隐藏图元或将其取消隐藏。
- 临时视图样板：在当前视图应用临时视图样板或进行设置。
- 显示或隐藏分析模型：在任何视图中显示或隐藏结构分析模型。
- 高亮显示位移集：将位移后的图元在视图中高亮显示。

技巧提示

选择"比例"中的"自定义"按钮，可自定义当前视图的比例，但不能将此自定义比例应用于该项目中的其他视图。

10. 工作集状态

位于 Revit 应用程序框架的底部，使用当前命令时，状态栏左侧会显示相关的一些技巧或者提示。例如，启动一个命令（如"旋转"），状态栏会显示有关当前命令的后续操作的提示，如图 2-69 所示。当图元或构件被高亮显示时，状态栏会显示族和类型的名称。

图　2-69

- 工作集 ：提供对工作共享项目的"工作集"对话框的快速访问。
- 设计选项 ：提供对"设计选项"对话框的快速访问。设计完某个项目的大部分内容后，使用"设计选项"开发项目的备选设计方案。例如，可使用"设计选项"根据项目范围中的修改进行调整、查阅其他设计，便于用户演示变化部分。
- 选择控制 ：提供多种控制选择的方式，可自由开关。
- 过滤器 ：显示选择的图元数并优化在视图中选择的图元类别。

技术专题1：显示或隐藏工具面板

在Revit界面中显示了许多控制面板。但很多面板在实际操作过程中用得并不多。因此在显示屏比较小的情况下，可以将这些面板隐藏，增加绘图区域的范围，同时，也避免了很多软件误操作现象。

隐藏功能区或其他区域面板，可单击功能区中的"视图"→"用户界面"按钮，在"用户界面"下拉菜单中取消对相关选项的勾选即可，如图2-70所示。

图 2-70

2.1.2 常用文件格式

在完成一个项目的过程中可能需要用到多款软件。不同的软件所生成的文件格式各不相同，所以首先需要了解软件支持哪些格式，这样有利用于在实际应用过程中互相导入导出。

1. 基本文件格式

RTE 格式：Revit 的项目样板文件格式包含项目单位、标注样式、文字样式、线型、线宽、线样式和导入/导出设置等内容。为规范设计和避免重复设置，对 Revit 自带的项目样板文件需根据用户自身的需求、内部标准先行设置，并保存成项目样板文件，便于用户新建项目文件时选用。

RVT 格式：Revit 生成的项目文件格式，包含项目所有的建筑模型、注释、视图和图纸等项目内容。通常基于项目样板文件（RTE 文件）创建项目文件，编辑完成后保存为 RVT 文件，作为设计所用的项目文件。

RFT 格式：创建 Revit 可载入族的样板文件格式。创建不同类别的族要选择不同的族样板文件。

RFA 格式：Revit 可载入族的文件格式。用户可以根据项目需要创建自己的常用族文件，以便随时在项目中调用。

2. 支持的其他文件格式

在项目设计和管理时，用户经常会使用多种设计、管理工具来实现自己的目标，为了实现多软件环境的协同工作，Revit 提供了"导入""链接"和"导出"工具，可以支持 CAD、FBX、DWF、IFC 和 gbXML 等多种文件格式。可以根据需要有选择地导入和导出，如图 2-71 所示。

图 2-71

疑难问答——在导出文件格式列表中没有需要的文件格式怎么办?

Revit本身提供的文件格式比较通用，能满足大多数软件的使用。但对于某些软件支持导入的文件格式，Revit并没有提供，如Lumion、Navisworks等。在这种情况下，可以安装相应软件提供的插件，来完成不同格式文件的导出，如图2-72所示。一般此类插件会在安装软件时提示安装，或从官方网站下载进行独立安装。

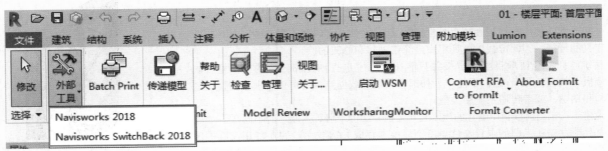

图 2-72

2.2 Revit 的基本术语

在 Revit 中，项目是单个设计信息数据库模型。项目文件包含了建筑的所有设计信息（从几何图形到构造数据）。这些信息包括用于设计模型的构件、项目视图和设计图纸。通过使用单个项目文件，用户可以轻松地修改设计，还可以使修改反映在所有关联区域（如平面视图、立面视图、剖面视图、明细表等）中，仅需跟踪一个文件即可，方便了项目管理，如图 2-73 所示。

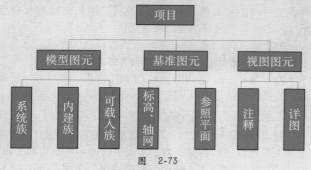

图 2-73

Revit 分为 3 种图元，分别是模型图元、基准图元与视图图元。

模型图元：代表建筑的实际三维几何图形，如墙、柱、楼板、门窗等。Revit 按照类别、族和类型对图元进行分级，如图 2-74 所示。

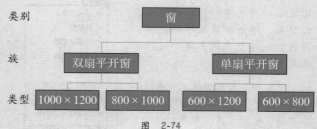

图 2-74

基准图元：协助定义项目范围，如轴网、标高和参照平面。

视图图元：只显示在放置这些图元的视图中，对模型图元进行描述或归档，如尺寸标注、标记和二维详图。

Revit 图元的最大特点就是参数化，参数化是 Revit 实现协调、修改和管理功能的基础，大大提高了设计的灵活性。Revit 图元可以由用户直接创建或者修改，无须进行编程。

类别是指在设计建模归档中进行分类。例如，模型图元的类别包括家具、门窗、卫浴设备等。注释图元的类别包括标记和文字注释等。

2.2.1 项目与项目样板

在 Revit 中所创建的三维模型、设计图纸和明细表等信息都被存储在后缀为 .rvt 的文件中，这个文件被称为项目文件。在建立项目文件之前，需要有项目样板来做基础。项目样板的功能相当于 AutoCAD 中的 .dwt 文件。其中的一些参数已被定义好，如度量单位、尺寸标注样式和线型设置等。在不同的样板中，所包含的内容也没有不同，例如绘制建筑模型时，就需要选择建筑样板。在项目样板中会默认提供一些门、窗、家具等族库，方便我们在实际建立模型时快速调用，从而节省时间。Revit 还支持自定义样板，可以根据专业及项目需求有针对性地制作样板，方便开展日后的设计工作。

2.2.2 族

族是组成项目的构件，同时也是参数信息的载体。族根据参数（属性）集的共用、使用上的相同和图形表示的相似来对图元进行分组。一个族中不同图元的部分或全部属性可能有不同的值，但是属性的设置（其名称与含义）是相同的，例如，"餐桌"作为一个族可以有不同的尺寸和材质。

Revit 包含以下 3 种族。

可载入族：使用族样板在项目外创建的 RFA 文件，可以载入项目中，具有高度可自定义的特征，因此可载入族是用户最经常创建和修改的族。

系统族：已经在项目中预定义并只能在项目中进行创建和修改的族类型（如墙、楼板、天花板等）。它们不能作为外部文件载入或创建，但可以在项目和样板之间复制和粘贴，或者传递系统族类型。

内建族：在当前项目中新建的族，它与之前介绍的"可载入族"的不同在于，"内建族"只能存储在当前的项目文件里，不能单独存成 RFA 文件，也不能用在别的项目文件中。

族可以有多个类型。类型用于表示同一族的不同参数（属性）值。如打开系统自带门族"双扇平开格栅门 2.rfa"，包括 1400×2100mm、1500×2100mm、1600×2100mm（宽 × 高）3 个不同的类型，如图 2-75 所示。

图 2-75

在这个族中，不同的类型对应了门的不同尺寸，如图 2-76 与 2-77 所示。

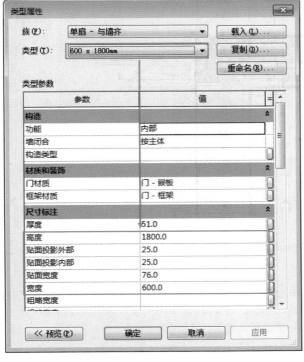

图 2-76

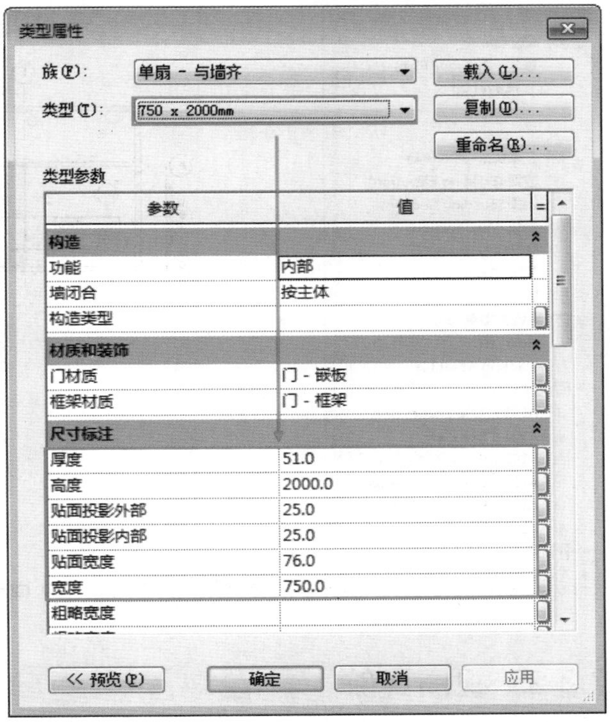

图 2-77

2.2.3 参数化

参数化设计是 Revit 的核心，其中包含两部分内容，一部分是参数化图元，另一部分是参数化修改。参数化图元是指在设计过程中，调整其中一面墙的高度或者一扇门的大小，都可以通过其在内部所添加的参数来进行控制；而参数化修改是指当修改了其中某个构件时，与之相关联的构件也会随之发生相应的变化，从而避免了在设计过程中，数据不同步造成的设计错误，大大地提高了设计效率。例如，修改一面墙上窗户的高度，那么与之相关联的其他尺寸标注也会自动更新，如图 2-78 与 2-79 所示。

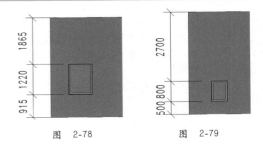

图 2-78   图 2-79

2.3 视图控制工具

2.2 节讲述了视图控制工具的一些基础功能，本节将会针对这些常用的视图工具进行详细的讲解。熟练掌握这些工具的使用方法，可以在实际工作中提高工作效率。

重点 2.3.1 使用项目浏览器

"项目浏览器"在实际项目中扮演着非常重要的角色，项目开工以后，创建的图纸、明细表和族库等内容都将显示在"项目浏览器"中。当需要切换到某个视图或明细表时，直接双击便可进入对应视图，如图 2-80 所示。

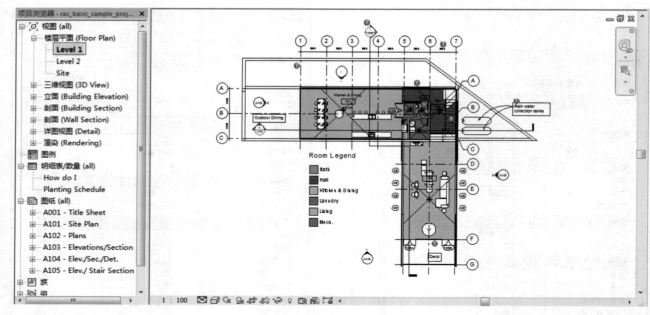

图　2-80

2.3.2　视图导航

Revit 提供了多种导航工具，可以实现对视图进行"平移""旋转"和"缩放"等操作。使用鼠标结合键盘上的功能按键或使用 Revit 提供的"导航栏"都可实现对视图的操作，分别用于控制二维及三维视图。

1. 键盘结合鼠标

键盘结合鼠标的操作分为以下 6 个步骤。

第 1 步：打开 Revit 中自带的建筑样例项目文件，单击快速访问工具栏中的"主视图"按钮 ⚙ 切换到三维视图。

第 2 步：按住 Shift 键的同时按下鼠标滚轮可以对当前视图进行旋转操作。

第 3 步：直接按下鼠标滚轮并移动鼠标可以对视图进行平移操作。

第 4 步：双击鼠标滚轮，视图将返回到原始状态。

第 5 步：将光标放置到模型上任意位置并向上滚动滚轮，会以当前光标所在位置为中心放大视图，向下滚动滚轮将缩小视图。

第 6 步：按 Ctrl 键的同时按下鼠标滚轮，上下拖曳鼠标可以放大缩小当前视图。

2. 导航控制盘

"导航栏"默认在绘图区域的右侧，如图 2-81 所示。如果视图中没有"导航栏"，可以执行"视图"→"用户界面"→"导航栏"菜单命令，将其显示。单击"导航栏"中的"导航控制盘"按钮 ◎，可以打开控制盘，如图 2-82 所示。

将鼠标指针放置到"缩放"按钮上，这时该区域会高亮显示，单击后控制盘消失，视图中出现绿色球形图标 ◎，

表示模型中心所在的位置。通过上下移动鼠标，实现视图的放大与缩小。完成操作后，松开鼠标左键，控制盘恢复，可以继续选择其他工具进行操作。

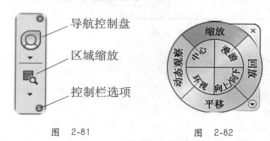

图　2-81　　　　　　　图　2-82

视图默认显示为全导航控制盘，软件本身还提供了多种控制盘样式供用户选择。在控制盘下方单击三角按钮 ▼，会打开样式下拉菜单，如图 2-83 所示，全导航盘包含其他样式控制盘中的所有功能，只是显示方式不同，用户可以自行切换体验。

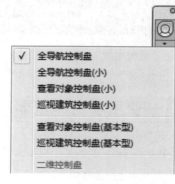

图　2-83

技巧提示

"控制盘"不仅可以在三维视图中使用,在二维视图也可以使用,其中包括"缩放""回放"和"平移"3个工具。"全导航控制盘"中的"漫游"按钮不可以在默认的三维视图中使用,必须在相机视图中使用。通过键盘上的上下箭头控制键可以控制相机的高度。

3. 视图缩放

使用导航栏中的视图缩放工具可以对视图进行"区域放大""缩放匹配"等操作。单击"区域放大"按钮下方的三角按钮,会打开相应的选项供用户选择,如图2-84所示。

图 2-84

4. 控制栏选项

控制栏选项主要用于设置控制栏的样式,其中包括是否显示相关工具、控制栏不透明度的设置和控制栏位置的设置,如图2-85~图2-87所示。

图 2-85　　　图 2-86　　　图 2-87

2.3.3 使用ViewCube

除了使用控制盘中所提供的工具外,Revit还提供了ViewCube工具来控制视图,其默认位置在绘图区域的右上角,如图2-88所示。使用ViewCube可以很方便地将模型定位于各个方向和轴侧图视点。使用鼠标拖曳ViewCube,还可以实现自由观察模型。

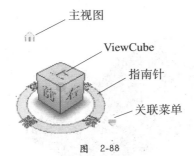

图 2-88

单击"文件"选项卡,在其下拉菜单中单击"选项"按钮,打开"选项"对话框,在该对话框中可以对ViewCube工具进行设置,如图2-89所示,可以设置的内容包括大小、位置和不透明度等。

图 2-89

1. 主视图

单击"主视图"按钮,视图将停留在之前所设置好的视点位置。在"主视图"按钮上右击,选择"将当前视图设定为主视图"选项,如图2-90所示,可将当前视点位置设定为主视图。将视图旋转方向,再次单击"主视图"按钮,主视图将切换到设置完成的视点。

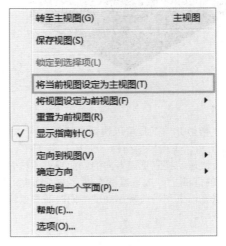

图 2-90

2. ViewCube

单击ViewCube中的"上"按钮,视点将切换到模型的顶面位置,如图2-91所示。单击左下角点的位置,视图将切换到"西南轴侧图"位置,如图2-92所示。将鼠标指针放置在ViewCube上,按下鼠标左键并拖曳鼠标,可以自由观察视图中的模型。

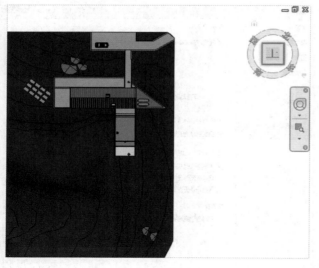

图　2-91

图　2-94

4. 关联菜单

"关联菜单"中主要包含一些关于 ViewCube 的设置选项，以及一些常用的定位工具。单击绘图区域中的 ▼ 图标，将打开相应的菜单选项，选择"定向到视图"命令，如图 2-95 所示，在打开的子菜单中选择"剖面"命令，如图 2-96 所示，即可打开当前项目中所有剖面的列表信息。

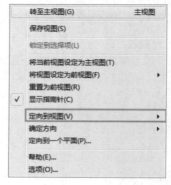

图　2-95　　　　　　　　　图　2-96

选择其中任意一个剖面，视图将剖切当前模型位置。将当前视点旋转，会看到所选剖面剖切的位置已经在三维视图中显示，如图 2-97 所示。可以自由旋转查看当前剖切位置的内部信息。

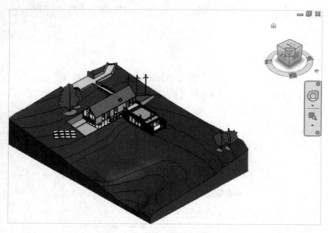

图　2-92

3. 指南针

使用"指南针"工具可以快速切换到相应方向的视点，如图 2-93 所示。单击"指南针"工具上的"南"，三维视图中的视点会快速切换到正南方向的立面视点。将光标移动到"指南针"的圆圈上，按下鼠标左键并左右拖曳，如图 2-94 所示，视点将约束到当前视点高度，同时随着鼠标移动的方向而左右移动。

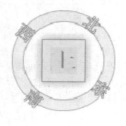

图　2-93

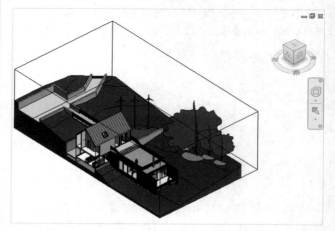

图　2-97

2.3.4　使用视图控制栏

Revit 在各个视图均提供了视图控制栏，用于控制各视图中模型的显示状态。不同类型视图的视图控制栏其样式工具不同，所提供的功能也不相同。下面以三维视图中的控制栏为例进行简单介绍，如图 2-98 所示。

图　2-98

1. 视图比例

打开建筑样例模型，在"项目浏览器"中找到"楼层平面"，打开 Level 1，单击"视图比例"按钮 1：100 ，如图 2-99 所示，打开的菜单中包含常用的一些视图比例供用户选择。

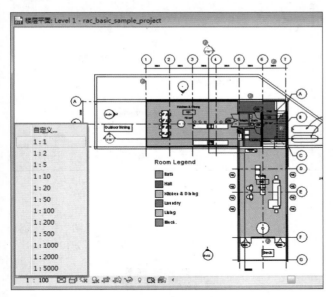

图　2-99

如果发现没有需要的比例，用户也可以通过"自定义"选项进行设置。当前视图中默认的比例为 1：100，切换到 1：50 的比例后，视图中的模型图元及注释图元都会发生相应改变。

2. 详细程度

使用局部缩放工具局部放大右下方墙体，在视图控制栏中单击"详细程度"按钮 □，选择"粗略"选项，观察墙体显示样式的变化，如图 2-100 所示。切换到"中等"选项，如图 2-101 所示。

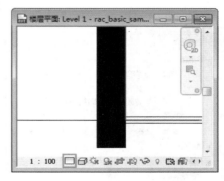

图　2-100

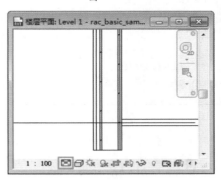

图　2-101

3. 视觉样式

在当前模型中，单击快速访问工具栏中的"默认三维视图"按钮 ⬡，可以切换到默认三维视图。单击"视觉样式"按钮 ▱，在列表中选择"图形显示选项"选项，如图 2-102 所示。

图　2-102

在弹出的对话框中可以控制"模型显示""阴影"等参

数。单击"背景"选项前的小黑三角，如图 2-103 所示。

图 2-103

展开"背景"下拉菜单，选择"天空"选项，如图 2-104
所示。单击"确定"按钮，在三维视图中选择人视点，背景
已经变为天空样式，如图 2-105 所示。

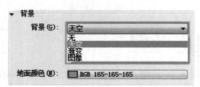

图 2-104

图 2-105

技巧提示

在普通二维视图中，将"视觉样式"调整为"隐藏
线"模式，在三维或相机视图中，将"视觉样式"设置
为"着色"，这样既可以充分使用计算机的资源，同时
又满足图形显示方面的需要。

4. 日光路径

在视图控制栏中先选择"关闭日光路径"选项，然后选
择"打开日光路径"选项，如图 2-106 所示，视图中会出现
日光路径图形，如图 2-107 所示。

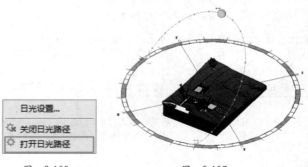

图 2-106   图 2-107

用户可以通过在菜单中选择"日光设置"命令，对太阳
所在的方向、出现的时间等内容做相关设置，如图 2-108 所
示。如果同时打开阴影开关，视图中将出现阴影，可以实时
查看当前日光设置所形成的阴影位置及大小。

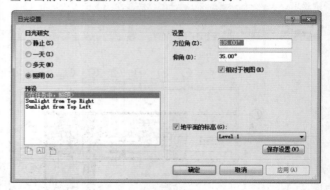

图 2-108

5. 锁定三维视图

在视图控制栏中，单击"解锁的三维视图"按钮，
然后选择"保存方向并锁定视图"选项，如图 2-109 所示。

图 2-109

在打开的对话框中输入相应的名称后，当前三维视图的
视点就被锁定了，如图 2-110 所示。

图 2-110

Revit+Lumion中文版从入门到精通（建筑设计与表现）

26

锁定后的视图，其视点将固定到一个方向，不允许用户进行旋转等操作。如果用户需要解锁当前视图，可单击"解锁的三维视图"按钮，选择"解锁视图"选项即可。

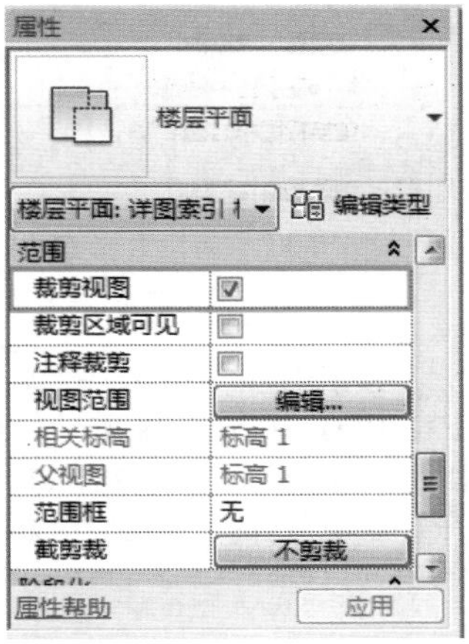

6. 裁剪视图

使用裁剪视图工具可以控制对当前视图是否进行裁剪。此工具需与"显示或隐藏裁剪区域"配合使用。单击"裁剪视图"按钮，当"剪裁视图"按钮呈状态时表示已启用，同时在视图"属性"面板中也可以开启"裁剪视图"状态，如图 2-111 所示。

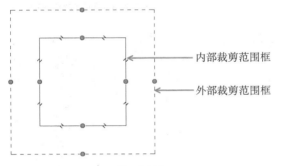

图　2-111

7. 显示或隐藏裁剪区域

可以根据需要显示或隐藏裁剪区域。在视图控制栏中单击"显示裁剪区域"按钮（"显示裁剪区域"或"隐藏裁剪区域"）。在绘图区域选择裁剪区域，则会显示注释和模型裁剪。内部裁剪是模型裁剪，外部裁剪则是注释裁剪，如图 2-112 所示。外部剪裁需要在视图的实例属性面板中打开，如图 2-113 所示。

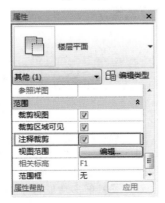

图　2-112

图　2-113

知识链接

裁剪视图范围框的使用方法将在第13章中进行详细介绍。

8. 临时隐藏/隔离

在三维或二维视图中，选择某个图元，然后单击"临时隐藏/隔离"按钮，接着选择"隐藏图元"选项，如图 2-114 所示，这时所选择的图元在当前视图中就会被隐藏。单击"临时隐藏/隔离"按钮，选择"重设临时隐藏/隔离"选项即可恢复隐藏的图元。

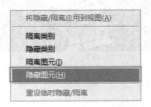

图　2-114

技巧提示

以上操作都是临时性隐藏或隔离，可以随时恢复到默认状态。如果需要永久性隐藏或隔离图元，可以在下拉菜单中选择"将隐藏/隔离应用到视图"选项，这样图元就被永久性地隐藏或隔离了。

9. 显示隐藏的图元

如果想让隐藏的图元在当前视图重新显示，需要单击"显示隐藏的图元"按钮，视图中将以红色边框形式显示全部被隐藏的图元，如图 2-115 所示。

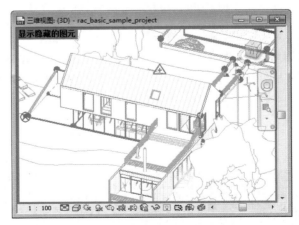

图　2-115

选择需要恢复显示的图元，单击功能区面板中的"取消隐藏类别"按钮，再次单击"显示隐藏的图元"按钮 ，所选图元在当前视图中将恢复显示，如图 2-116 所示。

图　2-116

用户也可以通过在绘图区域右击，然后选择"取消在视图中隐藏"选项，接着选择"类别"选项，也可显示图元，

如图 2-117 所示。

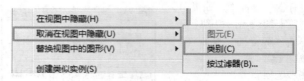

图　2-117

10. 临时视图属性

在视图控制栏中单击"临时视图属性"按钮 ，打开下拉菜单，如图 2-118 所示。可以为当前视图应用临时视图样板，满足视图显示需求的同时，提高计算机的运行速度。关于视图样板的设置与应用方法，在之后的章节会做详细的介绍。

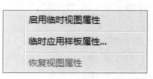

图　2-118

重点 2.3.5 可见性和图形显示

"可见性 / 图形"按钮 主要用于控制项目中各个视图的模型图元、基准图元和视图专有图元的可见性和图形显示，可以替换模型类别和过滤器的截面、投影和表面显示。对于注释类别和导入的类别，可以编辑投影和表面显示。另外，对于模型类别和过滤器，还可以将透明应用于面，也可以指定图元类别、过滤器或单个图元的可见性、半色调显示和详细程度，其设置界面如图 2-119 所示。

图　2-119

★ 重点 实战——控制图元可见性

场景位置	场景文件 > 第 2 章 >01.rvt
实例位置	实例文件 > 第 2 章 > 实战：控制图元可见性 .rvt
视频位置	多媒体教学 > 第 2 章 > 实战：控制图元可见性 .mp4
难易指数	★★★★★
技术掌握	掌握通过图元类别来控制其在视图中的可见性

扫码看视频

01 打开学习资源中的"场景文件 > 第 2 章 >01.rvt"文件，切换到首层平面图，如图 2-120 所示。

02 单击功能区中的"视图"选项卡，选择"图形"面板，接着单击"可见性/图形"按钮啊（快捷键为 VV 或 VG），如图 2-121 所示。

03 在弹出的对话框中切换到"注释类别"选项卡，取消勾选"参照平面"类别，然后单击"确定"按钮，如图 2-122 所示。

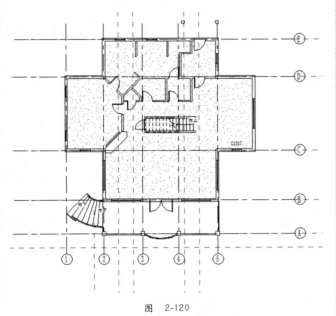

图 2-120

图 2-121

图 2-122

04 此时当前视图中所有的参照平面在视图中将不再显示，如图 2-123 所示。

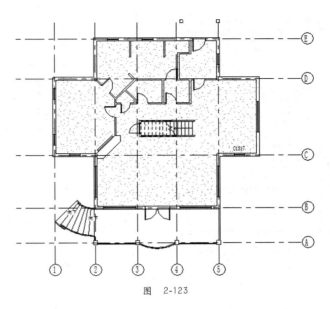

图 2-123

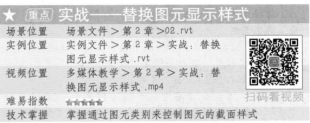

★ 重点 实战——替换图元显示样式	
场景位置	场景文件 > 第 2 章 > 02.rvt
实例位置	实例文件 > 第 2 章 > 实战：替换图元显示样式 .rvt
视频位置	多媒体教学 > 第 2 章 > 实战：替换图元显示样式 .mp4
难易指数	★★★★★
技术掌握	掌握通过图元类别来控制图元的截面样式

扫码看视频

01 打开学习资源包中的"场景文件 > 第 2 章 > 02.rvt"文件，单击"可见性/图形"按钮或使用快捷键 VV 打开"可见性/图形替换"对话框，如图 2-124 所示。

图 2-124

02 在该对话框中找到"墙"类别，然后单击其后方"截面"→"填充图案"一栏中的"替换"按钮，如图 2-125 所示。

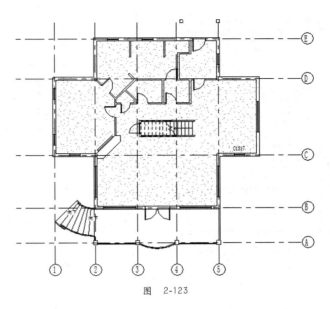

图 2-125

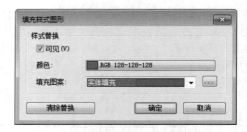

图 2-126

技术专题2："投影/表面"与"截面"的区别

替换图元显示效果时，出现"投影/表面"与"截面"两个类别。

投影/表面：指当前视图中显示没有剖切图元的表面，例如"家具"顶面等视图低于剖切线的图元，在视图中将显示"投影/表面"效果。

截面：指当前视图中被剖切后图元的截面，例如"墙""柱"等顶面均高于剖切线的图元，在视图中将显示其截面效果。

03 在打开的"填充样式图形"对话框中设置"颜色"为"灰色"，"填充图案"为"实体填充"，如图2-126所示。

疑难问答——除了可以对当前模型的样式进行替换之外，可以对链接的模型进行样式替换吗？

可以替换，在"可见性/图形替换"对话框中，切换到"导入的类别"选项卡便可实现有链接模型的样式替换。

04 单击"确定"按钮，关闭所有对话框，查看最终完成效果，如图2-127所示。

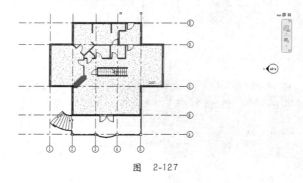

图 2-127

2.4 修改项目图元

Revit提供了多种图元编辑和修改工具，其中包括"移动""旋转"和"复制"等常用工具。在修改图元前，需要用户先选择需要编辑的图元。

2.4.1 选择图元

在Revit中选择图元共有3种方法：第1种是通过左击选择，第2种是通过框选选择，第3种是使用键盘功能键结合鼠标循环选择。无论使用哪种方法选择图元，都需要使用"修改"工具才可以执行。

1. 修改工具

"修改"工具本身不需要手动选择，默认状态下软件退出执行所有命令时，就会自动切换到"修改"工具。所以在操作软件时，几乎不用手动切换选择工具。但在某些情况下，为了能更方便地选择相应的图元，需要对修改工具做一些设置，来提高用户的选择效率。

在功能区的"修改"工具下，单击"选择"展开下拉菜单，如图2-128所示。绘图区域右下角的选择按钮与"选择"下拉菜单中的命令是对应的，如图2-129所示。

图 2-128

图 2-129

选择工具介绍

- 选择链接 ⚐：若要选择链接的文件和链接中的各个图元，则启用该选项。
- 选择基线图元 ⚐：若要选择基线中包含的图元，则启用该选项。
- 选择锁定图元 ⚐：若要选择被锁定到位且无法移动的图元，则启用该选项。
- 按面选择图元 ⚐：若要通过单击内部面而不是边来选择图元，则启用该选项。
- 选择时拖曳[1] 图元 ⚐：启用"选择时拖曳图元"选项，可拖曳无须选择的图元。若要避免选择图元时意外移动，可禁用该选项。

技巧提示

在不同的情况下，需使用不同的选择工具。例如，在平面视图中需要选择楼板时，可以将"按面选择图元"选项打开，以方便选择。如果当前视图中链接了外部CAD图纸或Revit模型，为了避免在操作过程中误选，可以将"选择链接"选项关闭。

2. 选择图元的方法

若要选择单个图元，需将光标移动到绘图区域中的图元上，Revit 将高亮显示该图元，并在状态栏和工具提示中显示有关该图元的信息。如果多个图元彼此非常接近或者互相重叠，可将光标移动到该区域并按 Tab 键，直至状态栏描述所需图元为止，如图 2-130 所示。按快捷键 Shift+Tab 可以按相反的顺序循环切换图元。

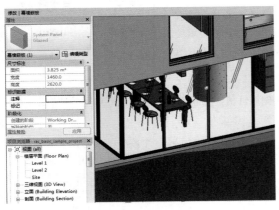

图 2-130

若要选择多个图元，需在按住 Ctrl 键的同时，单击每个图元进行加选。反之，在按住 Shift 键的同时单击每个图元，可以从一组选定图元中取消选择该图元。将光标放在要选择的图元一侧，并对角拖曳光标以形成矩形边界，从而绘制一个选择框进行框选，如图 2-131 所示。按 Tab 键高亮显示连接的图元，然后单击这些图元，可以进行墙链或线链的选择。

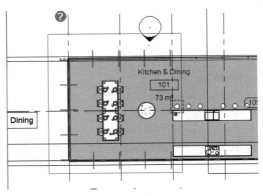

图 2-131

若要选择某个类别的图元，需在任何视图中的某个图元或者项目浏览器中的某个族类型上右击，然后在弹出的菜单中选择"选择全部实例"命令，再选择"在视图中可见"或"在整个项目中"命令，可按类别选择图元，如图 2-132 所示。

图 2-132

若要使用过滤器选择图元，则在选项中包含不同类别的图元时，可以使用"过滤器"从选择中删除不需要的类别。

---

① 文中的"拖曳"同软件中的"拖拽"，后文不再一一注释。

"过滤器"对话框中列出了当前选择的所有类别的图元，"合计"列指示每个类别中已选择的图元数。当前选定图元的总数显示在对话框的底部，如图2-133所示。

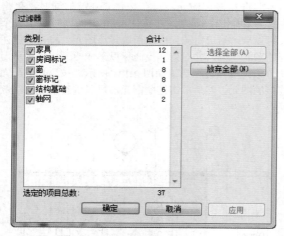

图　2-133

在"过滤器"对话框中可以选择包含的图元类别。若要排除某一类别中的所有图元，则取消勾选其复选框；若要包含某一类别中的所有图元，则选择其复选框；若要选择全部类别，则单击"选择全部"按钮；若要清除全部类别，则单击"放弃全部"按钮。修改选择内容时，对话框中和状态栏上的总数会随之更新。

技巧提示

使用框选方式选择图元时，若要仅选择完全位于选择框边界之内的图元，则从左至右拖曳光标；若要选择全部或部分位于选择框边界之内的任何图元，则从右至左拖曳光标。

3. 选择集

当需要保存当前选择状态，以供之后快速选择时，可以使用"选择集"工具。在已打开的项目中，任意选择多个图元。在"修改"选项卡中会出现"选择集"相应的按钮，如图2-134所示。

图　2-134

单击"保存"按钮，打开"保存选择"对话框，输入任意字符之后单击"确定"按钮。这时，当前选择的状态已经被保存在项目中，可随时调用。单击绘图区域空白处，退出当前选择。如需恢复之前所保存的选择集，需单击"管理"选项卡，在"选择"面板中选择"载入"按钮，打开

"载入过滤器"对话框，选择需要恢复的选择集，如图2-135所示。单击"确定"按钮，系统将自动恢复该选择集的选择状态。

图　2-135

2.4.2　图元属性

图元属性共分为两种，分别是"实例属性"与"类型属性"。接下来，将着重介绍两种属性的区别，以及修改其中参数的注意事项。

1. 实例属性

一组共用的实例属性适用于属于特定族类型的所有图元，但是这些属性的值可能会因图元在建筑或项目中的位置而异。修改实例属性的值，将只影响选择集内的图元或者将要放置的图元。

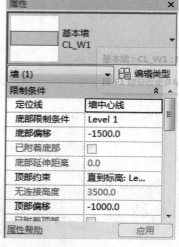

例如，选择一面墙，并且在"属性"选项板修改它的某个实例属性值，则只有该墙受到影响，如图2-136所示。执行"放置墙"命令，并且修改该墙的某

图　2-136

个实例属性值，则新值将应用于此后放置的所有墙。

2. 类型属性

同一组类型属性可使一个族中的所有图元共用，而且特定族类型的所有实例的每个属性都具有相同的值。

例如，属于"窗"族的所有图元都具有"宽度"属性，但是该属性的值因族类型而异。因此在"窗"族内，族类型为1000×1200mm的所有实例，其"宽度"参数都为1000，如图2-137所示；将"宽度"参数修改为500，如图2-138所示，此时所有该类型的所有族"宽度"参数都将被修改。

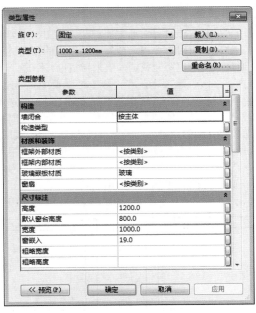

图　2-137　　　　　　　　　　　　　　　图　2-138

2.4.3　编辑图元

在绘制模型的过程中，经常需要对图元进行修改。Revit 提供了大量的图元修改工具，其中包括"移动""旋转"和"缩放"等。在"修改"选项卡中可以找到这些工具，如图 2-139 所示。

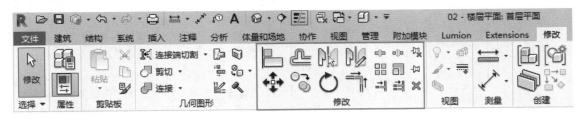

图　2-139

 疑难问答——Revit修改命令可以像AutoCAD一样完全使用快捷键操作吗？

可以。大部分修改命令都提供快捷键供用户使用，如果软件没有预设值，用户也可以设置自己习惯的快捷键完成命令操作。

1. 对齐工具

使用"对齐"工具可将一个或多个图元与选定图元对齐。此工具通常用于对齐墙、梁和线，但也可以用于其他类型的图元。例如，在三维视图中，将墙的表面填充图案与其他图元对齐。可对齐同一类型的图元，也可对齐不同族的图元，并且能够在平面视图、三维视图或立面视图中对齐图元。

切换到"修改"选项卡，单击"修改"面板中的"对齐"按钮 （快捷键为AL），此时会显示带有对齐符号的光标 ，然后在选项栏上选择"多重对齐"选项，将多个图元与所选图元对齐（也可以按住 Ctrl 键选择多个图元进行对齐），如图 2-140 所示。

在对齐墙时，可使用"首选"选项指明对齐所选墙的方式，例如"参照墙面""参照墙中心线""参照核心层表面"或"参照核心层中心"。选择参照图元（要与其他图元对齐的图元），然后选择要与参照图元对齐的一个或多个图元，如图 2-141 所示。完成对齐命令后的最终效果如图 2-142 所示。

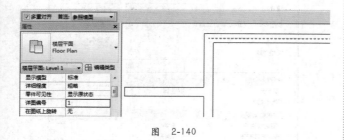

图 2-140

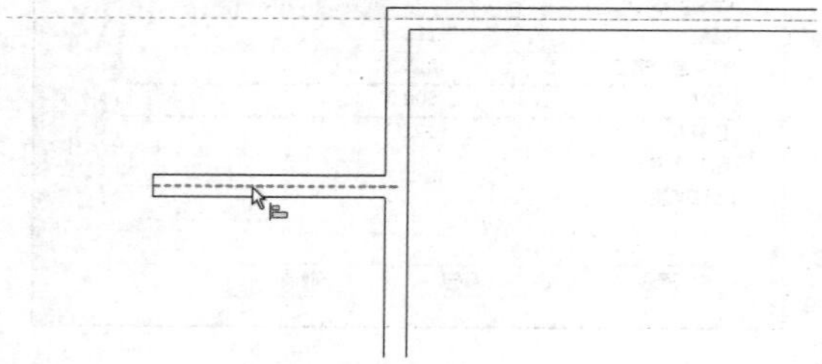

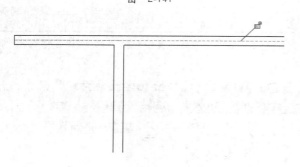

图 2-141

图 2-142

技巧提示

使用对齐工具时，按Ctrl键会临时选择"多重对齐"命令。

若要使选定图元与参照图元（稍后将移动它）保持对齐状态，需单击挂锁符号来锁定对齐，如图 2-143 所示。如果由于执行了其他操作而使挂锁符号消失，需单击"修改"选项并选择"参照图元"命令，使该符号重新显示出来。若要启动新对齐，需按 Esc 键；若要退出"对齐"工具，需按两次 Esc 键。

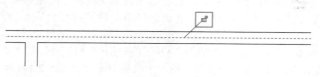

图 2-143

2. 偏移工具

使用"偏移"工具可对选定模型线、详图线、墙和梁进行复制、移动。可对单个图元或属于相同族的图元链应用该工具，通过拖曳选定图元或输入值来指定偏移距离。

单击"修改"选项卡，在"修改"面板中单击"偏移"按钮 （快捷键为 OF），选择选项栏上的"复制"选项，可创建并偏移所选图元的副本（如果在上一步选择了"图形方式"，则按 Ctrl 键的同时移动光标可以达到相同的效果）。

选择要偏移的图元或链，在放置光标的一侧使用"数值方式"选项指定偏移距离，将会在高亮显示图元的内部或外部显示一条预览线，如图 2-144 所示。

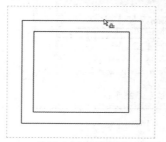

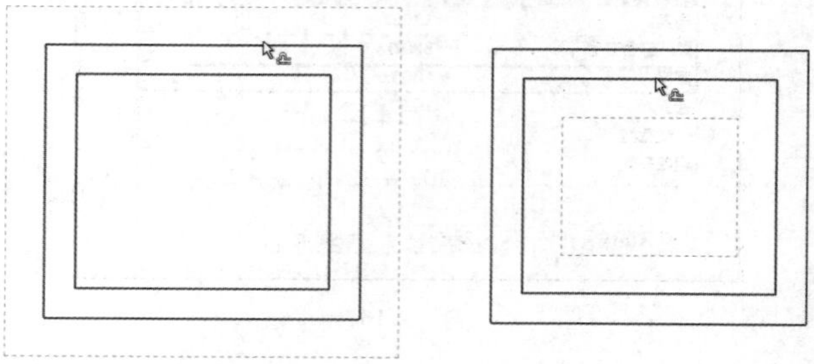

光标在墙外部面   光标在墙内部面

图 2-144

根据需要移动光标，以便在所需偏移位置显示预览线，然后单击将图元或链移动到该位置，或在该位置放置一个副本。若要选择"图形方式"选项，则单击以选择高亮显示的图元，然后将其拖曳到所需距离并再次单击。拖曳后将显示一个关联尺寸标注，可以输入特定的偏移距离。

3. 镜像工具

"镜像"工具使用一条线作为镜像轴，对所选模型图元执行镜像（反转其位置）操作。可以拾取镜像轴，也可以绘制临时轴。使用"镜像"工具可翻转选定图元，或者生成图元的一个副本并翻转其位置。

选择要镜像的图元，切换到"修改"选项卡，单击"修改"面板上的"镜像－拾取轴"按钮 （快捷键为 MM）或"镜像－绘制轴"按钮 （快捷键为 DM），选择要镜像的图元并按 Enter 键，如图 2-145 所示，将光标移动至墙中心线上，单击完成镜像，如图 2-146 所示。若要移动选定项目（不生成其副本），则需清除选项栏上的"复制"选项。

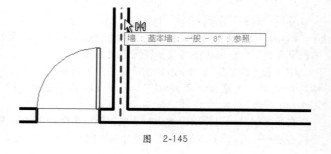

图 2-145

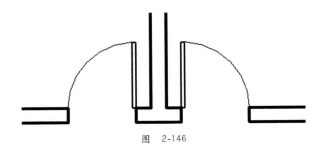

图 2-146

技巧提示

若要选择代表镜像轴的线，需选择“镜像–拾取轴”工具![]；若要绘制一条临时镜像轴线，需选择“镜像–绘制轴”工具![]。

4. 移动工具

“移动”工具的工作方式类似于拖曳，但是，它在选项栏中提供了其他功能，允许进行更精确的放置。

选择要移动的图元，切换到“修改”选项卡，单击“修改”面板中的“移动”按钮（快捷键为MV），按Enter键，在选项栏上单击所需的选项，如图2-147所示。

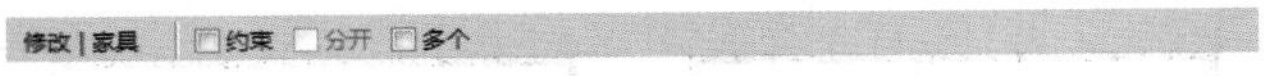

图 2-147

选择“约束”选项可限制图元沿着与其垂直或共线的矢量方向的移动；选择“分开”选项，可在移动前中断所选图元和其他图元之间的关联。例如，要移动连接到其他墙的墙时，使用“分开”选项将依赖于主体的图元从当前主体移动到新的主体上。建议使用此功能时清除“约束”选项。

单击一次以输入移动的起点，将会显示该图元的预览图像。沿着图元移动的方向移动光标，光标会捕捉到捕捉点，此时会显示尺寸标注作为参考，再次单击以完成移动操作。如果要更精确地进行移动，则需输入图元要移动的距离值，然后按Enter键，如图2-148所示。

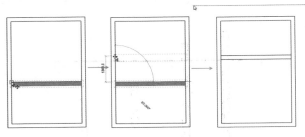

图 2-148

5. 复制工具

使用“复制”工具可复制一个或多个选定图元，并可随即在图纸中放置这些副本。“复制”工具与“复制到剪贴板”工具不同，要复制某个选定图元并立即放置该图元时（例如，在同一个视图中），可使用“复制”工具；而需要在放置副本之前切换视图时，可使用“复制到剪贴板”工具。

选择要复制的图元，切换到“修改”选项卡，单击“修改”面板中的“复制”按钮（快捷键为CO），选择要复制的图元并按Enter键。单击绘图区域开始移动和复制图元，将光标从原始图元移动到要放置副本的区域，单击以放置图元副本（或输入关联尺寸标注的值）。可继续放置更多图元，或者按Esc键退出“复制”工具，如图2-149所示。

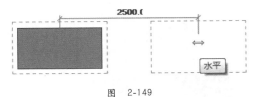

图 2-149

6. 旋转图元

使用“旋转”工具可使图元围绕轴旋转。在楼层平面视图、天花板投影平面视图、立面视图和剖面视图中，图元会围绕垂直于视图的轴进行旋转。在三维视图中，该轴垂直于视图的工作平面。并非所有图元均可以围绕任何轴旋转。例如，墙不能在立面视图中旋转，窗不能在没有墙的情况下旋转。

选择要旋转的图元，切换到“修改”选项卡，然后单击“修改”面板中的“旋转”按钮（快捷键为RO），选择要旋转的图元并按Enter键。

在放置构件时，“旋转控制”图标●将显示在所选图元的中心。若要将旋转控制拖至新位置，需将鼠标指针放置到“旋转控制”图标●上，直接将图标●拖动到新位置；若要捕捉到相关的点和线，需在选项栏中选择“旋转中心：地点”按钮并单击新位置，如图2-150所示。单击选项栏上的“旋转中心：默认”按钮默认，可重置旋转中心的默认位置。

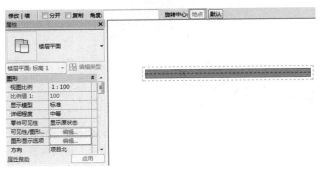

图 2-150

在选项栏中，软件提供了3个选项可供用户选择。选择“分开”选项，可在旋转之前中断选择图元与其他图元之间的连接；选择“复制”选项可旋转所选图元的副本，而在原来位置保留原始对象；选择“角度”选项可指定旋转的角度，然后按Enter键，Revit会以指定的角度执行旋转。

单击指定旋转的开始放射线，此时显示的线表示第一条放射线。如果在指定第一条放射线时对光标进行捕捉，则捕捉线将随预览框一起旋转，并在放置第二条放射线时捕捉屏幕上的角度。移动光标以放置旋转的结束放射线，此时会显示另一条线，表示此放射线。在旋转时，会显示临时角度标注，并会出现一个预览图像，表示选择集的旋转，如图 2-151 所示。

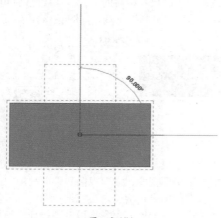

图　2-151

单击以放置结束放射线并完成选择集的旋转，选择集会在开始放射线和结束放射线之间旋转，如图 2-152 所示。Revit 会返回到"修改"工具，而旋转的图元仍处于选择状态。

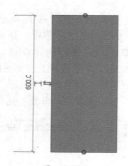

图　2-152

技巧提示

使用关联尺寸标注旋转图元。单击指定旋转的开始放射线之后，角度标注将以粗体形式显示。使用键盘输入数值，按Enter键确定后可实现精确的自动旋转。

7. 修剪和延伸图元

使用"修剪"和"延伸"工具可以修剪或延伸一个或多个图元，至由相同的图元类型定义的边界。也可以延伸不平行的图元以形成角，或者在它们相交时，对它们进行修剪以

形成角。选择要修剪的图元时，光标位置指示要保留的图元部分，可以将这些工具用于墙、线、梁或支撑。

修剪或延伸图元时，可将两个所选图元修剪或延伸成一个角。切换到"修改"选项卡，在"修改"面板中选择"修剪／延伸为角"按钮，（快捷键为 TR），然后选择需要修剪的图元，将光标放置到第二个图元上，屏幕上会以虚线显示完成后的路径效果，如图 2-153 所示。单击完成修剪，完成后的效果如图 2-154 所示。

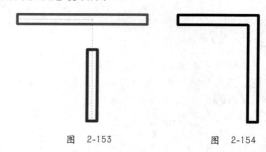

图　2-153　　　　　　图　2-154

将一个图元修剪或延伸到其他图元定义的边界。切换到"修改"选项卡，在"修改"面板中单击"修剪／延伸单个图元"按钮，选择用作边界的参照图元，并选择要修剪或延伸的图元，如图 2-155 所示。如果此图元与边界交叉，则保留所单击的部分，而修剪边界另一侧的部分。完成后的效果如图 2-156 所示。

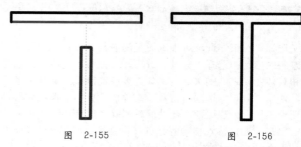

图　2-155　　　　　　图　2-156

切换到"修改"选项卡，单击"修改"面板中的"修剪／延伸多个图元"按钮，选择用作边界的参照图元，并选择要修剪或延伸的每个图元，如图 2-157 所示。对于与边界交叉的任何图元，只保留所单击的部分，而修剪边界另一侧的部分，如图 2-158 所示。

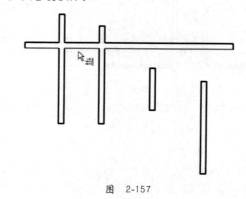

图　2-157

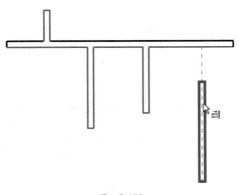

图　2-158

技巧提示

　　可以在工具处于活动状态时，选择不同的"修剪"或"延伸"选项，这也会清除使用上一个选项所做的任何最初选择。

8. 拆分工具

　　"拆分"工具有两种使用方法，分别是"拆分图元"和"用间隙拆分"。通过"拆分"工具，可将图元分割为两个单独的部分，可删除两个点之间的线段，也可在两面墙之间创建定义的间隙。可以拆分为墙、线、梁和支撑。

　　切换"修改"选项卡，然后在"修改"面板中选择"拆分图元"按钮（快捷键为 SL）。如果需要在选项栏中选择"删除内部线段"选项，Revit 会删除墙或线上所选点之间的线段，如图 2-159 所示。

图　2-159

　　在图元上要拆分的位置处左击，如果选择了"删除内部线段"选项，则单击另一个点来删除一条线段，如图 2-160 所示。拆分某一面墙后，所得到的各部分都是单独的墙，可以单独进行处理。

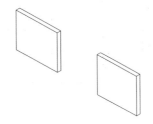

图　2-160

　　使用定义的间隙拆分墙。切换到"修改"选项卡，在"修改"面板中单击"用间隙拆分"按钮，在选项栏的"连接间隙"参数中输入数值，如图 2-161 所示。

图　2-161

　　"连接间隙"参数值的范围在 $1.6 \sim 304.8$，将光标移到墙上，然后单击以放置间隙，该墙将被拆分为两面单独的墙，如图 2-162 所示。

图　2-162

　　连接使用间隙拆分的墙。选择"用间隙拆分"按钮创建某一面墙时，绘图区域将显示"允许连接"按钮。单击"创建或删除长度或对齐约束"按钮，取消对尺寸标注限制条件的锁定。选择"拖曳墙端点"（选定墙上的蓝圈指示），右击，选择"允许连接"命令，如图 2-163 所示。

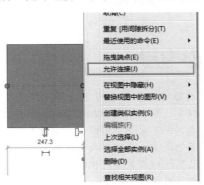

图　2-163

　　将该墙拖曳到第二面墙，以将这两面墙进行连接。或者单击"创建或删除长度或对齐约束"按钮，取消对所有限制条件锁定后，单击"允许连接"按钮，允许墙不带任何间隙的重新连接。如果间隙数值超过 100，图元无法自动连接；如果需要取消墙体连接，可以选择一面墙，在"拖拽墙端点"选项上右击，然后选择"不允许连接"命令。

9. 解锁工具

　　"解锁"工具用于对锁定的图元进行解锁。解锁后，便可以移动或删除该图元，而不会显示任何提示信息。可以选择多个要解锁的图元。如果所选的一些图元没有被锁定，则"解锁"工具无效。

　　选择要解锁的图元，切换到"修改"选项卡，单击"修改"面板中的"解锁"按钮（快捷键为 UP），按 Enter 键，在绘图区域单击图钉控制柄将图元解锁后，锁定控制柄附近会显示 ×，用以指明该图元已解锁，如图 2-164 所示。

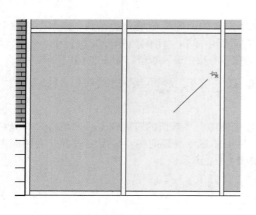

图 2-164

10. 阵列工具

阵列的图元可以为沿一条线"线性阵列"，也可以为沿一个弧形"半径阵列"。选择要在阵列中复制的图元，切换到"修改 |<图元>"选项卡，单击"修改"面板中的"阵列"按钮🔢（快捷键为AR），按Enter键，在选项栏上单击"线性"按钮▥，然后选择所需的选项，如图2-165所示。

图 2-165

设置完成后，将光标移动到指定位置，右击确定起始点。移动光标到终点位置，再次单击完成第二个成员的放置。放置完成后，还可以修改阵列图元的数量，如图2-166所示。如不需要修改，可按Esc键退出，或按Enter键确定。在光标移动的过程中，两个图元之间会显示临时的尺寸标注，通过输入数值来确定两个图元之间的距离，按Enter键确认。

创建半径阵列。选择要在阵列中复制的图元，切换到"修改"选项卡，单击"修改"面板中的"阵列"按钮🔢，

选择要在阵列中复制的图元，按Enter键确认，然后在选项栏上单击"径向"按钮⟳，选择所需的选项，进行如创建线性阵列中所述。

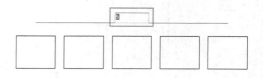

图 2-166

通过拖曳旋转中心控制点●，将其重新定位到所需的位置，也可以单击选项栏上的"旋转中心：放置"选项，然后单击以选择一个位置，阵列成员将放置在以该点为中心的弧形边缘。在大部分情况下，都需要将旋转中心控制点从所选图元的中心移走或重新定位，该控制点会捕捉到相关的点和线，也可以将其定位到开放空间中。

将光标移动到半径阵列的弧形开始的位置（一条自旋转符号的中心延伸至光标位置的线），单击以指定第一条旋转放射线。移动光标以放置第二条旋转放射线，此时会显示另一条线，表示此放射线。旋转时会显示临时角度标注，并出现一个预览图像，表示选择集的旋转，如图2-167所示。再次单击可放置第二条放射线，完成阵列，如图2-168所示。此时，在输入框中输入阵列的数量，按Enter键完成，如图2-169所示。

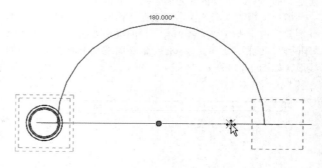

图 2-167

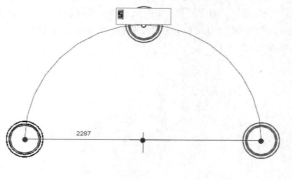

图 2-168

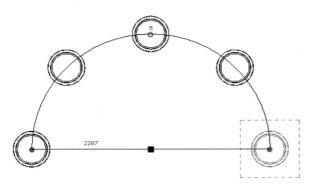

图 2-169

11. 缩放工具

若要同时修改多个图元，可使用造型操纵柄或"比例"工具。"比例"工具适用于线、墙、图像、参照平面、DWG和DX以及尺寸标注的位置，以图形方式或数值方式按比例缩放图元。

调整图元大小时，需要定义一个原点，图元将相对于该固定点等比改变大小。所有图元都必须位于平行平面中，选择集中的所有墙必须具有相同的底部标高。

如果选择并拖曳多个图元的操纵柄，Revit会同时调整这些图元的大小。拖曳多个墙控制柄，可同时调整它们的大小。将光标移到要调整大小的第一个图元上，然后按Tab键，当所需操纵柄呈高亮显示时单击选择即可。例如，要调整墙的长度，可将光标移动到墙的端点上，按Tab键高亮显示该操纵柄，然后单击选择。

将光标移到要调整大小的下一个图元上，然后按Tab键，直到所需操纵柄高亮显示。在按Ctrl键的同时，单击将其选择。对所有剩余图元重复执行此操作，直到选择了所有所需图元上的控制柄，如图2-170所示。在单击选择其他图元时，需要按Ctrl键。单击所选图元之一的控制柄，并拖曳该控制柄以调整大小，将同时调整其他选定图元的大小。

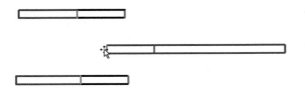

图 2-170

技巧提示

若要取消选择某个选定的图元（但不取消选择其他图元），需将光标移动到所选图元上，然后在按Shift键的同时单击该图元。

以图形方式进行比例缩放时需要单击3次，第1次单击确定原点，后两次单击定义比例。Revit通过确定两个距离的比率来计算比例系数。例如，假定绘制的第1个距离为5cm，第2个距离为10cm。此时比例系数的计算结果为2，图元将变成其原始大小的两倍。

选择要进行比例缩放的图元，切换到"修改"选项卡，单击"修改"面板中的"缩放"按钮（快捷键为RE），接着按Enter键确认。在选项栏上选择"图形方式"选项，如图2-171所示，然后在绘图区域单击以设置原点。

图形方式　数值方式　比例：1.5

图 2-171

技巧提示

原点是图元相对于它改变大小的点，光标可捕捉到多种参照，按Tab键可修改捕捉点移动光标以定义第1个参照点，单击以设置长度。再次移动光标以定义第2个参照点，单击以设置该点，如图2-172所示。选定图元将进行比例缩放，使参照点1与参照点2重合。

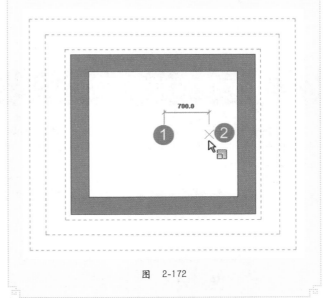

图 2-172

以数值方式进行比例缩放。选择要进行比例缩放的图元，切换到"修改"选项卡，单击"修改"面板中的"缩放"按钮，按Enter键确认，然后在选项栏上选择"数值方式"选项，在"比例"框内输入参数，如图2-173所示，最后在绘图区域单击以设置原点，如图2-174所示，图元会以原点为中心缩放。

修改｜墙　图形方式　数值方式　比例：1.5

图 2-173

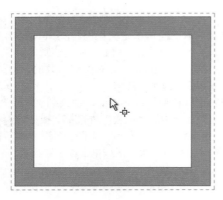

图　2-174

 技巧提示

　　确保仅选择支持的图元。例如墙和线，只要整个选择集包含一个不受支持的图元，"比例"工具将不可用。

12. 删除工具

使用"删除"工具可将选定图元从绘图中删除，但不会

将删除的图元粘贴到剪贴板中。

　　选择要删除的图元，切换到"修改"选项卡，单击"修改"面板中的"删除"按钮 （快捷键为 DE），然后按 Enter 键确认，如图 2-175 所示。

图　2-175

技巧提示

　　在Revit中使用"删除"工具或Delete键删除图元时，图元必须处于解锁状态。如果当前图元被锁定，软件将无法完成删除命令并会打开提示对话框。如标高、轴网等较为重要的图元，建议用户将其锁定，这样可以防止误操作导致删除。此功能目前只适用于Revit 2015及以上版本，其他早期版本无此限制，但删除锁定图元后会对用户进行提示。

2.5 文件的链接与插入

　　开始模型搭建后，经常需要从外部载入族、CAD 图纸或链接其他专业的 Revit 模型。在这个过程中，插入、链接这类操作的使用会非常频繁。但不论是插入还是链接，都需要注意明确目标图元的坐标信息与单位，这样才能保证模型可以顺利地载入项目中。

　　构建 Revit 模型就像是搭积木的过程，需要不断向模型中添加不同的图元。其中一些图元需要被载入项目中，另外一些图元只需链接进来作为参考。Revit 充分地考虑到了这点，为用户提供了多种命令，来实现不同目的的插入与链接，如图 2-176 所示。

图　2-176

重点 2.5.1　链接外部文件

　　在项目实施过程中，经常会使用不同的软件来创建模型与图纸。例如，在方案阶段会使用 SketchUp 创建三维模型，使用 AutoCAD 绘制简单的二维图纸。这些文件都可以链接到 Revit 的文件中作为参考使用。

　　● RVT：使用 Revit 软件来创建的文件格式。

　　● IFC：行业基础类（IFC）文件格式。

- DWG：通常是由 AutoCAD 软件创建的文件格式。
- Rcp：由激活扫描仪生成的点云文件格式。
- SKP：由 SketchUp 软件创建的文件格式。
- SAT：由 ACIS 核心开发出来的应用程序的共通格式。
- DGN：由 MicroStation 软件创建的文件格式。
- DWF：由 Revit 或 AutoCAD 等软件导出的文件格式。
- NWD：由 Navisworks 生成的文件格式。

★ 重点 实战——链接 Revit 文件

场景位置	无
实例位置	实例文件＞第2章＞实战：链接 Revit 模型 .rvt
视频位置	多媒体教学＞第2章＞实战：链接 Revit 模型 .mp4
难易指数	★★★★★
技术掌握	掌握链接 Revit 模型的操作方法

扫码看视频

01 新建项目文件，打开任意平面视图，切换到"插入"选项卡，单击"链接 Revit"按钮，如图 2-177 所示。

图 2-177

02 打开"导入 / 链接 RVT"对话框，选择学习资源包中的"场景文件＞第 2 章＞02.rvt"文件，设置"定位"为"自动 – 原点到原点"，如图 2-178 所示。

图 2-178

03 链接成功后，切换到三维视图查看链接效果，如图 2-179 所示。

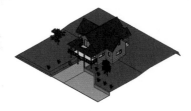

图 2-179

SPECIAL 技术专题 3：绑定链接模型

使用链接方式载入的模型文件是不可以进行编辑的。如果需要编辑链接模型，可以将模型绑定到当前项目中即可。选择链接模型，然后单击选项栏中的"绑定链接"按钮，如图 2-180 所示。在打开的"绑定链接选项"对话框中选择需要绑定的项目，最后单击"确定"按钮，如图 2-181 所示。

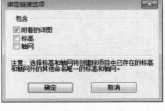

图 2-180   图 2-181

★ 重点 实战——链接 CAD 文件

场景位置	场景文件＞第2章＞03.dwg
实例位置	实例文件＞第2章＞实战：链接 CAD 文件 .rvt
视频位置	多媒体教学＞第2章＞实战：链接 CAD 文件 .mp4
难易指数	★★★★★
技术掌握	掌握链接 CAD 文件的操作方法

扫码看视频

01 新建项目文件，切换到"插入"选项卡，然后单击"链接 CAD"按钮，如图 2-182 所示。

02 在打开的对话框中设置文件格式，然后选择"03.dwg"并设置相关参数，最后单击"打开"按钮，如图 2-183 所示。

图 2-182

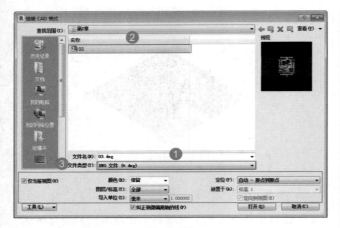

图　2-183

03 CAD 文件被链接后的效果如图 2-184 所示。

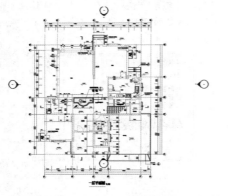

图　2-184

技术专题 4："链接 CAD" 参数详解

"链接CAD格式"对话框中提供了丰富的参数供用户设置，如图2-185所示。

图　2-185

仅当前视图：选择此选项，链接或导入的文件只显示在当前视图，不会出现在其他视图中。

颜色：提供3种选项，分别是"反选""保留"和"黑白"，代表是否替换文件原始颜色。默认选项为"保留"，导入文件后保存原始颜色状态。

图层/标高：提供3种选项，分别是"全部""可见"和"指定"。默认选项为"全部"，即原文件全部图层都会被链接或导入；"可见"选项为只链接或导入原文件中的可见图层；"指定"选项为用户提供图层信息表，可自定义选择导入的图层。

导入单位：指原文件的单位尺寸，一般为毫米，软件还提供"自动检测""英尺""英寸"等单位。

定位：链接文件的坐标位置，一般选择"自动－原点到原点"统一文件坐标，也可选择手动，进行文件位置的手动放置。

放置于：链接文件的空间位置。选择某一标高后，链接文件将放置于当前标高位置。在三维视图或立面视图中可以体现出链接空间高度。

2.5.2　导入外部文件

除了可以链接文件外，Revit 还支持向项目内部导入文件。支持导入的格式与链接方式中所包含的格式大致相同，其中还支持图像及 gbXLM 文件的导入。

疑难问答——链接DWG文件与导入DWG文件有什么区别？

链接方式相当于AutoCAD软件中的外部参照，所链接的文件只是引用关系。一旦源文件更新后，链接到项目中的文件也会相应更新。但如果是导入方式，所导入的文件将成为项目文件中的一部分，用户可以对其进行"分解"等操作。

★ **实战——导入图片**

场景位置	场景文件 > 第 2 章 > 04.jpg
实例位置	实例文件 > 第 2 章 > 实战：导入图片 .rvt
视频位置	多媒体教学 > 第 2 章 > 实战：导入图片 .mp4
难易指数	★★★★★
技术掌握	掌握导入图像文件的操作方法

扫码看视频

01 新建项目文件，切换到平面视图。然后切换到"插入"选项卡，单击"图像" 按钮，如图 2-186 所示。

图　2-186

 技巧提示

可以将图像文件导入二维视图或图纸中，但不能将图像导入三维视图中。

02 在"导入图像"对话框中选择"场景文件 \ 第 2 章 \04.png"图片，然后单击"打开"按钮，如图 2-187 所示。

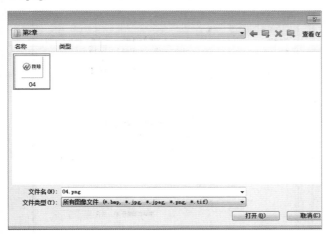

图　2-187

03 移动光标到视图中合适的位置，会出现 X 形图片位置预览，如图 2-188 所示。

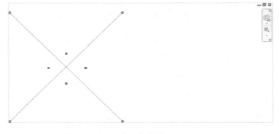

图　2-188

04 左击放置图片，如图 2-189 所示。拖动四个角点可以控制图片大小。

图　2-189

2.6 选项工具的使用方法

"选项"工具提供了 Revit 的全局设置，其中包括界面的 UI、快捷键和文件位置等常用设置。可以在开启或关闭 Revit 文件状态下对其进行设置或更改。

打开 Revit 后，单击"文件"选项卡，打开其下拉菜单，单击"选项"按钮，如图 2-190 所示。将打开"选项"对话框，其中提供了常用的选项供用户设置，如图 2-191 所示。

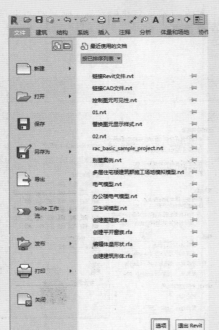

图　2-190

图　2-191

2.6.1　修改文件保存提醒时间

打开"选项"对话框后，默认会停留在"常规"选项栏，其中提供的设置有"通知""用户名"和"工作共享更新频率"等，如图 2-192 所示。

图　2-192

"保存提醒间隔"用来设置软件自动提示保存对话框的打开时间，默认软件的预设值为 30 分钟。如果模型文件较大，建议用户将其调整为一小时，以达到增加绘图时间的目的。

展开"保存提醒间隔"下拉菜单，其中提供了几种不同的时间分隔供用户选择，单击选择"一小时"，如图 2-193 所示，然后单击"确定"按钮，"保存提醒间隔"的时间就由默认的"30 分钟"调整为"一小时"。如果当前文件为中心文件副本，可将"与中心文件同步"提醒间隔也做相应的修改。

图　2-193

2.6.2　软件背景颜色调整

许多用户在初次接触 Revit 时，会感觉软件背景不太习惯。大部分建筑师或其他专业工程师都习惯了 AutoCAD 的黑色背景，而 Revit 默认的绘图背景为白色。下面就来介绍如何将 Revit 的背景调整为与 AutoCAD 一致的黑色。

01 打开"选项"对话框，将当前选项切换到"图形"，将光标定位于"颜色"面板，然后在"颜色"面板中单击背影后的色卡，在打开的"颜色"对话框中选择黑色，再单击"确定"按钮，如图 2-194 所示。

02 背景颜色修改成功后，所有视图的背景颜色均变成了黑色，如图 2-195 所示。

图　2-194

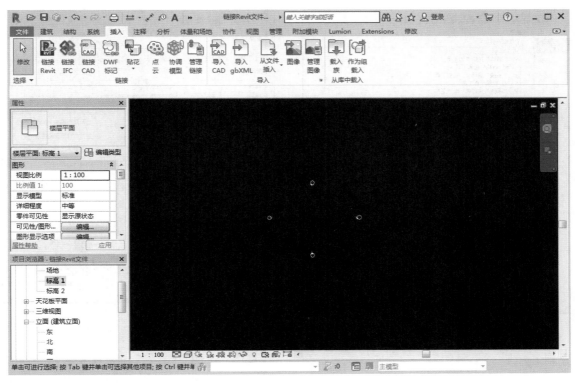

图 2-195

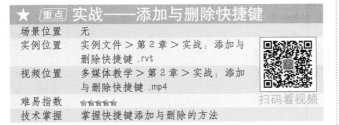

技巧提示

除了可以调整背景色之外，"图形"选项中还提供了一些其他设置，如"使用硬件加速（Direct3D®）"。选择后，可以加快显示模型与切换视图的速度。但如果图形显示有问题，或软件因此意外崩溃，则须取消对此项的选择。

重点 2.6.3　快捷键的使用及更改

为了更高效率地完成设计任务，设计师都会为软件设置一些快捷键。而要在 Revit 中高质量且快速完成设计任务，同样需要设置一些常用的快捷键来提高工作效率。可以通过"搜索文字"或"过滤器"两种方式显示相关的命令，然后赋予相应的快捷键即可。如果设置的快捷键为单个字母或数字，那么可能需要按下快捷键后，再按 Space 键才起作用。

★ 重点 实战——添加与删除快捷键

场景位置	无
实例位置	实例文件＞第2章＞实战：添加与删除快捷键.rvt
视频位置	多媒体教学＞第2章＞实战：添加与删除快捷键.mp4
难易指数	★★★★★
技术掌握	掌握快捷键添加与删除的方法

扫码看视频

01 单击"文件"选项卡，在文件菜单中单击"选项"按钮，打开"选项"对话框，如图 2-196 所示。

图 2-196

02 在"选项"对话框中，切换到"用户界面"选项卡，然后单击"快捷键"后方的"自定义"按钮，如图 2-197 所示。

图 2-197

03 打开"快捷键"对话框，在"搜索"框内输入"移动"，在搜索结果中选择"移动"命令，然后在"按新键"位置输入新的快捷键"MN"，最后单击"指定"按钮，如图2-198。此时新的快捷键将被指定到对应命令。

图 2-198

04 在"快捷方式"一栏中选择需要删除的快捷键，单击"删除"按钮，此时选中的快捷键将被删除，如图2-199所示。最后单击"确定"按钮，所执行的操作将立即生效。

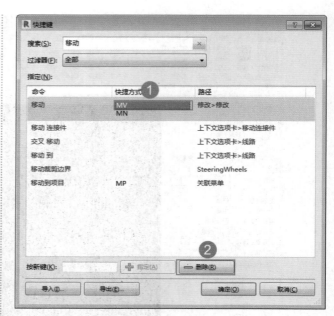

图 2-199

 疑难问答——Revit支持单个命令设置多个快捷键吗?

支持，默认添加新的快捷键时会保留原始快捷键，其优点是在日常工作中可以使用自定义的快捷键，当他人操作软件时也可以使用默认快捷键，二者不发生冲突。

★ 实战——导出与导入快捷键设置

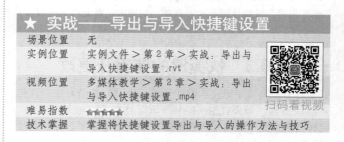

场景位置	无
实例位置	实例文件 > 第 2 章 > 实战：导出与导入快捷键设置 .rvt
视频位置	多媒体教学 > 第 2 章 > 实战：导出与导入快捷键设置 .mp4
难易指数	★★★★★
技术掌握	掌握将快捷键设置导出与导入的操作方法与技巧

扫码看视频

01 单击"文件"选项卡，在文件菜单中单击"选项"按钮，打开"选项"对话框。然后切换到"用户界面"选项卡，单击"快捷键"后的"自定义"按钮，打开"快捷键"对话框，然后单击"导出"按钮，如图2-200所示。

02 在"导出快捷键"对话框中，切换到需要保存文件的文件夹位置，然后输入文件名称，最后单击"保存"按钮，如图2-201所示。

03 在"快捷键"对话框中单击"导入"按钮，如图2-202所示。

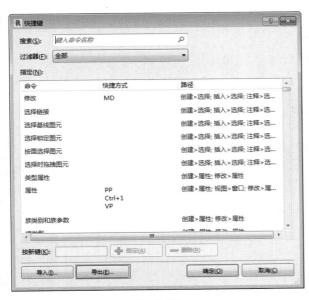

图　2-200

图　2-201

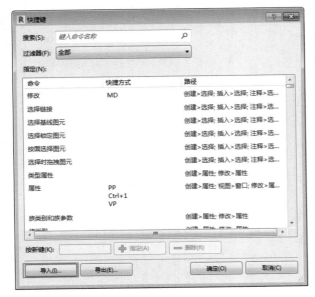

图　2-202

04 在弹出的对话框中选择需要导入的"快捷键设置"文件，单击"打开"按钮，如图2-203所示。

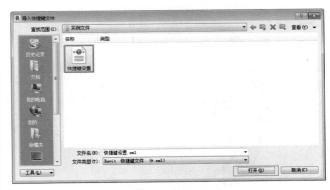

图　2-203

05 在弹出的"导入快捷键文件"对话框中，选择"与现有快捷键设置合并"选项，如图2-204所示。快捷键将被成功导入系统中。

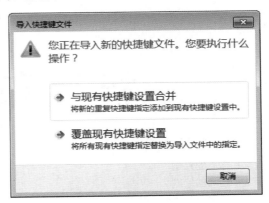

图　2-204

选择"与现有快捷键设置合并"选项，将保留现有快捷键，并将新的快捷键附加其中；选择"覆盖现有快捷键设置"选项，将全部替换现有快捷键，使用导入的快捷键设置。

第 3 章

标高和轴网

本章学习要点
- 标高的绘制
- 轴网的绘制

3.1 创建和修改标高

在 Revit 中首先要创建标高部分，几乎所有的建筑构件都是基于标高所创建的。当修改标高后，建筑构件也会随着标高的改变而发生高度上的偏移。

3.1.1 创建标高

使用"标高"工具可定义垂直高度或建筑内的楼层标高。可为每个已知楼层或其他建筑参照（如第二层、墙顶或基础底端）创建标高，要想添加标高，必须处于剖面视图或立面视图中，添加标高时可以创建一个关联的平面视图。

打开要添加标高的剖面视图或立面视图，切换到"建筑"选项卡（或"结构"选项卡），单击"基准"面板中的"标高"按钮⁺◆，将光标放置在绘图区域，单击并水平移动光标绘制标高线。

在选项栏上，默认情况下"创建平面视图"处于选中状态，如图 3-1 所示。因此，所创建的每个标高都是一个楼层，并且拥有关联楼层平面视图和天花板投影平面视图。

修改 | 放置 标高 　☑ 创建平面视图　平面视图类型...　偏移量: 0.0

图　3-1

如果在选项栏上单击"平面视图类型"选项，则仅可以选择创建在"平面视图类型"对话框中指定的视图类型，如图 3-2 所示。如果取消选中"创建平面视图"复选框，则认为标高是非楼层的标高或参照标高，并且不创建关联的平面视图。墙及其他以标高为主体的图元，可以将参照标高用作自己的墙顶定位标高或墙底定位标高。

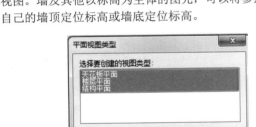

图　3-2

当绘制标高线时，标高线的头和尾可以相互对齐。选择与其他标高线对齐的标高线时，将会出现一个锁，以显示对齐，如图 3-3 所示。如果水平移动标高线，则全部对齐的标高线会随之移动。

当标高线达到合适的长度时单击鼠标，通过单击其编号以选择该标高，可以改变其名称，也可单击其尺寸标注来改变标高的高度。

Revit 会为新标高指定标签（如"标高 1"）和"标高"图标▽⎯⎯⎯⎯。如果需要，可以使用"项目浏览器"重命名标高。如果重命名标高，则相关的楼层平面和天花板投影平面的名称也将随之更新。

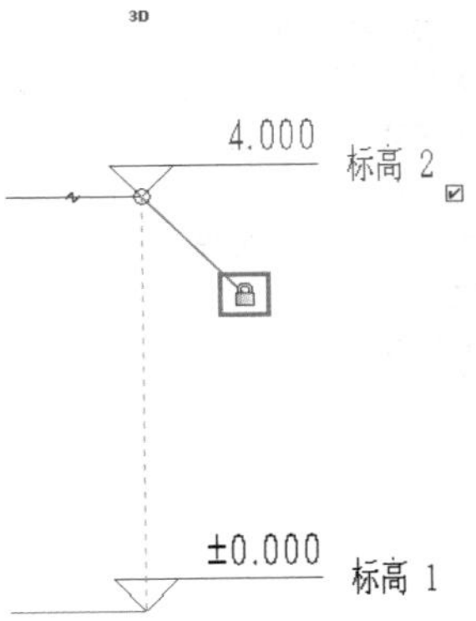

3D

4.000　标高 2

±0.000　标高 1

图　3-3

技巧提示

标高只能在立面或剖面视图中创建。当放置光标以创建标高时，如果光标与现有标高线对齐，则光标和该标高线之间会显示一个临时的垂直尺寸标注。

重点 3.1.2 修改标高

当标高创建完成后，还可以对标高进行编辑操作，如修改标头样式、标高名称、标高线型图案等。

1. 修改标高类型

可以在放置标高前修改标高类型，也可以对绘制完成的标高进行修改。切换到立面或者剖面视图，在绘图区域选择标高线。在类型选择器中选择其他标高类型，如图 3-4 所示。

2. 在立面视图中编辑标高线

调整标高线的尺寸：选择标高线，单击蓝色圆圈操纵柄，可以向左或向右拖曳光标，如图 3-5 所示。

升高或降低标高：选择标高线，单击与其相关的尺寸标注值，可以输入新尺寸标注值，如图 3-6 所示。

修改标高名称：选择标高并单击标签框，可以输入新的标高名称，如图 3-7 所示。

3. 移动标高

选择标高线，在该标高线与其直接相邻的上下标高线之间将显示临时尺寸标注。若要上下移动选定的标高，则单击临时尺寸标注，输入新值并按 Enter 键确认，如图 3-8 所示。

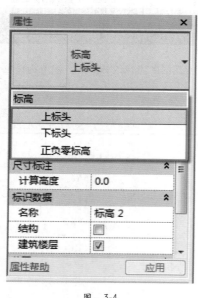

图 3-4

图 3-8

如果要移动多条标高线，选择要移动的多条标高线，将鼠标光标放置在其中一条标高线上，按住鼠标左键进行上下拖曳即可，如图3-9所示。

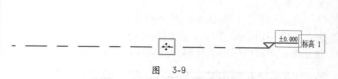

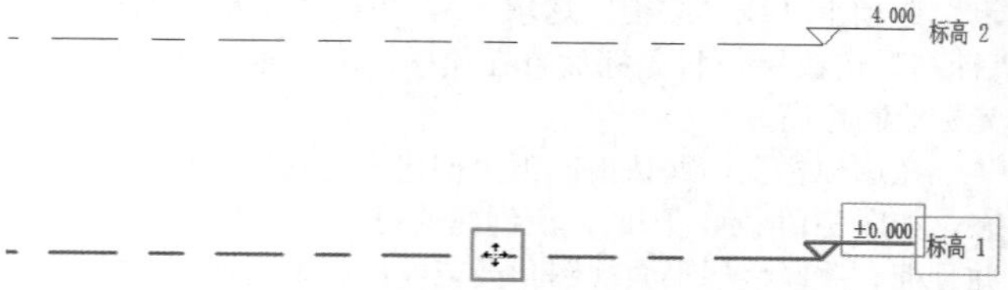

图 3-9

4. 使标高线从其编号处移开

绘制一条标高线，或选择一条现有的标高线，然后选择并拖拽编号附近的控制柄，以调整标高线的大小。单击"添加弯头"图标，如图3-10所示，将控制柄拖拽到正确的位置，从而将编号从标高线上移开，如图3-11所示。

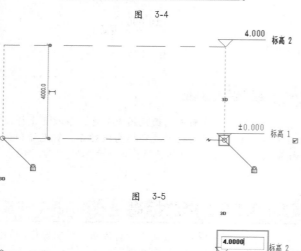

图 3-5

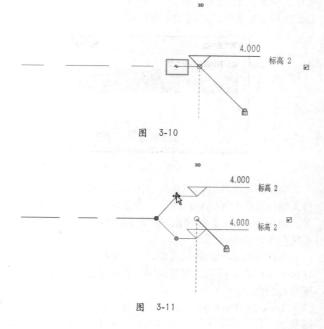

图 3-10

图 3-11

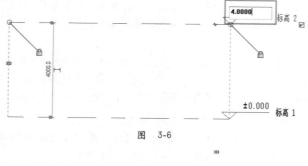

图 3-6

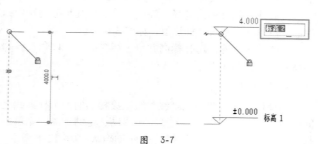

图 3-7

高，Revit 会在标高编号附近显示一个复选框，如图 3-14 所示。可能需要放大视图才能清楚地看到该圆点。取消选中该复选框以隐藏标头，或选中该复选框以显示标头，可以重复此步骤，以显示或隐藏该轴线另一端点上的标头。

图 3-14

使用类型属性显示或隐藏标高编号：打开立面视图，选择一条标高，在打开的"类型属性"对话框中，选中"端点 1 处的默认符号"和"端点 2 处的默认符号"选项，如图 3-15 所示。这样，视图中标高的两个端点都会显示标头，如图 3-16 所示。如果只选择端点 1，标头会显示在左侧端点处；如果只选择端点 2，标头则会显示在右侧端点处。

技巧提示

当编号偏离轴线时，其效果仅在本视图中显示，而不影响其他视图。通过拖曳编号所创建的线段为实线，拖曳控制柄时，光标在类似相邻标高线的点处捕捉。当线段形成直线时，光标也会进行捕捉。

5. 自定义标高

打开显示标高线的视图，选择一条现有标高线，然后切换到"修改 | 标高"选项卡，单击"属性"面板中的"类型属性"按钮。在"类型属性"对话框中，可以对标高线的"线宽""颜色"和"符号"等参数进行修改，如图 3-12 所示。修改"符号"及"颜色"参数后的效果如图 3-13 所示。

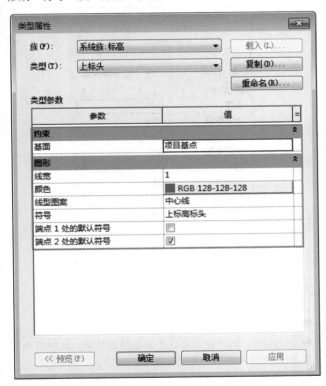

图 3-12

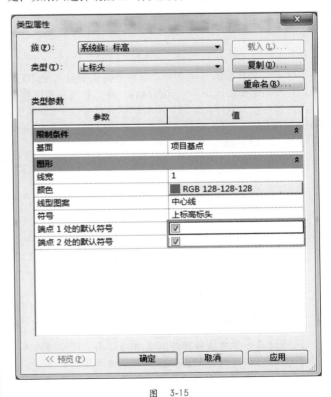

图 3-15

图 3-13

6. 显示和隐藏标高编号

控制标高编号是否在标高的端点显示，可以对视图中的单个轴线执行此操作，也可以通过修改类型属性来对某个特定类型的所有轴线执行此操作。

显示或隐藏单个标高编号：打开立面视图，选择一条标

图 3-16

7. 切换标高2D/3D属性

标高绘制完成后会在相关立面及剖面视图中显示，在任何一个视图中修改，都会影响其他视图。但出于某些情况，例如出施工图纸时，可能立面与剖面视图中所要求的标高线长度不一，如果修改立面视图中的标高线长度，也会直接显示在剖面视图中。为了避免这种情况的发生，软件提供

了 2D 方式调整。选择标高后单击 3D 字样,如图 3-17 所示,标高将切换到 2D 属性,如图 3-18 所示。这时拖曳标头延长标高线的长度后,其他视图不会受到任何影响。

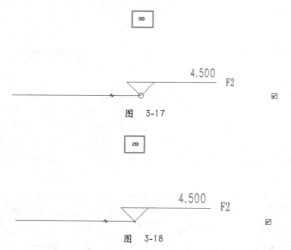

图 3-17

图 3-18

除了以上介绍的方法之外,软件还提供批量转换 2D 属性。打开当前视图范围框,选择标高,将其拖曳至视图范围框内,然后松开鼠标。此时,所有的标高都变成了 2D 属性,如图 3-19 所示。再次将标高拖曳至初始位置,至此标高批量转换 2D 属性完成。

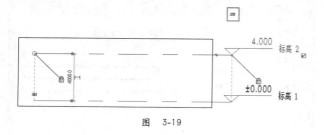

图 3-19

技巧提示

通过第一种方法转换为2D属性的标高,可以通过单击2D图标重新转换为3D属性。但如果使用第二种方法,2D图标是灰显的,无法单击。这种情况下,需要将标高拖曳至范围框内,然后拖曳3D控制柄,使其与2D控制柄重合,即可恢复3D属性状态,如图3-20和3-21所示。此过程无法批量处理,须逐个更改。

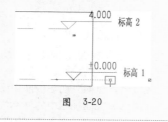

图 3-20

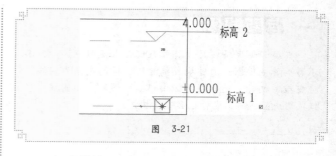

图 3-21

8. 标高属性

标高图元共有两种属性参数,分别是实例属性与类型属性。修改实例属性可指定立面、计算高度和名称等,如图 3-22 所示。

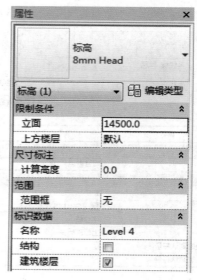

图 3-22

实例属性参数介绍

● 立面:标高的垂直高度。

● 上方楼层:与"建筑楼层"参数结合使用,此参数用于指示该标高的下一个建筑楼层。

● 计算高度:在计算房间周长、面积和体积时要使用的标高之上的距离。

● 名称:标高的标签。可以为该属性指定任何所需的标签或名称。

● 结构:将标高标识设为主要结构(如钢顶部)。

● 建筑楼层:指示标高对应于模型中的功能楼层或楼板,与其他标高(如平台和保护墙)相对应。

若要修改实例属性,需在"属性"选项板中选择图元并修改其属性。对实例属性的更改,只会影响当前所选中的图元。

可以在"类型属性"对话框中修改标高类型属性,如

"基面"和"线宽"等，如图3-23所示。若要修改类型属性，选择一个图元，然后单击"属性"面板中的"类型属性"按钮 🔠。对类型属性的更改将应用于项目中的所有相同类型及名称的图元。

图 3-23

类型属性参数介绍

- 基面：如果将"基面"设置为"项目基点"，则在某一标高上报告的高程基于项目原点；如果将"基面"设置为"测量点"，则报告的高程基于固定测量点。
- 线宽：设置标高类型的线宽。可以使用"线宽"工具来修改线宽编号的定义。
- 颜色：设置标高线的颜色。可以从 Revit 定义的颜色列表中选择颜色，或自定义颜色。
- 线型图案：设置标高线的线型图案。线型图案可以为实线或虚线和圆点的组合，可从 Revit 定义的值列表中选择线型图案，或自定义线型图案。
- 符号：确定标高线的标头的显示方式，如显示编号中的标高号（标高标头 – 圆圈）、显示标高号但不显示编号（标高标头 – 无编号）或不显示标高号（〈无〉）。
- 端点 1 处的默认符号：默认情况下，在标高线的左端点放置编号。选择标高线时，标高编号旁边将显示复选框。取消选中该复选框以隐藏编号，再次选中复选框以显示编号。
- 端点 2 处的默认符号：默认情况下，在标高线的右端点放置编号。

★ 重点 实战——创建项目标高

实例位置	实例文件＞第3章＞实战：创建项目标高 .rvt
视频位置	多媒体教学＞第3章＞实战：创建项目标高 .mp4
难易指数	★★★★★
技术掌握	标高的绘制与修改

扫码看视频

01 使用"建筑样板"新建项目文件，然后切换到东立面视图，如图3-24所示。

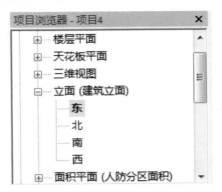

图 3-24

02 切换到"建筑"选项卡，然后单击"标高"按钮（快捷键为LL），如图3-25所示，最后在工具选项栏中设置"偏移"为 –600，如图3-26所示。

图 3-25

图 3-26

03 沿着正负零标高单击以确定起始点，再次单击确定终点，完成室外地坪标高的绘制，如图3-27所示。

04 选择"标高 2"，单击"立面标高值"并输入数值3.3，默认单位为米，接着按 Enter 键确认，如图3-28所示。

05 选中"标高 2"，使用阵列工具（快捷键为 AR）沿垂直方向向上进行阵列，阵列间距为3300mm，数量为3，如图3-29所示。

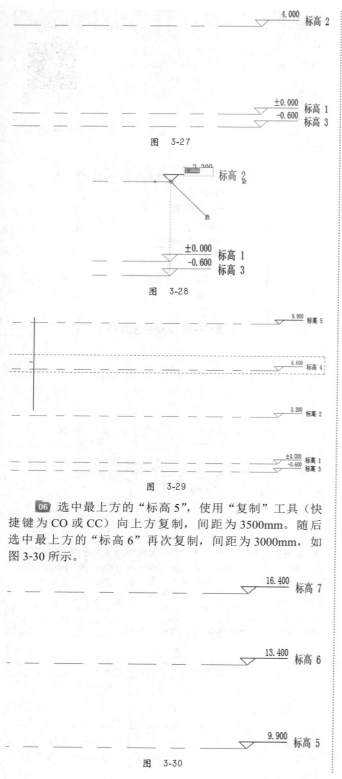

图 3-27

图 3-28

图 3-29

06 选中最上方的"标高5",使用"复制"工具(快捷键为 CO 或 CC)向上方复制,间距为 3500mm。随后选中最上方的"标高6"再次复制,间距为 3000mm,如图 3-30 所示。

图 3-30

07 选中 –0.600 标高,然后单击其标高名称,修改为"室外地坪",如图 3-31 所示。按 Enter 键确定后,会弹出"是否希望重命名相应视图?"的提示,单击"是"即可,如图 3-32 所示。此时系统会将与当前标高对应的楼层平面名称修改为与标高名称一致。

图 3-31

图 3-32

08 按照此方法,依次修改其他标高名称,如图 3-33 所示。

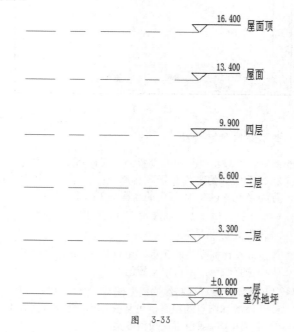

图 3-33

技巧提示

使用阵列工具创建的标高,默认情况下会成为模型组。如果需要编辑标高,需要双击进入模型组,或对模型组进行编辑。

Revit+Lumion中文版从入门到精通(建筑设计与表现)

技巧提示

通过阵列或复制的方式创建的标高，不会生成对应的平面视图。所以如果需要用创建的标高生成对应的平面视图，可以按照以下步骤操作。

第1步：切换到"视图"选项卡，然后单击"平面视图"按钮，在下拉菜单中单击"楼层平面"按钮，如图3-34所示。

第2步：在打开的"新建楼层平面"对话框中，选择全部新建标高，然后单击"确定"按钮，如图3-35所示。

第3步：此时，在项目浏览器中将出现刚刚选中的标高所对应的楼层平面，如图3-36所示。

图 3-34

图 3-35

图 3-36

3.2 创建和修改轴网

在 Revit 中，轴网的绘制与基于 AutoCAD 绘制的方式没有太多区别。但需要注意的是，Revit 中的轴网具有三维属性，它与标高共同构成了模型中的三维网格定位体系。多数构件与轴网也有紧密联系，如结构柱与梁。

3.2.1 创建轴网

使用"轴网"工具可以在模型中放置轴网线，然后沿着轴线添加柱。轴线是有限平面，可以在立面视图中拖曳其范围，使其不与标高线相交，这样便可以确定轴线是否出现在为项目创建的每个新平面视图中。轴网可以是直线、圆弧或多段。

切换到"建筑"选项卡（或"结构"选项卡），单击"基准"面板中的"轴网"按钮 （快捷键为 GR），然后在"修改 | 放置轴网"选项卡"绘制"面板中选择"草图"选项。

选择"直线"绘制一段轴线，在绘图区单击以确定起始点，当轴线达到正确的长度时再次单击完成。Revit 会自动为每个轴线编号，如图 3-37 所示。可以使用字母作为轴线的值，如果将第一个轴网编号修改为字母，则所有后续的轴线将进行相应的更新。

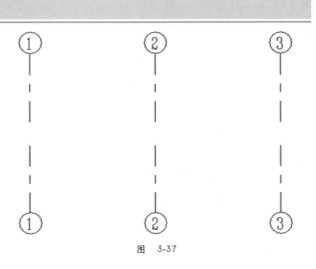

图 3-37

当绘制轴线时，可以让各轴线的头部和尾部相互对齐。如果轴线是对齐的，则选择线时会出现一个锁，以指明对齐；如果移动轴网范围，则所有对齐的轴线都会随之移动。

重点 3.2.2 修改轴网

当轴网创建完成后，通常需要对轴网进行一些适当的设置与修改，下面来介绍修改轴网的多种方法。

1. 修改轴网类型

修改轴网类型的方法与标高相同，都可以在放置前或放置后进行修改。切换到平面视图，在绘图区域选择轴线。在类型选择器中选择其他轴网类型，如图3-38所示。

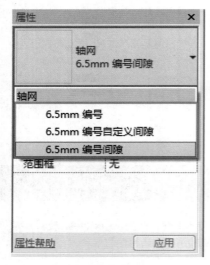

图　3-38

2. 更改轴网值

可以在轴网标题或"属性"面板中直接更改轴网值。选择轴网标题，单击轴网标题中的值，然后输入新值，如图3-39所示，可以输入数字或字母，也可以选择轴网线并在"属性"面板中输入其他的名称属性值，如图3-40所示。

3. 使轴线从其编号偏移

绘制轴线或选择现有的轴线时，在靠近编号的线端有拖曳控制柄。若要调整轴线的大小，可选择并移动靠近编号的端点拖曳控制柄。单击"添加弯头"图标↑，如图3-41所示。然后将图标拖曳到合适的位置，从而将编号从轴线中移开，如图3-42所示。

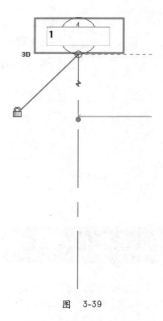

图　3-39

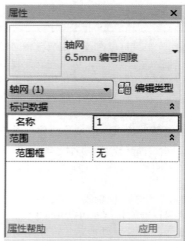

图　3-40

Revit+Lumion中文版从入门到精通（建筑设计与表现）

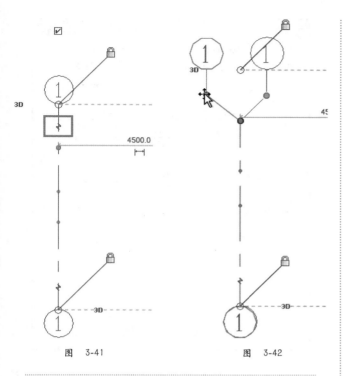

图　3-41　　　　　　　　　图　3-42

要在平面视图中的轴线的终点处显示轴网编号，则选中"平面视图轴号端点 2（默认）"复选框，如图 3-44 所示。

图　3-44

技巧提示

编号偏离轴线时，其效果仅在本视图中显示。通过拖曳编号所创建的线段为实线，且不能改变这个样式。拖曳控制柄时，光标在类似相邻轴网的点处捕捉。当线段形成直线时，光标也会进行捕捉。

可在除平面视图之外的其他视图（如立面视图和剖面视图）中指明显示轴网编号的位置。对于"非平面视图符号（默认）"参数，有"顶""底""两者"和"无"4 个选项，如图 3-45 所示。单击"确定"按钮，Revit 将更新所有视图中该类型的所有轴线。

4.显示和隐藏轴网编号

控制轴网编号是否在轴线的端点显示。可以对视图中的单个轴线执行此操作，也可以通过修改类型属性来对某个特定类型的所有轴线执行此操作。

可以显示或隐藏单个轴网编号。打开显示轴线的视图，选择一条轴线。Revit 会在轴网编号附近显示一个复选框，如图 3-43 所示。可能需要放大视图才能清楚看到该圆点。清除该复选框将隐藏编号，选择该复选框将显示编号。

单击此处隐藏轴号

图　3-43

可以使用类型属性显示或隐藏轴网编号。打开显示轴线的视图，选择一条轴线，然后切换到"修改 | 轴网"选项卡，单击"属性"面板的"类型属性"按钮。在"类型属性"对话框中，若要在平面视图中的轴线的起点处显示轴网编号，则选中"平面视图轴号端点 1（默认）"复选框；若

图　3-45

5. 调整轴线中段

调整各轴线中的间隙或轴线中段的长度，需要调整间隙，以便轴线不显示为穿过模型图元的中心。在"类型属性"对话框中，当"轴线中段"的参数为"自定义"或"无"时，该功能才可用，如图3-46所示。

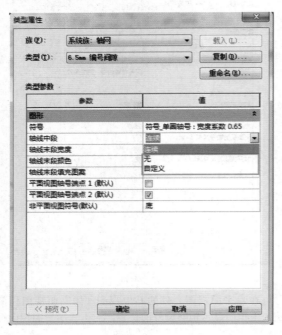

图　3-46

选择视图中的轴线，轴线上将显示一个 ● 图标，将 ● 图标沿着轴线拖曳，轴线末段会相应地调整其长度，如图3-47所示。

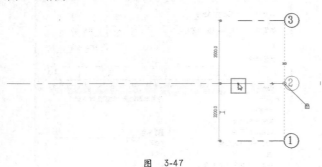

图　3-47

6. 切换轴网2D/3D属性

除了标高有些属性以外，轴网同样具有这样的特性。操作方法与标高一致，限于篇幅，这里不做详细的介绍。

7. 自定义轴线

打开显示轴线的视图，选择一条轴线，切换到"修改 | 轴网"选项卡，单击"属性"面板的"类型属性"按钮。在"类型属性"对话框中，可以对标高线的线宽、颜色和符号等参数进行修改，如图3-48所示。

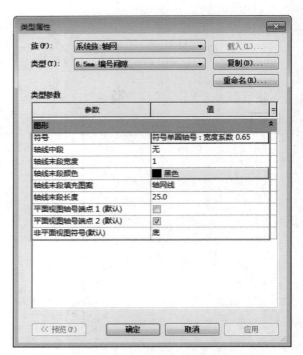

图　3-48

8. 轴网属性

同标高图元相同，轴网的属性参数也分实例属性与类型属性两种。通过实例属性可以更改单个轴线的属性，如"名称"和"范围框"，如图3-49所示。

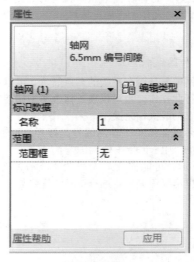

图　3-49

轴网实例属性参数介绍

● 名称：轴线的值。可以是数字值或字母数字值，第一个实例默认为1。

● 范围框：应用于轴网的范围框。

可以在"类型属性"对话框中修改轴线，如轴线中段或用于轴线端点的符号，如图3-50所示。

图　3-50

轴网类型属性参数介绍

- 符号：用于轴线端点的符号。该符号可以在编号中显示轴网号（轴网标头－圆）、显示轴网号但不显示编号（轴网标头－无编号）和无轴网编号或轴网号（无）。

- 轴线中段：在轴线中显示的轴线中段的类型，可选择"无""连续"或"自定义"。

- 轴线末段宽度：表示连续轴线的线宽，在"轴线中段"为"无"或"自定义"的情况下表示轴线末段的线宽。

- 轴线末段颜色：表示连续轴线的线颜色，在"轴线中段"为"无"或"自定义"的情况下表示轴线末段的线颜色。

- 轴线末段填充图案：表示连续轴线的线样式，在"轴线中段"为"无"或"自定义"的情况下表示轴线末段的线样式。

- 轴线末段长度：在"轴线中段"参数为"无"或"自定义"的情况下表示轴线末段的长度（图纸空间）。

- 平面视图轴号端点1（默认）：在平面视图中，在轴线的起点处显示编号的默认设置（在绘制轴线时，编号在其起点处显示）。如果需要，可以显示或隐藏视图中各轴线的编号。

- 平面视图轴号端点2（默认）：在平面视图中，在轴线的终点处显示编号的默认设置（在绘制轴线时，编号

在其终点处显示）。如果需要，可以显示或隐藏视图中各轴线的编号。

- 非平面视图符号（默认）：在非平面视图的项目视图（如立面视图和剖面视图）中，轴线上显示编号的默认位置为"顶""底""两者"或"无"。如果需要，可以显示或隐藏视图中各轴线的编号。

★ (重点) 实战——创建项目轴网	
场景位置	场景文件 > 第3章 > 01.rvt
实例位置	实例文件 > 第3章 > 实战：创建项目轴网.rvt
视频位置	多媒体教学 > 第3章 > 实战：创建项目轴网.mp4
难易指数	★★★★★
技术掌握	掌握绘制与修改轴网的方法

扫码看视频

01 打开学习资源包中的"场景文件 > 第3章 > 01.rvt"文件，切换到一层平面，然后单击"建筑"选项卡"基准"面板中的"轴网"按钮（快捷键为GR），如图3-51所示。

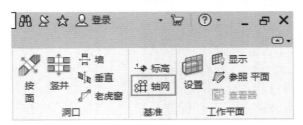

图　3-51

02 在视图中单击以确定起始点，再次单击完成轴线1的绘制，如图3-52所示。

图　3-52

03 选择 1 轴轴线，使用阵列工具向右侧进行阵列，阵列间距为 3300，阵列数量为 7，如图 3-53 所示。

04 选中 7 轴，使用复制工具继续向右侧复制，间距为 5000，得到 8 轴。然后选中 8 轴，继续使用阵列工具进行阵列，阵列间距为 3300，阵列数量为 7，如图 3-54 所示。

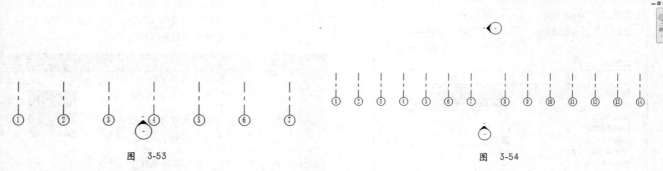

图　3-53　　　　　　　　　　　　　　　　　　　　　　图　3-54

05 再次单击"轴网"按钮，绘制水平方向轴网，如图 3-55 所示。

06 选择绘制好的水平轴网，单击轴网标头中的编号，然后输入字母 A，并按 Enter 键确认，如图 3-56 所示。

07 使用复制工具依次向上复制，完成 A ～ E 轴线的绘制，间距分别为 1000、5000、1800 和 5100，如图 3-57 所示。轴线全部绘制完成后，最终效果如图 3-58 所示。

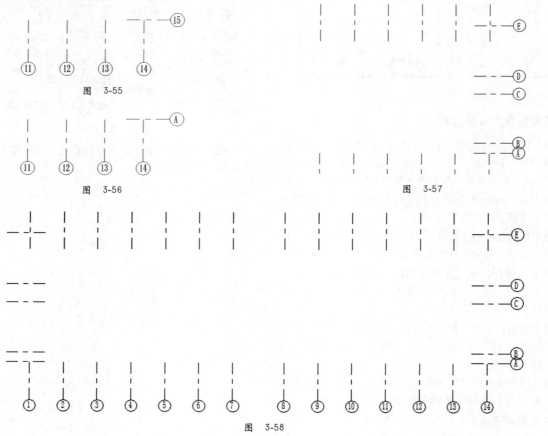

图　3-55

图　3-56　　　　　　　　　　　　　　　　　　图　3-57

图　3-58

SPECIAL 技术专题 5：控制轴网显示范围

通常情况下创建模型都是先建立标高，然后建立轴网。这样可以保证所创建的轴网显示在每一层平面视图中。如果按照相反的步骤操作，轴网则不会出现在新建标高所关联的上视图中。发生这种情况后，可以手动进行调整，让轴网重新显示在新建视图中。

新建项目文件，在平面视图中绘制轴网，如图3-59所示。

切换到立面视图中，新建两条标高，如图3-60所示。

切换到新建标高平面后会发现，其中并没有显示轴网。在立面视图中选择任意轴线，向上拖曳轴网编号下方的小圆圈，直至与标高4发生交叉时停止，如图3-61所示。按照同样的方法，在其他立面视图也将1～4轴线拖曳至与标高4交叉处，这样标高4平面中将重新显示轴网。

如需要让单根轴网不显示在某个平面视图中，可以选择该轴线后单击🔒图标将其解锁，便可实现单独拖曳。只有该轴线与其标高交叉，才会在此标高平面显示该轴线，如图3-62所示。

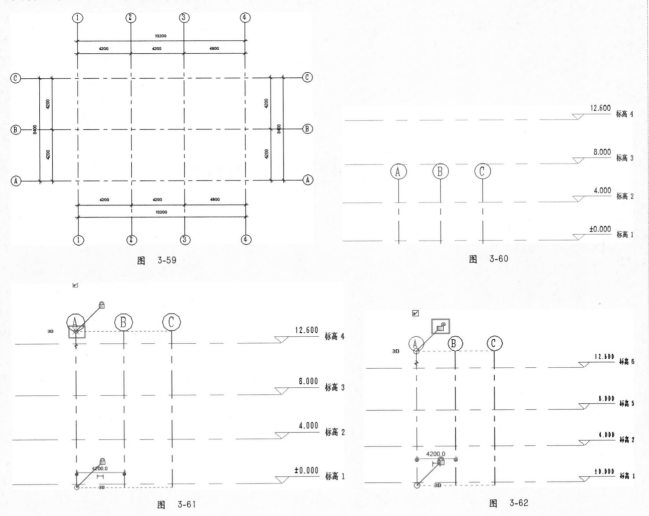

图 3-59

图 3-60

图 3-61

图 3-62

第 4 章

结构布置

本章学习要点

- 结构柱与建筑柱
- 结构梁

4.1 结构柱与建筑柱

在建筑设计过程中结构柱与建筑柱都需要排布柱网。其中，结构柱应由结构工程师经过专业计算后，确定截面尺寸；而建筑柱不参与承重，主要起到装饰的目的，所以由建筑师确定外观并进行摆放。在 Revit 中，这两种柱子的属性也截然不同。以下内容将对这两种柱子的属性做详细的讲解。

重点 4.1.1 结构柱属性

结构柱用于对建筑中的垂直承重图元建模。尽管结构柱与建筑柱共享许多属性，但结构柱还具有许多由其自己的配置和行业标准定义的其他属性。在行为方面，结构柱也与建筑柱不同。

1. 结构柱实例属性

通过修改结构柱实例属性可更改标高偏移、几何图形对正、阶段化数据和其他属性，如图 4-1 所示。

图 4-1

结构柱实例属性参数介绍

- 柱定位标记：项目轴网上的垂直柱的坐标位置。
- 底部标高：柱底部标高的限制。
- 底部偏移：从底部标高到底部的偏移。
- 顶部标高：柱顶部标高的限制。
- 顶部偏移：从顶部标高到顶部的偏移。
- 柱样式：包括"垂直""倾斜 – 端点控制"和"倾斜 – 角度控制"3 个选项。
- 随轴网移动：将垂直柱限制条件改为轴网。
- 房间边界：将柱限制条件改为房间边界条件。
- 已附着顶部：指定柱的顶部从中间连接到梁或附着到结

构楼板或屋顶，该参数为只读类型。

- 已附着底部：指定柱的底部从中间连接到梁或附着到结构楼板或屋顶，该参数为只读类型。
- 基点附着对正：包括"最小相交""相交柱中线""最大相交"和"切点"4 个选项。
- 从基点附着点偏移：柱底部与中间连接的梁或附着的图元之间的偏移。
- 顶部附着对正：包括"最小相交""相交柱中线""最大相交"和"切点"4 个选项。
- 从顶部附着点偏移：柱顶部与中间连接的梁或附着的图元之间的偏移。
- 结构材质：控制结构柱所使用的材料信息及外观样式。
- 启用分析模型：显示分析模型，并将它包含在分析计算中，默认情况下处于选中状态。
- 钢筋保护层 – 顶面：设置与柱顶面间的钢筋保护层距离，只适用于混凝土柱。
- 钢筋保护层 – 底面：设置与柱底面间的钢筋保护层距离，只适用于混凝土柱。
- 钢筋保护层 – 其他面：设置从柱到其他图元面间的钢筋保护层距离，只适用于混凝土柱。
- 体积：所选柱的体积，该值为只读类型。
- 注释：添加用户注释。
- 标记：为柱创建的标签。可以用于施工标记。对于项目中的每个图元，该值都必须是唯一的。
- 创建的阶段：指明在哪一个阶段创建了柱构件。
- 拆除的阶段：指明在哪一个阶段拆除了柱构件。

> **SPECIAL 技术专题 6：柱端点的截面样式**
>
> 可以定义在柱末端未附着到图元时，柱末端的显示方式。柱末端几何图形将按照为它的"截面样式"属性选择的选项，相对于其定位线进行剖切，如图4-2所示。可以通过增加或减小"顶部延伸"或"底部延伸"属性来偏移柱末端几何图形的剖切面。

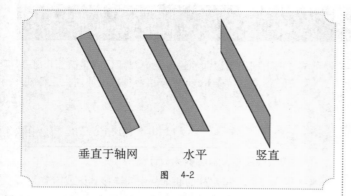

图　4-2

2. 结构柱类型属性–混凝土

可通过修改结构柱类型属性来更改混凝土柱截面的宽度、深度、标识数据和其他属性，如图4-3所示。

混凝土结构柱参数介绍

- b：设置柱的宽度。
- h：设置柱的深度。

3. 结构柱类型属性–钢

可通过修改结构柱类型属性来更改钢柱翼缘宽度、腹杆厚度、标识数据和其他属性，如图4-4所示。

图　4-3

钢结构柱参数介绍

- W：设置钢柱的公称宽度。
- A：设置钢柱的剖面面积。
- bf：设置钢柱的翼缘宽度。

- d：设置钢柱的剖面的实际深度。

图　4-4

- k：设置钢柱的 k 距离。
- kr：设置钢柱的 kr 距离，只读属性。
- tf：设置钢柱的翼缘厚度。
- tw：设置钢柱的腹杆厚度。

★ 重点 **实战——放置结构柱**

场景位置	场景文件＞第4章＞01.rvt
实例位置	实例文件＞第4章＞实战：放置结构柱.rvt
视频位置	多媒体教学＞第4章＞实战：放置结构柱.mp4
难易指数	★★★★★
技术掌握	放置结构柱的方法与注意事项

扫码看视频

01 打开学习资源包中的"场景文件＞第4章＞01.rvt"文件，如图4-5所示。

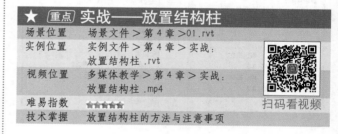

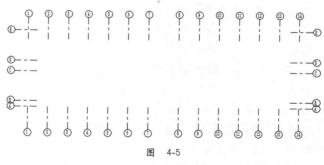

图　4-5

02 切换到"建筑"选项卡，在"构建"面板中单击

"柱"下拉列表中的"结构柱"命令 ▯（快捷键为CL），如图 4-6 所示。然后在"属性"面板中选择需要的柱类型，如图 4-7 所示。

图 4-6

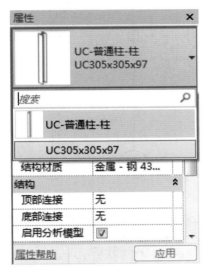

图 4-7

03 当前项目文件中只有钢柱一种类型，需要载入混凝土柱族。在当前选项卡中直接单击"载入族"按钮，进行族的载入，如图 4-8 所示。

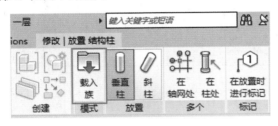

图 4-8

04 在弹出的"载入族"对话框中，依次进入"结构\柱\混凝土"文件夹，选中"混凝土–矩形–柱"与"混凝土–圆形–柱"两个族文件，并单击"打开"按钮，如图 4-9 所示。

05 族载入成功之后，在"属性"面板中选择"混凝土–矩形–柱"类型，然后单击"编辑类型"按钮，如图 4-10 所示。

图 4-9

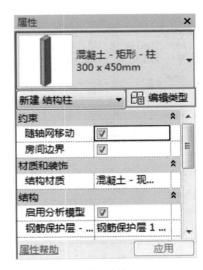

图 4-10

06 这时会弹出"类型属性"对话框，单击"复制"按钮，弹出"名称"对话框。输入新的类型名称为 400×400mm，然后单击"确定"按钮，如图 4-11 所示。

07 修改新类型对应的参数，将 b 和 h 均修改为 400，如图 4-12 所示。按照同样的方法，再复制出 400×500mm 族类型并修改参数，最后单击"确定"按钮。

08 在选项栏中设置放置方式为"高度"，标高为"二层"，如图 4-13 所示。在属性面板中选择结构柱类型为 400×400mm，然后在 2 轴与 B 轴交叉点位置单击即可放置结构柱，Revit 会自动捕捉轴网交点，如图 4-14 所示。

09 单击"在轴网处"按钮 ▦，如图 4-15 所示，接着框选当前平面视图中除 A 轴以外的所有轴线，将会在轴线交汇处生成结构柱预览。按住键盘上的 Shift 键，单击 C 轴取消选择后，单击"完成"按钮，即可批量生成结构柱，如图 4-16 所示。

图　4-11

图　4-12

图　4-13

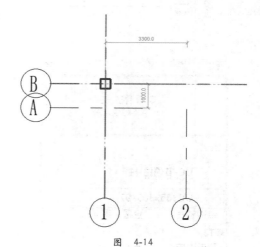

图　4-14

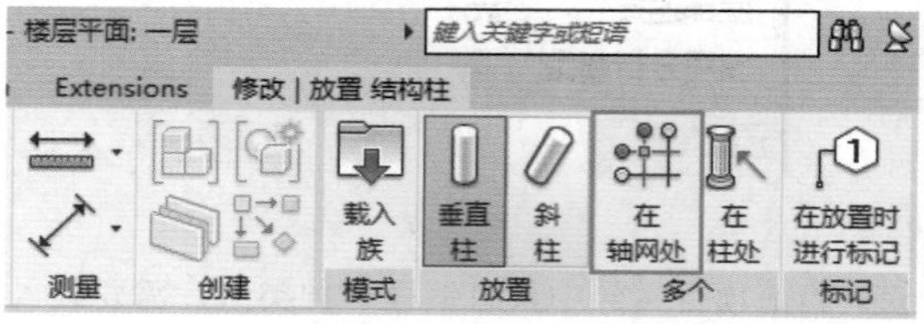

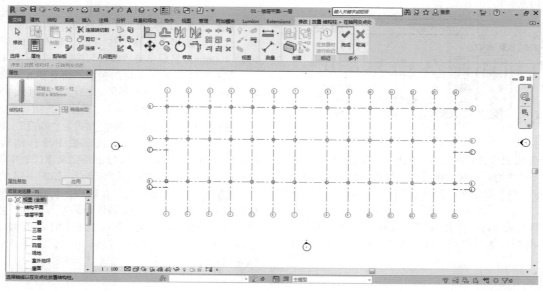

图　4-15

图　4-16

技巧提示

　　基于绘制完成的轴网,可以批量在轴网交点处创建结构柱。同样,如果有绘制完成的建筑柱,也可以选择"在柱处"命令批量布置结构柱。批量放置结构柱的方法仅适用于垂直柱,斜柱无法使用此命令按钮。

10 将多余部分的结构柱选中并删除,如图4-17所示。具体可以参考"场景文件 > 办公楼全套图纸 > 一层平面图 .dwg"。

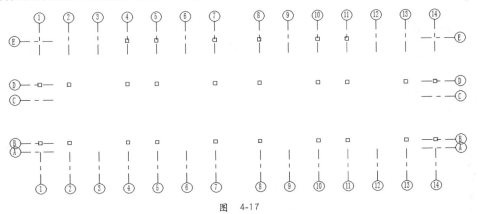

图 4-17

11 选中 5 ~ 10 轴与 B 轴及 E 轴部分的结构柱,将其替换为 400×500mm 柱类型,如图4-18所示。

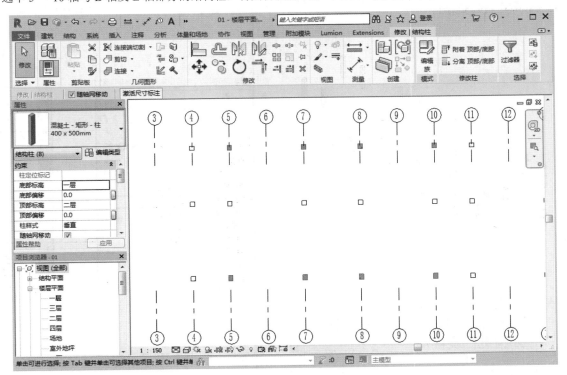

图 4-18

12 再次单击"结构柱"按钮,选择族类型为"混凝土 – 圆形 – 柱 600mm",然后在 C 轴与 7 轴及 8 轴交叉点位置单击放置,如图4-19所示。

13 当结构柱全部放置完成后,切换到三维视图查看最终效果,如图4-20所示。

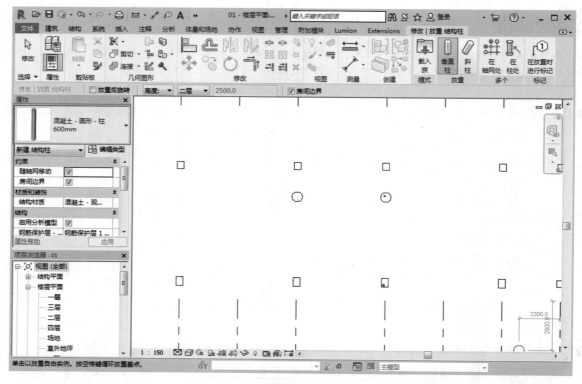

图·4-19

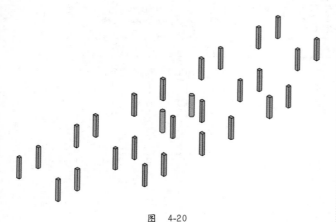

图　4-20

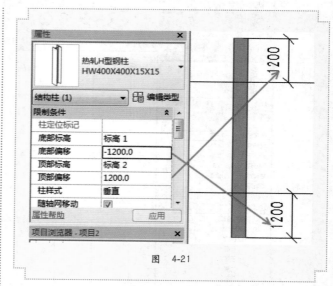

图　4-21

疑难问答——如果需要修改结构柱的底部或顶部正好超过标高一段距离，如何进行设置？

可以使用"底部偏移"和"顶部偏移"来进行设定。"底部偏移"是指结构柱在底部标高基础上向下延伸的部分，而"顶部偏移"是指在顶部标高基础上向上延伸的部分，如图4-21所示。

技术专题7：深度与高度的区别

无论是放置建筑柱还是结构柱，选项栏中都提供了两个选项，分别是"高度"与"深度"。"深度"是指以当前标高为准，向下延伸至某个标高或一定的偏移量，如图4-22所示。

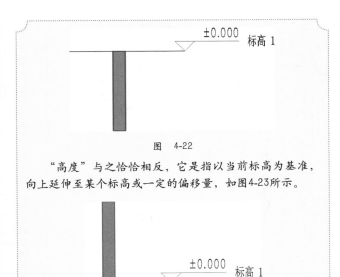

图 4-22

"高度"与之恰恰相反，它是指以当前标高为基准，向上延伸至某个标高或一定的偏移量，如图4-23所示。

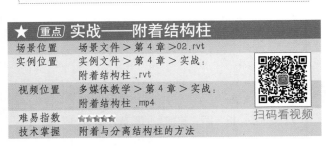

图 4-23

★ 重点 实战——附着结构柱

场景位置	场景文件 > 第 4 章 > 02.rvt
实例位置	实例文件 > 第 4 章 > 实战：附着结构柱 .rvt
视频位置	多媒体教学 > 第 4 章 > 实战：附着结构柱 .mp4
难易指数	★★★★★
技术掌握	附着与分离结构柱的方法

结构柱不会自动附着到屋顶、楼板和天花板。选择一根柱（或多根柱）时，可以手动将其附着到屋顶、楼板、天花板、参照平面、结构框架构件以及其他参照标高。

01 打开学习资源包中的"场景文件 > 第 4 章 > 02.rvt"文件，如图 4-24 所示。切换到"建筑"选项卡，单击"参照平面"按钮 ✎（快捷键为 RP），如图 4-25 所示。

图 4-24

图 4-25

02 在当前立面视图中绘制一条倾斜的工作平面线，如图 4-26 所示，然后选中当前视图中的结构柱，单击"附着顶部 / 底部"按钮 ⬛，如图 4-27 所示，最后在工具选项栏中设置"附着柱"为"顶"，设置"附着对正"为"最大相交"，如图 4-28 所示。

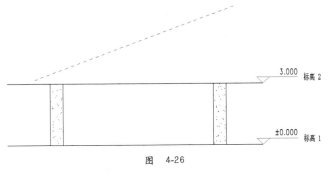

图 4-26

图 4-27

图 4-28

03 选择之前绘制完成的参照平面，完成结构柱顶部的附着，如图 4-29 所示。此时结构柱顶部将与参照平面联动。

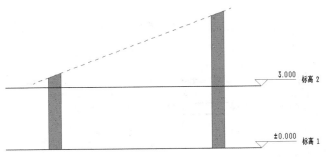

图 4-29

04 如果需要分离结构柱，可以单击"分离顶部 / 底部"按钮 ⬛，然后选择参照平面，取消联动关系，如图 4-30 所示。

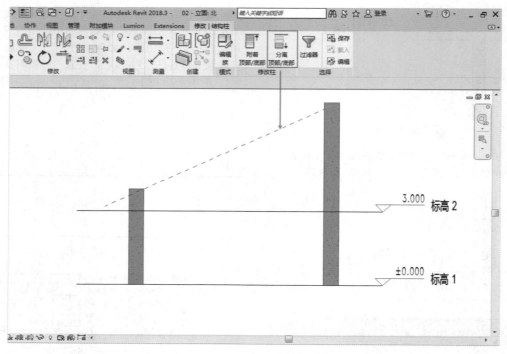

图　4-30

重点 4.1.2　建筑柱属性

　　建筑柱主要起到装饰作用，并不参与结构计算，所以其属性参数也与结构柱不尽相同。

　　1. 建筑柱实例属性

　　可通过修改实例属性来更改柱底部和顶部的标高、偏移、附着设置和其他属性，如图4-31所示。

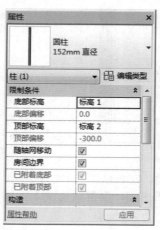

图　4-31

建筑柱实例属性参数介绍

● 底部标高：指定柱基准所在的标高，默认标高是标高1。

● 底部偏移：指定距底部标高的距离，默认值为0。

● 顶部标高：指定柱顶部所在的标高，默认值为2。

● 顶部偏移：指定距顶部标高的距离，默认值为0。

● 随轴网移动：柱随网格线移动。

● 房间边界：确定此柱是否是房间边界。

● 已附着底部：指定将柱的底部附着到表面，该参数为只读类型。

● 已附着顶部：指定将柱的顶部附着到结构楼板或屋顶，该参数为只读类型。

● 基点附着对正：将柱附着到表面时，可以根据条件设置底部对正。

● 从基点附着点偏移：将柱附着到表面时，可以指定"剪切目标/柱条件"的偏移值。

● 顶部附着对正：将柱附着到表面时，可以设置顶部对正作为条件。

● 从顶部附着点偏移：将柱附着到表面时，可以指定"剪切目标/柱条件"的偏移值。

● 注释：添加用户注释。

● 标记：为柱创建的标签，可以用于施工标记。对于项目中的每个图元，此值都必须是唯一的。

● 创建的阶段：指明在哪一个阶段创建了柱构件。

◎ 拆除的阶段：指明在哪一个阶段拆除了柱构件。

2. 建筑柱类型属性

通过修改类型属性来定义建筑柱的尺寸标注、材质、图形和其他属性，如图 4-32 所示。

建筑柱类型属性参数介绍

◎ 粗略比例填充颜色：指定在任一粗略平面视图中，粗略比例填充样式的颜色。

◎ 粗略比例填充样式：指定在任一粗略平面视图中，柱内显示的截面填充图案。

◎ 材质：指定柱的材质。

◎ 深度：设置柱的深度。

◎ 偏移基准：设置柱基准的偏移。

◎ 偏移顶部：设置柱顶部的偏移。

◎ 宽度：设置柱的宽度。

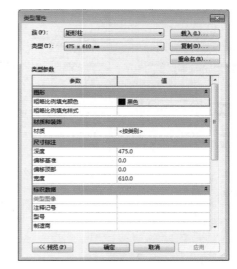

图　4-32

4.1.3　结构柱与建筑柱的区别

结构柱与建筑柱本身存在于物体属性方面的区别。结构柱主要用于承重，而建筑柱主要起到装饰作用。同样在 Revit 中，结构柱与建筑柱的设定也有类似的区别，结构柱由结构专业布置，并可以进行结构分析计算；而建筑柱由建筑装饰布置，不参与结构计算，只起到装饰的作用。

建筑柱将继承连接到其他图元的材质，墙的复合层包络建筑柱，而结构柱不具备此特性，如图 4-33 所示。

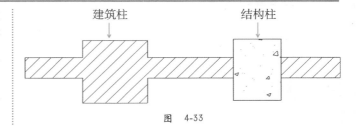

图　4-33

4.2 结构梁

结构梁一般不需要在建筑模型中进行绘制，通常由结构工程师创建完成后，链接到建筑模型中使用。如果没有结构模型，而建筑剖面图中又需要体现梁的截面大小，这时需要建筑师在模型中绘制结构梁以供出图使用。较好的做法是先添加轴网和柱，然后创建梁。将梁添加到平面视图中时，必须将底剪裁平面设置为低于当前标高，否则梁在该视图中不可见，但如果使用结构样板，视图范围和可见性设置会相应地显示梁。

Revit 提供混凝土与钢梁两种不同属性的梁，其属性参数也会稍有不同。

4.2.1　结构梁实例属性

通过修改梁实例属性可修改标高偏移、几何图形对正以及阶段化数据等，如图 4-34 所示。

梁实例属性参数介绍

◎ 参照标高：标高限制。该值为只读类型，取决于放置梁的工作平面。

◎ 工作平面：放置了图元的当前平面，该值为只读类型。

◎ 起点标高偏移：梁起点与参照标高间的距离。当锁定构件时，会重设此处输入的值。

◎ 终点标高偏移：梁端点与参照标高间的距离。当锁定构件时，会重设此处输入的值。

◎ 方向：梁相对于图元所在的当前平面的方向。

◎ 横截面旋转：控制旋转梁和支撑。从梁的工作平面和中心参照平面方向测量旋转角度。

◎ YZ 轴对正：包括"统一"和"独立"两个选项。使用"统一"选项可为梁的起点和终点设置相同的参数，使用"独立"选项可为梁的起点和终点设置不同的参数。

◎ Y 轴对正：指定物理几何图形相对于定位线的位置，包

图　4-34

括"原点""左侧""中心"和"右侧"4 个选项。

- Y 轴偏移值：几何图形偏移的数值。在"Y 轴对正"参数中设置的定位线与特性点之间的距离。
- Z 轴对正：指定物理几何图形相对于定位线的位置，包括"原点""顶部""中心"和"底部"4 个选项。
- Z 轴偏移值：在"Z 轴对正"参数中设置的定位线与特性点之间的距离。

性点之间的距离。

- 结构材质：控制结构材质的属性。
- 剪切长度：显示梁的物理长度，该值为只读类型。
- 结构用途：指定梁的用途，可以是"大梁""水平支撑""托梁""其他""檩条"或"弦"。
- 启用分析模型：显示分析模型，并将它包含在分析计算中，默认情况下处于选中状态。
- 钢筋保护层 – 顶面：只适用于混凝土梁，设置与梁顶面之间的钢筋保护层距离。
- 钢筋保护层 – 底面：只适用于混凝土梁，设置与梁底面之间的钢筋保护层距离。
- 钢筋保护层 – 其他面：只适用于混凝土梁，设置从梁到邻近图元面之间的钢筋保护层距离。
- 长度：显示梁操纵柄之间的长度。
- 体积：显示所选梁的体积，该参数为只读类型。
- 注释：添加用户注释信息。
- 标记：为梁创建的标签。
- 创建的阶段：指明在哪一个阶段创建了梁构件。
- 拆除的阶段：指明在哪一个阶段拆除了梁构件。

重点 4.2.2　结构梁类型属性

可通过修改梁类型属性来更改翼缘宽度、腹杆厚度、标识数据和其他属性。其中包括混凝土梁与钢梁两种族类型，如图 4-35 和图 4-36 所示。

图　4-35

图　4-36

混凝土梁属性参数介绍

- b：设置梁截面宽度，适用于混凝土梁。
- h：设置梁截面深度，适用于混凝土梁。

钢梁属性参数介绍

- W：设置公称宽度。
- A：设置剖面面积。
- bf：设置翼缘宽度。
- d：剖面的实际深度。
- k：设置 k 距离。
- r：设置 r 距离，该参数为只读类型。
- tf：设置翼缘厚度。
- tw：设置腹杆厚度。

★ [重点] 实战——绘制结构梁

场景位置	场景文件 > 第 4 章 >03.rvt
实例位置	实例文件 > 第 4 章 > 实战：绘制结构梁 .rvt
视频位置	多媒体教学 > 第 4 章 > 实战：绘制结构梁 .mp4
难易指数	★★★★★
技术掌握	绘制结构梁的方法与技巧

扫码看视频

01 打开学习资源包中的"场景文件 > 第 4 章 >03.rvt"文件，切换到视图选项卡，单击"平面视图"按钮，在下拉菜单中选择"结构平面"，如图 4-37 所示。

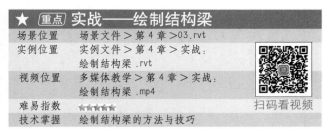

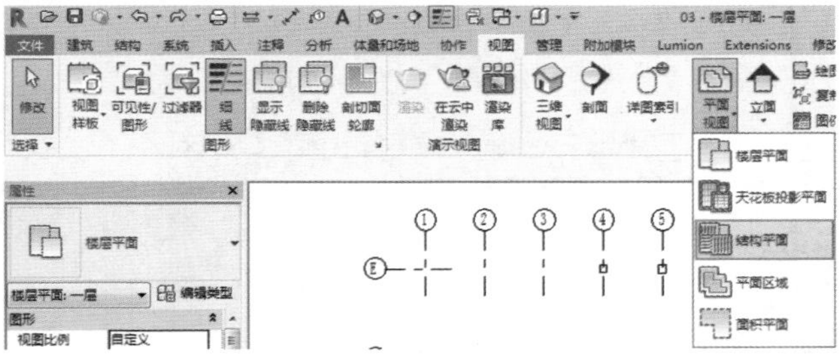

图　4-37

02 在弹出的"新建结构平面"对话框中选择"二层"并单击"确定"按钮，如图 4-38 所示。

图　4-38

03 这时将新建对应的结构平面，并自动切换到一层结构平面中，如图 4-39 所示。单击"结构"选项卡，在"结构"面板中单击"梁"按钮 （快捷键为 BM），如图 4-40 所示。

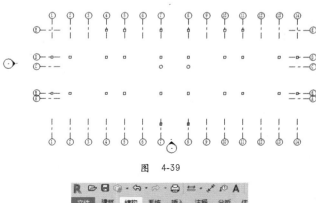

图　4-39

图　4-40

04 单击"载入族"按钮，弹出"载入族"对话框。依次进入"结构 \ 框架 \ 混凝土"文件夹，选择"混凝土 – 矩形梁"族文件，并单击"打开"按钮，如图 4-41 所示。

图　4-41

05 单击"绘制"面板中的"直线"按钮，如图 4-42 所示，在选项栏中设置"放置平面"为"标高：F2"，"结构用途"为"< 自动 >"，如图 4-43 所示。

图　4-42

放置平面：标高：F2 　结构用途：<自动> 　□三维捕捉 　□链

图　4-43

技巧提示

选项栏中提供了"链"参数供用户选择，当绘制完成一段梁后，可以连续绘制其他梁，进行首尾相接。当选择三维捕捉后，可以在三维视图中捕捉到结构柱的中点或边缘线，进行结构梁的绘制。

06 在属性面板中选择梁类型为"混凝土－矩形梁300×600"，并在7轴与8轴位置处绘制，如图4-44所示。

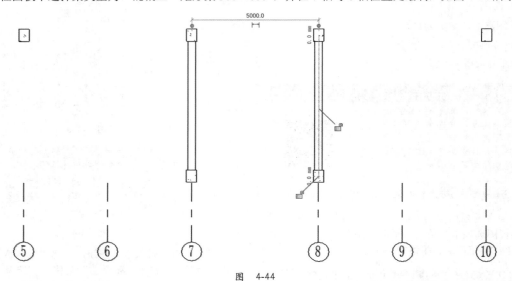

图　4-44

07 单击"在轴网上"按钮，并框选视图中绘制好的轴网，最后单击"完成"按钮，如图4-45所示。

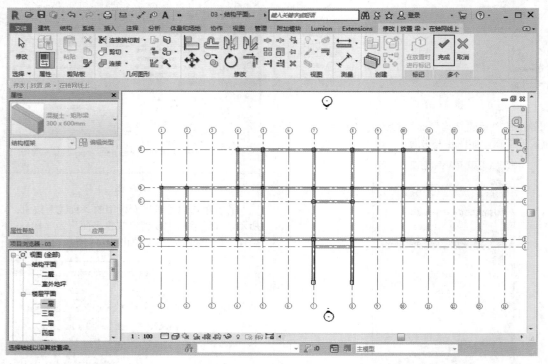

图　4-45

08 切换到三维视图，最终效果如图 4-46 所示。

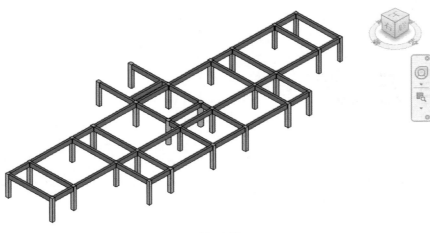

图　4-46

![读书笔记]

第 5 章

墙体与门窗

本章学习要点

- 创建墙体
- 编辑墙体
- 玻璃幕墙
- 门窗

5.1 创建墙体

与建筑模型中的其他基本图元类似，墙也是预定义系统族类型的实例，表示墙功能、组合和厚度的标准变化形式。通过修改墙的类型属性来添加或删除层、将层分割为多个区域，以及修改层的厚度或指定的材质，用户可以自定义这些特性。在图纸中放置墙后，可以添加墙饰条或分隔缝、编辑墙的轮廓，以及插入主体构件（如门和窗）等。

重点 5.1.1　创建实体外墙

在创建墙体之前，需要我们对墙体结构形式进行设置，例如需要修改结构层的厚度，添加保温层、抗裂防护层与饰面层等信息。还可以在墙体形式中添加墙饰条、分隔缝等。

1. 墙体结构

Revit 中的墙包含多个垂直层或区域，墙的类型参数"结构"中定义了墙每个层的位置、功能、厚度和材质。Revit 预设了 6 种层的功能，分别为"面层 1[4]""保温层 / 空气""涂膜层""结构 [1]""面层 2[5]"和"衬底 [2]"。[] 内的数字代表优先级，可见"结构"层具有最高优先级，"面层 2"具有最低优先级。Revit 会首先连接优先级高的层，然后连接优先级低的层，如图 5-1 所示。

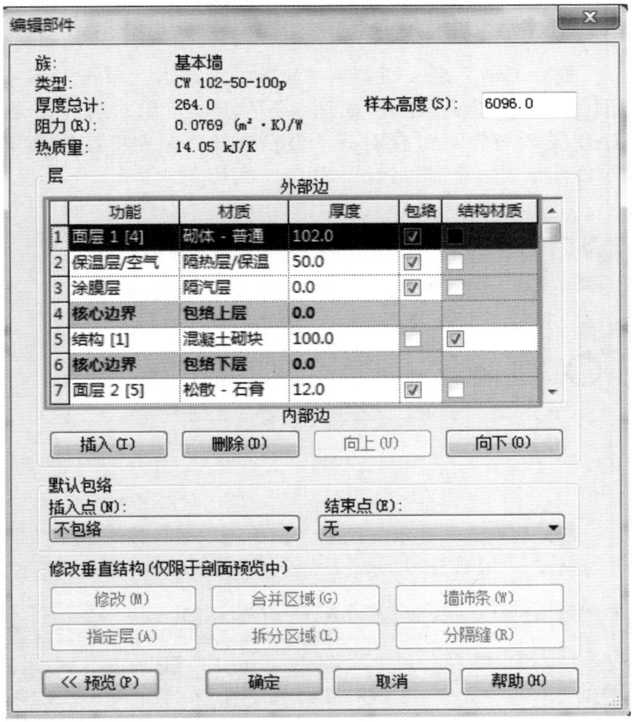

图　5-1

预设层参数介绍

◉ 面层 1[4]：通常是外层。

◉ 保温层 / 空气：隔绝并防止空气渗透。

◉ 涂膜层：通常指用于防止水蒸气渗透的薄膜，涂膜层的厚度通常为 0。

◉ 结构 [1]：支撑其余墙、楼板或屋顶的层。

◉ 面层 2[5]：通常是内层。

◉ 衬底 [2]：作为其他材质基础的材质（例如胶合板或石膏板）。

2. 墙的定位线

墙的定位线用于在绘图区域中指定的路径来定位墙，也就是指定墙体的哪一个平面作为绘制墙体的基准线。

墙的定位方式共有 6 种，包括"墙中心线""核心层中心线""面层面：外部""面层面：内部""核心面：外部"和"核心面：内部"，如图 5-2 所示。墙的核心是指其主结构层，在非复合的砖墙中，"墙中心线"和"核心层中心线"会重合。

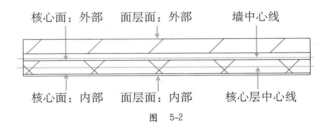

图　5-2

★ 重点 实战——绘制首层建筑外墙

场景位置	场景文件 > 第 5 章 >01.rvt
实例位置	实例文件 > 第 5 章 > 实战：绘制首层建筑外墙 .rvt
视频位置	多媒体教学 > 第 5 章 > 实战：绘制首层建筑外墙 .mp4
难易指数	★★★★★
技术掌握	墙体结构的设置方法与定位线的使用技巧

扫码看视频

01 打开学习资源包中的"场景文件 > 第 5 章 >01.rvt"文件，如图 5-3 所示。

图　5-3

02 切换到"一层"平面，单击"插入"选项卡中的"链接 CAD"按钮，如图 5-4 所示。

图 5-4

03 在弹出的对话框中选择"场景文件 \ 第 5 章 \ 一层平面图 .dwg"文件，并勾选"仅当前视图"选项，最后单击"打开"按钮，如图 5-5 所示。

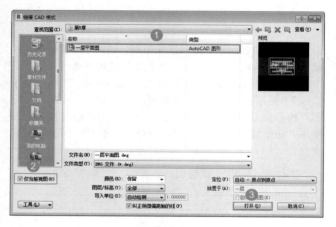

图 5-5

04 选中链接进来的 CAD 文件，单击"锁定"按钮（快捷键为 UP）进行解锁，如图 5-6 所示。

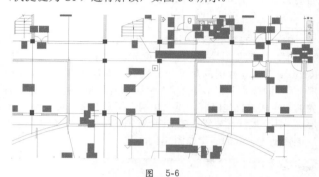

图 5-6

05 解锁之后，切换到"修改"选项卡，单击对齐按钮（快捷键为 AL），如图 5-7 所示。使用对齐工具将 CAD 图纸与轴网进行对齐，然后单击"锁定"按钮锁定 CAD 图纸（快捷键为 PN），如图 5-8 所示。

图 5-7

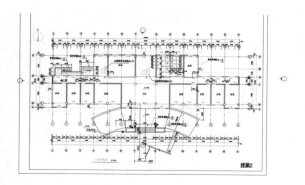

图 5-8

06 切换到"建筑"选项卡，单击"墙"按钮（快捷键为 WA），如图 5-9 所示。

图 5-9

07 在"属性"面板中选择"基本墙 常规 –200mm"墙类型，然后单击"编辑类型"按钮，如图 5-10 所示，打开"类型属性"对话框。

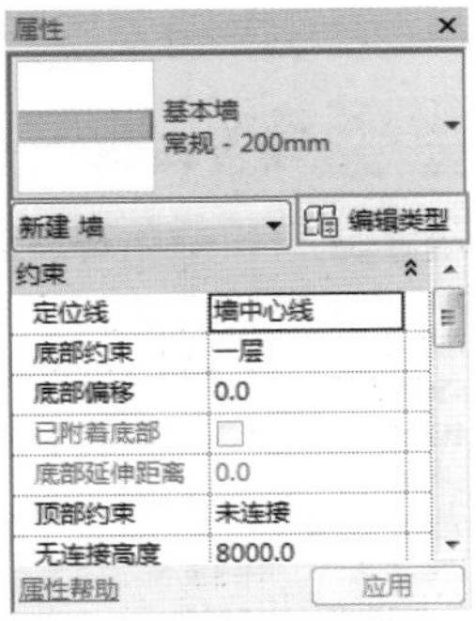

图 5-10

08 在"类型属性"对话框中单击"复制"按钮，弹出"名称"对话框，然后输入名称"外墙7"，并单击"确定"按钮，如图5-11所示。

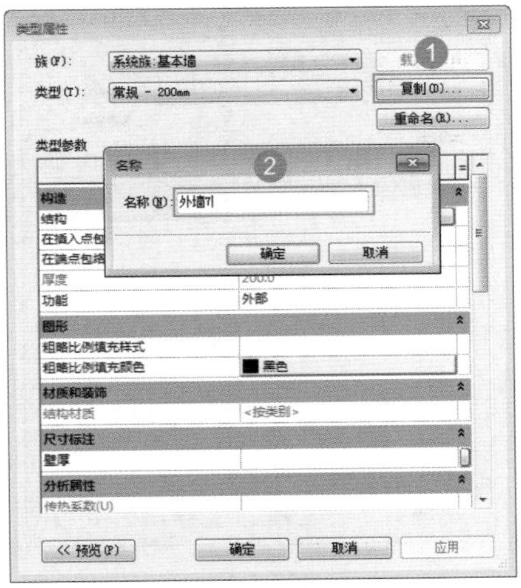

图 5-11

09 返回"类型属性"对话框，单击"结构"参数后方的"编辑"按钮，如图5-12所示，打开"编辑部件"对话框。

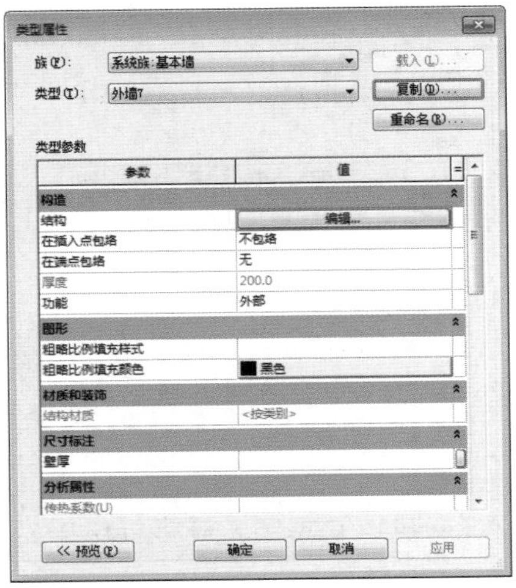

图 5-12

10 在"编辑部件"对话框中，单击两次"插入"按钮，插入两个结构层，并分别设置其功能为"面层2[5]"与"衬底[2]"，再通过"向上"按钮调整当前层所在位置并设置对应厚度，如图5-13所示。

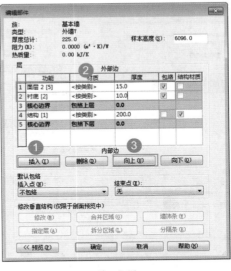

图 5-13

技巧提示

如需删除现有的墙层，可以选中任一墙层，然后单击"删除"按钮 [删除(D)]，即可删除现有墙层。

11 "衬底[2]"与"面层2[5]"添加完成后，切换到"材质"一列的单元格中，然后单击 按钮，打开"材质浏览器"对话框，如图5-14所示。

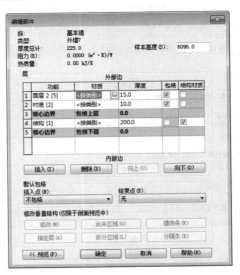

图 5-14

12 打开"材质浏览器"后，在搜索框中输入"石材"，然后在搜索结果中双击"石材，自然立砌"材质，将其添加到项目材质中，最后选中该材质并单击"确定"按钮，如图 5-15 所示。

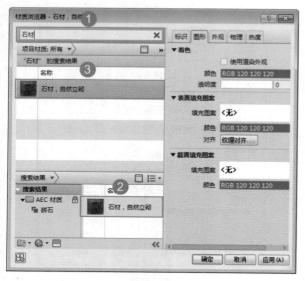

图　5-15

13 按照相同的方法，新建"外墙22"类型，设置相应结构层并添加材质，如图 5-16 所示。

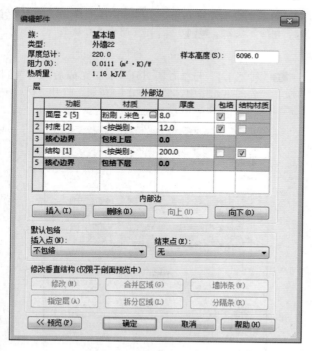

图　5-16

14 在"属性"面板中选择"叠层墙 外部 – 砌块勒脚砖墙"，然后单击"编辑类型"按钮，如图 5-17 所示。

图　5-17

15 在"类型属性"对话框中复制新的墙体类型为"一层 – 外墙"，然后单击"编辑"按钮，如图 5-18 所示。

图　5-18

16 打开"编辑部件"对话框，分别设置 1 为"外墙22"，2 为"外墙7"并修改高度为 1500，如图 5-19 所示。最后依次单击"确定"按钮，关闭所有对话框。

图　5-19

17 在"属性"面板中设置"定位线"为"核心面：外部"，然后设置"底部约束"为"室外地坪"，"顶部约束"为"直到标高：二层"，如图 5-20 所示。

图　5-20

18 设置完成后，使用直线工具沿 CAD 底图外墙外边线，以顺时针方向进行绘制，如图 5-21 所示。

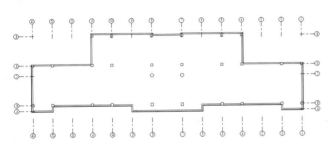

图　5-21

技巧提示

绘制墙体时，应该按照顺时针方向进行绘制。如果采用相反方向，则绘制的墙体内侧将翻转为外侧。如需调整墙体内外侧翻转，也可以选中墙体后按空格键进行切换。

19 外墙全部绘制完成后，切换到三维视图查看最终效果，如图 5-22 所示。

图　5-22

重点 5.1.2　创建室内墙体

室内隔墙与剪力墙同外墙的创建方法相同，只是在墙体构造上稍有区别。同理，绘制剪力墙时也应该使用结构墙来绘制，方便后期结构专业在此基础上进行计算、调整并进行配筋。结构墙"属性"面板如图 5-23 所示。建筑墙"属性"面板如图 5-24 所示。

图　5-23

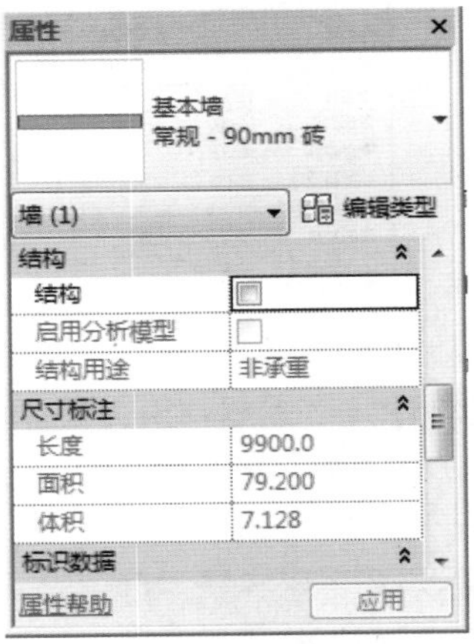

图　5-24

★ **重点 实战——绘制首层内墙**

场景位置	场景文件 > 第 5 章 > 02.rvt
实例位置	实例文件 > 第 5 章 > 实战：绘制首层墙体 .rvt
视频位置	多媒体教学 > 第 5 章 > 实战：绘制首层墙体 .mp4
难易指数	★★★★★
技术掌握	绘制内墙时进行墙功能分类

扫码看视频

01 打开学习资源包中的"场景文件 > 第 5 章 > 02.rvt"文件，如图 5-25 所示。

02 切换到"建筑"选项卡，单击"墙"按钮，然后在"属性"面板中选择"常规 –200mm"墙类型，并单击"编辑类型"按钮，如图 5-26 所示。

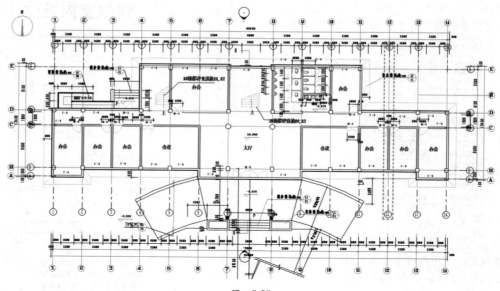

图 5-25

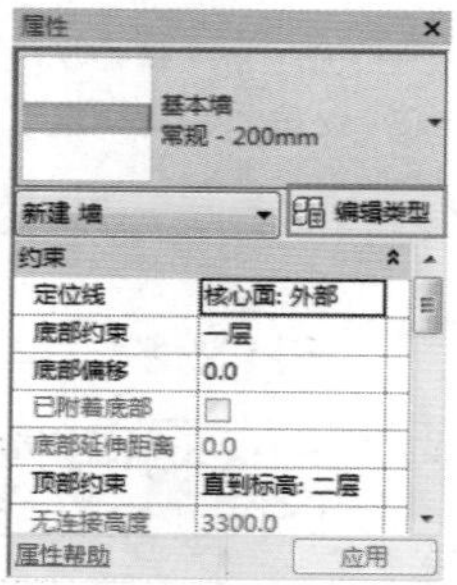

图 5-26

03 在"类型属性"对话框中选择新类型为"内墙－200mm"，然后将"功能"设置为"内部"，最后单击"确定"按钮，如图5-27所示。

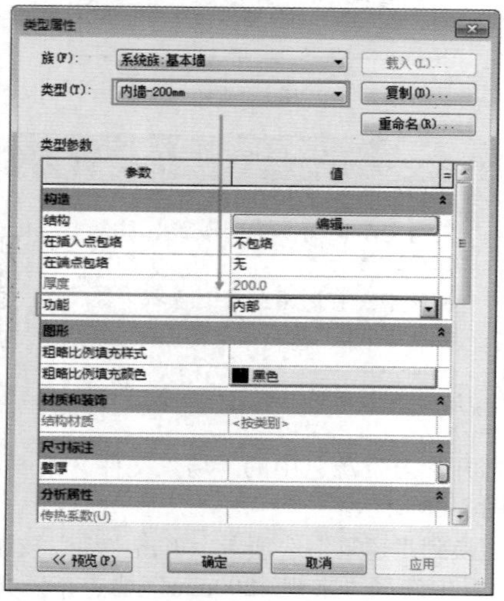

图 5-27

疑难问答——为什么要将"功能"参数修改为"内部"？对所建立的模型有什么影响？

之所以要对不同用途的墙体进行功能参数的修改，主要是供后期明细表统计时可以使用此参数进行分类。可以通过功能参数快速将内墙与外墙分开进行统计。

04 使用直线绘制工具按照CAD底图绘制内墙，如图5-28所示。

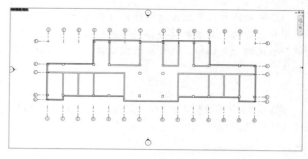

图 5-28

技巧提示

绘制墙体的过程中，一定要仔细查看当前所绘制墙体的标高限制是否正确。如按软件默认"高度"为8000，极易将墙体绘制到其他层。在设计协作过程中，会对其他设计人员造成影响。

05 切换到"修改"选项卡，单击"对齐"按钮（快捷键为 AL）。选中工具选项栏中的"多重对齐"选项，将部分结构柱外墙对齐，如图 5-29 所示。

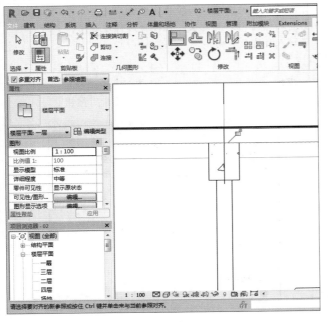

图　5-29

06 结构柱全部对齐后，切换到三维视图查看最终效果，如图 5-30 所示。其他层的外墙可以参考"场景文件\场景文件\办公楼全套图纸\办公楼建施.dwg"自行创建。

图　5-30

★ **重点** 实战——绘制二层外墙及内墙

场景位置	场景文件 > 第 5 章 >03.rvt
实例位置	实例文件 > 第 5 章 > 实战：绘制二层外墙及内墙 .rvt
视频位置	多媒体教学 > 第 5 章 > 实战：绘制二层外墙及内墙 .mp4
难易指数	★★★★★
技术掌握	"复制粘贴工具"及"创建类似实例"工具的应用

扫码看视频

01 打开学习资源包中的"场景文件 > 第 5 章 >03.rvt"文件，选中首层全部图元，单击"复制到剪贴板"按钮（快捷键为 Ctrl+C），如图 5-31 所示。

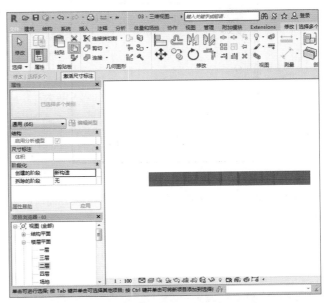

图　5-31

02 单击"粘贴"按钮下方的小三角，在下拉菜单中选择"与选定的标高对齐"选项，如图 5-32 所示。

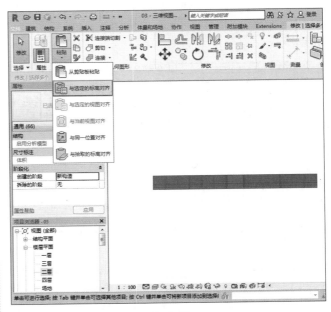

图　5-32

03 在弹出的"选择标高"对话框中选择"二层"并单击"确定"按钮，如图 5-33 所示。

图 5-33

04 此时首层的全部图元将被复制到二层的标高，如图 5-34 所示。

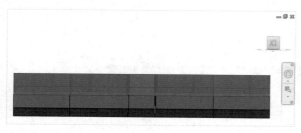

图 5-34

05 切换到二层平面，单击"过滤器"按钮，如图 5-35 所示。

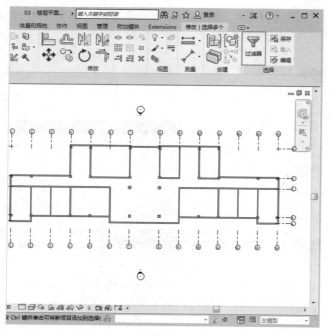

图 5-35

06 在弹出的"过滤器"对话框中取消选中"结构柱"复选框，如图 5-36 所示。最后单击"确定"按钮。

图 5-36

07 在"属性"面板中将"顶部偏移"和"底部偏移"参数全部设置为 0，如图 5-37 所示。按同样的方法，使用过滤器选择当前层全部结构柱，进行同样的设置，如图 5-38 所示。

08 单击"链接CAD"按钮，链接"场景文件\第5章\二层平面图.dwg"，将 CAD 图纸与轴网对齐并锁定，如图 5-39 所示。

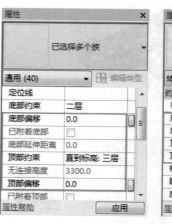

图 5-37

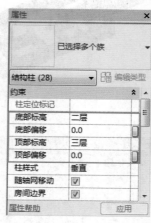

图 5-38

09 将光标放置于其中一面外墙上，按下 Tab 键进行循环选择，直至选中全部外墙，然后单击，在"属性"面板中选择墙类型为"外墙22"，如图 5-40 所示。

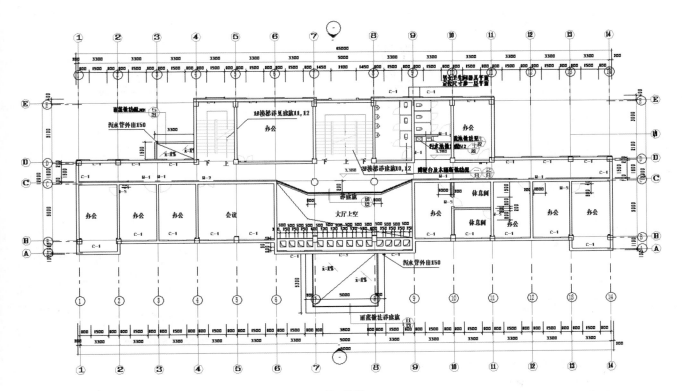

图 5-39

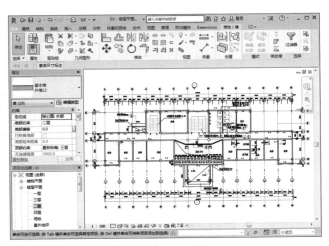

图 5-40

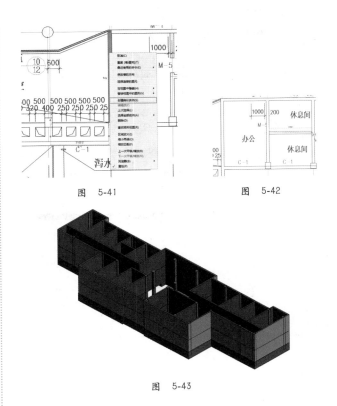

图 5-41

图 5-42

10 选中任意一面内墙，右击选择"创建类似实例"（快捷键为 CS），如图 5-41 所示。将进入放置墙状态，按照二层平面图绘制剩余部分的内墙，如图 5-42 所示。

11 二层墙体绘制完成后，切换到三维视图查看最终效果，如图 5-43 所示。其他层的墙体可以参考"场景文件 \ 场景文件 \ 办公楼全套图纸 \ 办公楼建施 .dwg"自行创建。

图 5-43

★ 重点 实战——墙体的高级设置

场景位置	无
实例位置	实例文件＞第5章＞实战：墙体的高级设置.rvt
视频位置	多媒体教学＞第5章＞实战：墙体的高级设置.mp4
难易指数	★★★★★
技术掌握	编辑墙构造的高级应用

扫码看视频

01 使用"建筑样板"新建项目文件，切换到"建筑"选项卡，单击"墙"按钮。在"属性"面板中单击"编辑类型"按钮，打开"类型属性"对话框，单击"编辑"按钮，如图5-44所示。

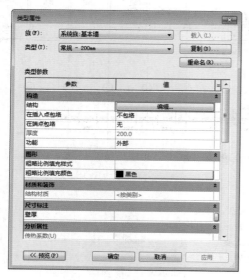

图 5-44

02 在"编辑部件"对话框中单击"预览"按钮，然后设置"视图"类型为"剖面：修改类型属性"，如图5-45所示。

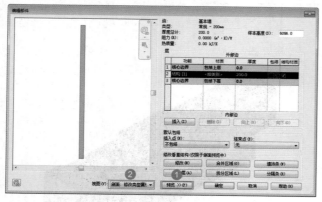

图 5-45

03 单击"插入"按钮，插入两个结构层，并分别设置"材质"与"厚度"，如图5-46所示。

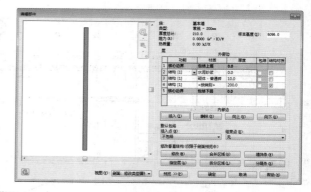

图 5-46

04 单击"拆分区域"按钮，在剖面视图中局部放置墙体，在最外侧面层处单击，将面层进行拆分，如图5-47所示。

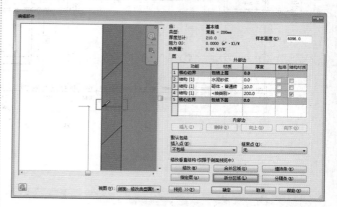

图 5-47

05 单击"修改"按钮，选择之前的分割线，如图5-48所示。此时单击临时尺寸标注的数值，可以精确地控制拆分的高度，如图5-49所示。

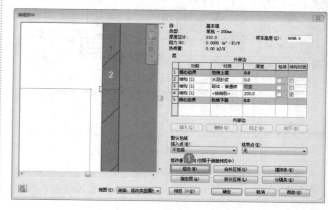

图 5-48

06 选中水泥砂浆层，然后单击"指定层"按钮，单击拆分后的上半部分面层，如图5-50所示。此时上半部分面层将被修改为刚刚指定的结构层。

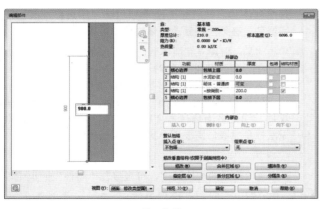

图 5-49

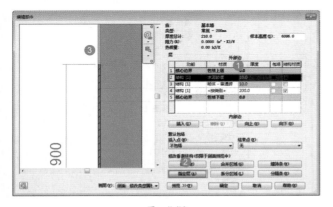

图 5-50

07 单击"墙饰条"按钮，将弹出"墙饰条"对话框，如图 5-51 所示。

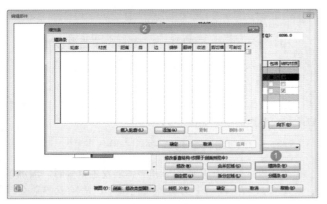

图 5-51

08 在"墙饰条"对话框中单击"添加"按钮，添加 3 个墙饰条并设置"轮廓"与"距离"参数，如图 5-52 所示。

09 依次单击"确定"按钮，关闭所有对话框，在视图中绘制任意墙体，最终完成的效果如图 5-53 所示。

图 5-52

图 5-53

SPECIAL **技术专题 8：控制剪力墙在不同视图中的显示样式**

通常在高层或超高层建筑中都会用到框架剪力墙结构，基于出图考虑，剪力墙在平面视图与详图中所表达的截面样式并不同。而 Revit 是基于一套模型完成整套施工图纸的，所以通过 Revit 对墙体的设置就可以实现这样的效果。

在项目中选择"常规-300mm"墙体类型，复制为"剪力墙-300mm"。在"类型属性"对话框中，设置"粗略比例填充样式"为"实体填充"，"粗略比例填充颜色"为 RGB 128-128-128），如图 5-54 所示。视图的"详细程度"为"精细"时，将显示这里定义的截面样式及颜色。

图 5-54

编辑墙体结构，修改其结构层材质为"混凝土，现场浇注，灰色"。然后切换到"图形"标签栏，修改截面"填充图案"为"混凝土–钢砼"，如图5-55所示。视图"详细程度"为"精细"时，将显示结构材质中所定义的截面样式及颜色。

图 5-55

在普通平面图中设置视图的"详细程度"为"粗略"，显示效果如图5-56所示。在详图平面中设置视图的"详细程度"为"精细"，显示效果如图5-57所示。

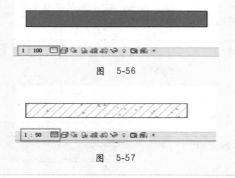

图 5-56

图 5-57

重点 **5.1.3　创建墙饰条**

使用"墙饰条"工具可以对现有墙体添加踢脚线、装饰线条和散水等内容。在工业厂房项目中，还可以使用"墙饰条"工具创建墙皮檩条。基于墙的构件，只要是具有一定规律且重复的内容，都可以使用"墙饰条"工具快速完成。但需注意的是，墙饰条都是通过轮廓族来进行创建的。如果所需创建对象不是闭合的轮廓，则无法通过墙饰条来创建。

添加墙饰条有两种方法，分别是基于墙体构造添加和单独添加。

- 基于墙体构造添加：可以控制不同墙饰条的高度及样式，绘制墙体时，墙饰跟随墙体一同出现。其优点是可以批量添加多个墙饰条，并跟随墙体一同绘制，无

须单独添加。缺点是无法单独控制，如果修改某一段墙饰条，必须通过修改墙体构件才可以控制。

- 单独添加：指定立完墙体后，在某一面墙体上单独添加墙饰条。每次只能单独对一面墙体进行创建，如果要创建多条，则需要手动多次添加。其优点是灵活多变，可以随意更改墙饰条的位置及长短。缺点是无法批量添加。如果多面墙体需要在同一位置添加墙饰条，则无法批量完成，需要逐个拾取完成后再添加。

1. 墙饰条实例属性

要修改墙饰条的实例属性，可直接在"属性"面板中设置相应参数的值，如图5-58所示。

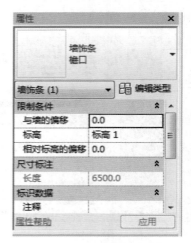

图 5-58

墙饰条实例属性参数介绍

- 与墙的偏移：设置距墙面的距离。
- 相对标高的偏移：设置距标高的墙饰条的偏移量。
- 长度：设置墙饰条的长度，该参数为只读类型。

2. 墙饰条类型属性

要修改墙饰条的类型属性，可在"类型属性"对话框中修改相应参数的值，如图5-59所示。

墙饰条类型属性参数介绍

- 剪切墙：指定在几何图形和主体墙发生重叠时，墙饰条是否会从主体墙中剪切掉几何图形。清除此参数会提高带有许多墙饰条的大型建筑模型的性能。
- 被插入对象剪切：指定门和窗等插入对象是否会从墙饰条中剪切掉几何图形。
- 默认收进：指定墙饰条从每个相交的墙附属件收进的距离。
- 轮廓：指定用于创建墙饰条的轮廓族。
- 材质：设置墙饰条的材质。

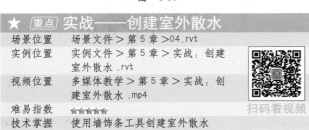

图 5-59

★ 〔重点〕**实战——创建室外散水**

场景位置	场景文件 > 第 5 章 > 04.rvt
实例位置	实例文件 > 第 5 章 > 实战：创建室外散水 .rvt
视频位置	多媒体教学 > 第 5 章 > 实战：创建室外散水 .mp4
难易指数	★★★★★
技术掌握	使用墙饰条工具创建室外散水

扫码看视频

散水是指房屋外墙四周的勒脚处（室外地坪上）用片石砌筑或用混凝土浇筑的有一定坡度的散水坡。散水的作用是迅速排走勒脚附近的雨水，避免雨水冲刷或渗透到地基，防止地基下沉，以保证房屋的坚固耐久。散水宽度一般不应小于 80cm，当屋檐较大时，散水宽度要随之增大，以便屋檐上的雨水都能落在散水上迅速排散。散水的坡度一般为 5°，外缘应高出地坪 20 ～ 50mm，以便雨水排出流向明沟或地面他处散水，与勒脚接触处应用沥青砂浆灌缝，以防止墙面雨水渗入缝内。

01 打开学习资源包中的"场景文件 > 第 5 章 > 04.rvt"文件，如图 5-60 所示。

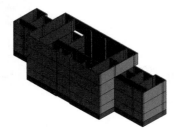

图 5-60

02 切换到"插入"选项卡，单击"载入族"按钮，如图 5-61 所示。在弹出的"载入族"对话框中，依次进入"轮廓 \ 常规轮廓 \ 场地"文件夹，然后选择"散水"族文件，最后单击"打开"按钮，如图 5-62 所示。

图 5-61

图 5-62

03 由于散水轮廓族无法直接编辑参数，所以需要在"项目浏览器"中依次打开"轮廓 \ 散水 \ 散水"。然后右击，在右键菜单中选择"类型属性"，如图 5-63 所示。

图 5-63

04 在"类型属性"对话框中修改"散水宽度"的参数为 900，单击"确定"按钮，如图 5-64 所示。

05 切换到"建筑"选项卡，单击"墙"按钮下方的小三角，在下拉菜单中选择"墙：饰条"按钮，如图 5-65 所示。

06 在属性面板中单击"编辑类型"按钮，打开"类型属性"对话框。然后复制出新的类型"散水 –900mm"，并修改轮廓参数为"散水：散水"，如图 5-66 所示。最后单击"确定"按钮。

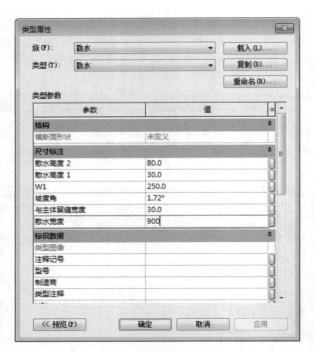

图 5-64

图 5-65

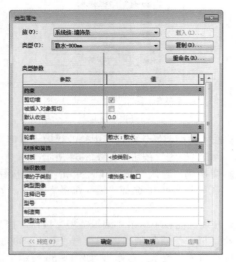

图 5-66

07 在三维视图中拾取外墙底边，单击进行放置，如图 5-67 所示。

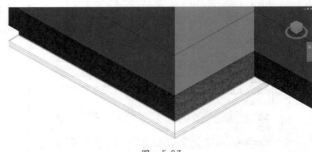

图 5-67

08 按照相同的方法，完成其他部分散水的布置。布置完成后，可能会由于某些原因造成部分转角处的散水无法自动连接，如图 5-68 所示。

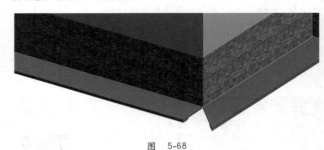

图 5-68

09 选中未成功连接的散水，单击"修改转角"按钮，如图 5-69 所示。

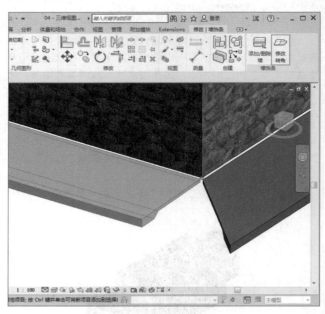

图 5-69

10 将鼠标指针放置到散水的截面上，单击完成连接，如图 5-70 所示。

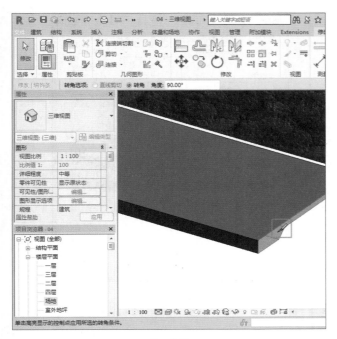

图 5-70

11 按照同样的方法，连接所有转角位置，最终效果如图 5-71 所示。

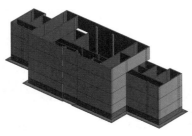

图 5-71

重点 ## 5.1.4 创建分隔缝

分隔缝与墙饰条创建方法相同，都是基于墙体进行创建的，并且分隔缝与墙饰条所使用的部分轮廓族也可以通用。不同之处在于，当分隔缝与墙饰条共用同一个轮廓族时，所创建的效果正好相反，如图 5-72 所示。

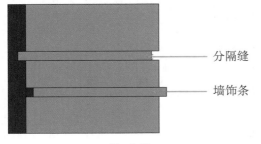

图 5-72

疑难问答——什么样的轮廓族可以在墙饰条与分隔缝命令之间通用？

通过"公制轮廓"样板所建立的轮廓族可以在这两种命令之间共同使用。

★ (重点) **实战——添加装饰条与分隔线**

场景位置	场景文件 > 第 5 章 >05.rvt
实例位置	实例文件 > 第 5 章 > 实战：添加装饰条与分隔线 .rvt
视频位置	多媒体教学 > 第 5 章 > 实战：添加装饰条与分隔线 .mp4
难易指数	★★★★★
技术掌握	使用墙饰条与分隔条工具分别添加不同的装饰线条

01 打开学习资源包中的"场景文件 > 第 5 章 >05.rvt"文件，执行"载入族"命令，依次打开"场景文件 \ 第 5 章 \"文件夹，然后选择"矩形轮廓 .rfa"族文件并单击"打开"按钮，如图 5-73 所示。

图 5-73

02 在"项目浏览器"中找到"轮廓 \ 矩形轮廓 \ 矩形轮廓"，然后右击，在弹出的菜单中选择"复制"选项，如图 5-74 所示。

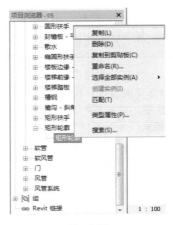

图 5-74

03 用同样的方法复制出多个轮廓类型并分别命名，如图 5-75 所示。然后根据不同的类型分别编辑对应的族参数，如图 5-76 所示。

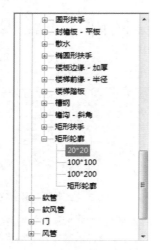

图　5-75

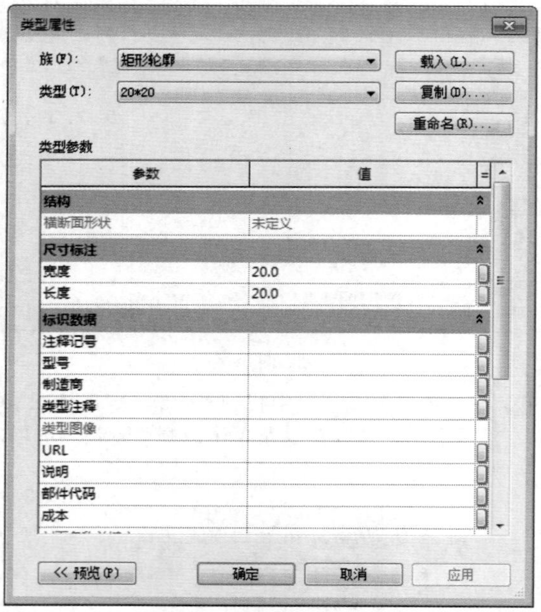

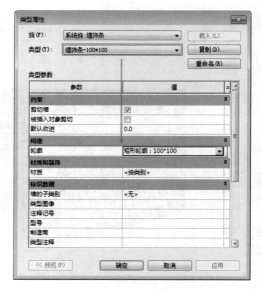

图　5-77

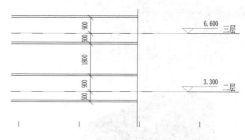

图　5-78

图　5-76

04 切换到南立面视图，执行墙饰条命令。然后打开"类型属性"对话框，复制新的类型为"墙饰条 -100*100"，并修改对应的轮廓族，如图 5-77 所示。

05 在外墙上以二层标高为基准，依次单击放置墙饰条。放置完成后，选中墙饰条，通过临时尺寸标注修改不同墙饰条的高度，如图 5-78 所示。

06 切换到北立面，再次执行墙饰条命令。然后打开"类型属性"对话框，复制出新的类型"墙饰条 -100*200"，并修改对应参数，如图 5-79 所示。

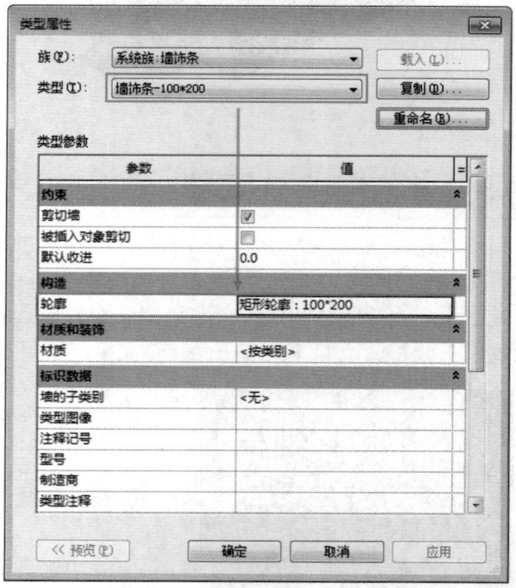

图　5-79

07 在"放置"面板中单击"垂直"按钮，然后在外墙中间位置依次单击放置垂直墙饰条，如图 5-80 所示。

Revit+Lumion中文版从入门到精通（建筑设计与表现）

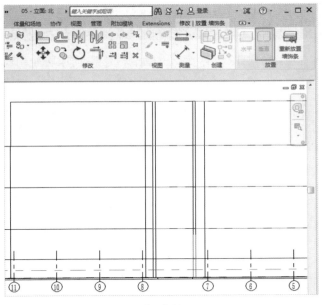

图 5-80

08 切换到"建筑"选
项卡,单击"墙"按钮下方
的小三角,在下拉菜单中选
择"墙:分隔条"按钮,如
图 5-81 所示。

09 单击"编辑类型"
按钮,打开"类型属性"对
话框。复制新类型"分隔条
20*20",并设置对应轮廓,
如图 5-82 所示。

图 5-81

图 5-82

10 单击"水平"按钮,以水平方向在各层之间连接位
置放置分隔条,如图 5-83 所示。

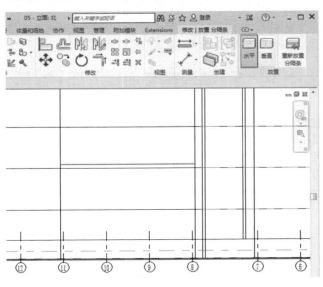

图 5-83

11 选中分隔条后,在"属性"面板中可还以修改分隔
条的高度。将各层的相对尺寸偏移参数修改为 0,如图 5-84
所示。

图 5-84

12 结合上面的操作,根据"场景文件\办公楼全套图
纸\办公楼建施 .dwg"文件提供的信息,完成其余墙饰条与
分隔条的创建,如图 5-85 所示。

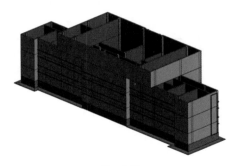

图 5-85

5.2 编辑墙体

墙体绘制完成后，在一般情况下还需要对其进行一些修改，以适应当前项目的具体要求，这些修改包括对墙体外轮廓形状、墙体连接方式、墙体附着等方面的调整。

重点 5.2.1 墙连接与连接清理

墙相交时，Revit 默认会创建"平接"方式并清理平面视图中的显示，删除连接的墙与其相应构件层之间的可见边。在不同情况下，处理墙连接的方式也不同，大致分为清理连接与不清理连接两种方式，如图 5-86 所示。除了连接方式不同以外，还可以限制墙体端点允许或不允许连接，以达到墙体之间保持较小间距的目的。

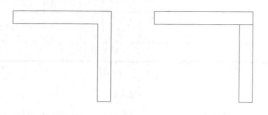

清理连接　　　　　　　不清理连接

图　5-86

在连接状态下，Revit 会提供 3 种不同的连接形式，分别是"平接""斜接"与"方接"，如图 5-87 ～图 5-89 所示。

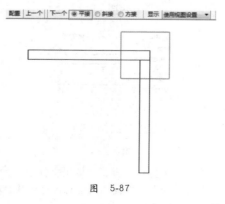

图　5-87

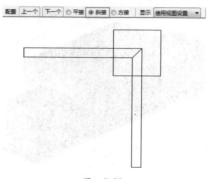

图　5-88

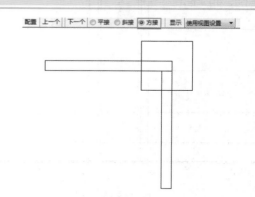

图　5-89

01 当出现两种不同类型的墙体时，可以通过墙连接工具来控制是否进行连接。例如，当卫生间隔墙与普通墙体发生交接时，可以使用此工具进行控制。切换到"修改"选项卡，单击"墙连接"按钮，如图 5-90 所示。

图　5-90

02 在需要修改连接方式的墙体端点处单击，然后在工具选项栏中设置显示方式为"不清理连接"，此时墙体连接方式如图 5-91 所示。

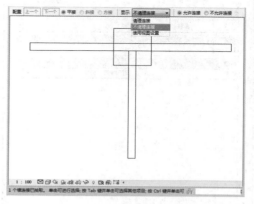

图　5-91

03 如果不需要连接时，可以在工具选项栏中选中"不允许连接"单选按钮，此时两面墙体将断开连接，如图 5-92

所示。或者在墙体端点处右击，在右键菜单中选择"不允许连接"选项，也可以达到同样的效果，如图5-93所示。

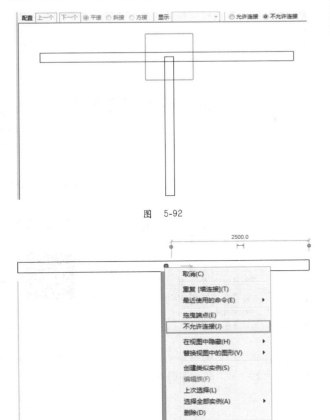

图　5-92

图　5-93

04 如果需要恢复连接，则单击墙体端点处的不允许连接按钮，墙体将恢复连接状态，如图5-94所示。

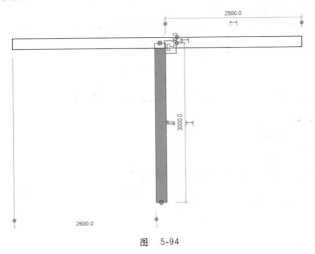

图　5-94

重点 **5.2.2　编辑墙轮廓**

在大多数情况下，当放置直墙时，墙的轮廓为矩形。如果设计要求其他的轮廓形状，或要求墙中有洞口，这时就需要使用"编辑轮廓"命令来帮助完成这部分工作了。例如，在遇到一些不规则的墙体，或者在墙上需开启不同形状的洞口时，如图5-95所示。

图　5-95

01 选择需要编辑的墙体，在立面视图或三维视图中单击"编辑轮廓"按钮，如图5-96所示。如果在平面视图单击，会弹出"转换视图"对话框，需要跳转到立面或三维视图才能继续操作。

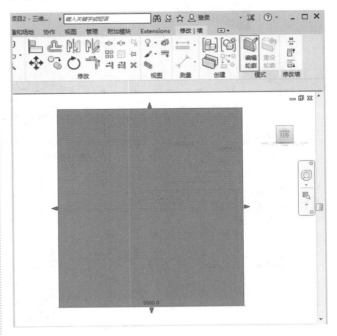

图　5-96

02 进入草图编辑模式后，可以任意编辑外轮廓线，最后单击"完成"按钮，如图5-97所示。完成后的效果如图5-98所示。如果在外轮廓中再次添加封闭轮廓，则会在墙上生成洞口。

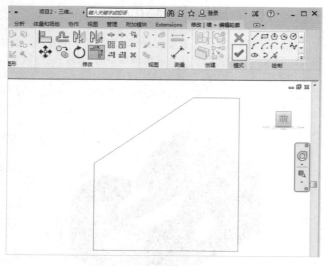

图 5-97

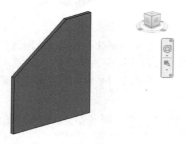

图 5-98

技巧提示

弧形墙不能使用"编辑轮廓"工具，若要在弧形墙上放置矩形洞口，请使用"墙洞口"工具。该工具同样适于直墙。

重点 5.2.3 墙体的附着与分离

放置墙之后，可以将其顶部或底部附着到同一个垂直面的图元上，可以替换其初始墙顶定位标高和墙底定位标高。附着的图元可以是楼板、屋顶、天花板或参照平面，或位于正上方、正下方的其他墙，墙的高度会随着附着图元的高度而变化。

★ 重点 实战——绘制汽车坡道侧墙

场景位置	场景文件 > 第 5 章 >06.rvt
实例位置	实例文件 > 第 5 章 > 实战：绘制汽车坡道侧墙 .rvt
视频位置	多媒体教学 > 第 5 章 > 实战：绘制汽车坡道侧墙 .mp4
难易指数	★★★★★
技术掌握	墙体的附着与分离

扫码看视频

`01` 打开学习资源包中的"场景文件 > 第 5 章 >06.rvt"文件，切换到一层平面，如图 5-99 所示。

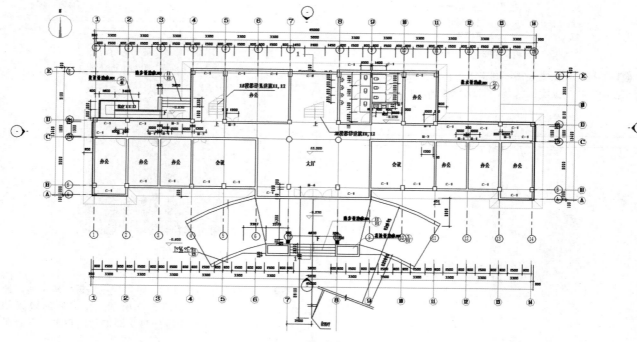

图 5-99

02 单击"墙"按钮，选择墙类型为"常规 –300mm"。设置"底部约束"为"室外地坪"，顶部约束为"未连接"，并设置"无连接高度"参数为900，如图5-100所示。

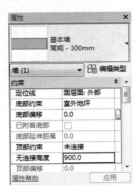

图 5-100

03 在工具选项栏中设置"定位线"为"面层面：外部"，然后选择绘制方式为"拾取线"，最后拾取汽车坡道墙边线创建墙体，如图5-101所示。

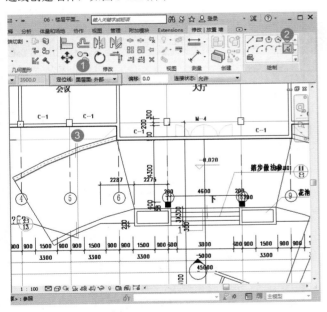

图 5-101

04 绘制完成后，切换到南立面视图。在"建筑"选项卡中单击"参数平面"按钮（快捷键为RP），然后在室外地坪标高与轴线3交点位置单击，确定起点，然后向右上角方向绘制，角度为6°，如图5-102所示。

图 5-102

05 选中绘制好的参数平面，单击"镜像 – 绘制轴"按钮（快捷键为DM），沿7～8轴的中心位置绘制镜像轴，

将参照平面镜像到另外一侧，如图5-103所示。

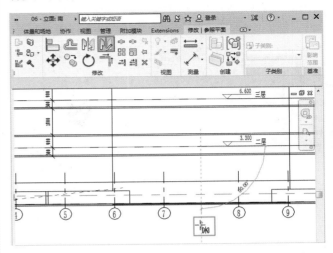

图 5-103

06 选中坡道侧墙，单击"附着 顶部 / 底部"按钮，接着拾取参数平面，如图5-104所示。此时坡道侧墙将附着于参照平面上，并随着位置参数的修改而修改。按照同样的方法，完成另外一侧坡道侧墙的附着。

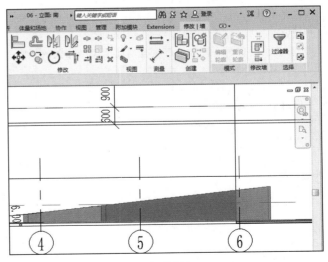

图 5-104

07 回到一层平面图，单击"墙"按钮，并复制出新的墙类型"花池 –180mm"。然后在"属性"面板中设置"定

位线"为"面层面：内部","底部约束"为"室外地坪","顶部约束"为"未连接","无连接高度"为900。在CAD底图中，以花池内侧墙线为基准进行绘制，如图5-105所示。

08 墙体全部绘制完成后，切换到三维视图查看绘制效果，如图5-106所示。

图 5-106

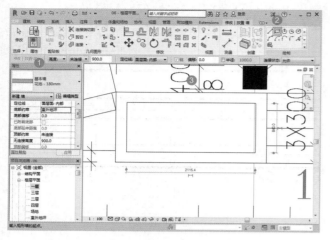

图 5-105

5.3 玻璃幕墙

　　幕墙属于一种外墙，附着到建筑结构，且不承担建筑的楼板或屋顶荷载。在一般应用中，幕墙常常被定义为薄的，通常带铝框的墙，包含填充的玻璃、金属嵌板或薄石。绘制幕墙时，单个嵌板可延伸墙的长度。如果所创建的幕墙具有自动幕墙网格，则该墙将被分为多个嵌板。

　　在幕墙中，网格线定义放置竖梃的位置，竖梃是分割相邻窗单元的结构图元，可通过选择幕墙并右击访问关联菜单，来修改该幕墙。在关联菜单上有几个用于操作幕墙的选项，如选择嵌板和竖梃。

　　Revit默认提供了3种幕墙类型，分别代表不同复杂程度的幕墙。用户可根据实际情况，在此基础上进行复制修改。

◎ **幕墙**：没有网格或竖梃，没有与此墙类型相关的规则，可以随意更改。

◎ **外部玻璃**：具有预设网格，简单预设了横向与纵向的幕墙网格的划分。

◎ **店面**：具有预设网格，根据实际情况精确预设了幕墙网格的划分。

　　若要修改实例属性，需在"属性"面板上选择图元并修改其属性，如图5-107所示。

幕墙实例属性参数介绍

◎ **底部限制条件**：幕墙的底部标高。

◎ **底部偏移**：设置幕墙距墙底定位标高的高度。

◎ **已附着底部**：确定幕墙底部是否附着到另一个模型构件，如楼板。

◎ **顶部约束**：幕墙的顶部标高。

图 5-107

◎ **无连接高度**：绘制时幕墙的高度。

◎ **顶部偏移**：设置距顶部标高的幕墙偏移。

- 已附着顶部：确定幕墙顶部是否附着到另一个模型构件，如屋顶或天花板。
- 房间边界：如果选中，则幕墙成为房间边界的组成部分。
- 与体量相关：确定此图元是否从体量图元创建。
- 编号：如果将"垂直/水平网格样式"下的"布局"设置为"固定数量"，可在此输入幕墙实例上放置的幕墙网格的数量值，最大值是200。
- 对正：确定在网格间距无法平均分割幕墙图元面的长度时，Revit如何沿幕墙图元面调整网格间距。
- 角度：将幕墙网格旋转到指定角度。
- 偏移量：从起始点到开始放置幕墙网格位置的距离。

幕墙类型属性包括幕墙嵌板、横梃和竖梃参数设置等，如图5-108所示。

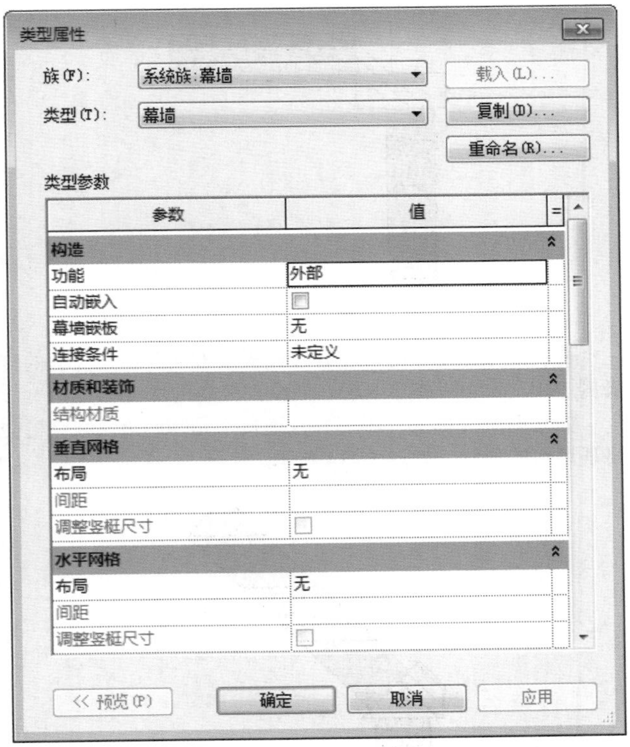

（图5-108 类型属性对话框）

图　5-108

幕墙类型属性参数介绍

- 功能：指明墙的作用，包括"外部""内部""挡土墙""基础墙""檐底板"和"核心竖井"6个类型。
- 自动嵌入：设置幕墙是否自动嵌入墙中。
- 幕墙嵌板：设置幕墙图元的幕墙嵌板族类型。
- 连接条件：控制在某个幕墙图元类型中在交点处截断哪些竖梃。

- 布局：沿幕墙长度设置幕墙网格线的自动垂直/水平布局方式。
- 间距：当"布局"设置为"固定距离"或"最大间距"时启用。用于控制幕墙网格之间的间距数值。
- 调整竖梃尺寸：调整网格线的位置，以确保幕墙嵌板的尺寸相等。
- 内部类型：指定内部垂直竖梃的竖梃族。
- 边界1类型：指定左边界上垂直或水平竖梃的竖梃族。
- 边界2类型：指定右边界上垂直或水平竖梃的竖梃族。

重点 5.3.1　分割幕墙网格

绘制幕墙的方法与绘制墙体的方法相同，但幕墙与普通幕墙构造并不相同。普通墙体均是由结构层、面层等构件组成。而幕墙则由幕墙网格、横梃、竖梃和幕墙嵌板等图元组成。其中幕墙网格是最基础也是最重要的，它主要控制整个幕墙的划分，横梃、竖梃以及幕墙嵌板都需要基础幕墙网格建立。进行幕墙网格划分的方式有两种，一种是自动划分，另一种是手动划分。

- 自动划分：设置网格之间固定的间距或固定的数量，然后通过软件自动进行幕墙网格分割。
- 手动划分：没有任何预设条件，通过手动操作方式进行幕墙网格的添加。可以添加从上到下的垂直或水平网格线，也可以基于某个网格内部添加一段，如图5-109所示。

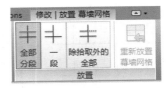

图　5-109

疑难问答——划分幕墙网格时除了可进行水平和垂直分割外，还可以进行自由分割不规则状态吗？

不能，Revit进行幕墙分割时只提供了垂直和水平两个方向的分割。如果需要调整幕墙网格线的角度，只能在幕墙的实例属性中更改"角度"参数。更改完成后，所有的垂直或水平的网格将遵循于同一角度，不能对单个网格线进行调整。

重点 5.3.2　添加幕墙横梃与竖梃

在之前创建的实例中都没有添加横梃、竖梃，因为默认系统中所给出的幕墙类型都没有指定横梃、竖梃的类型，所以创建出来的幕墙中自然也不会显示。竖梃都是基于幕墙网格创建的，若需要在某个位置添加竖梃，需先创建幕墙网格。将竖梃添加到网格上时，竖梃将调整尺寸，以便与网格拟合。如果将竖梃添加到内部网格上，竖梃将位于网格的中心处；如果将竖梃添加到周长网格，竖梃会自动对齐，以防止跑到幕墙以外。

添加幕墙横梃、竖梃有两种方式。一种是通过修改当前所使用的幕墙类型，在类型参数中设置横梃、竖梃的类型；另一种是创建完幕墙后选择"竖梃"命令进行手动添加。其添加方式也有多种，分别是"网格线" ⊞、"单段网格线" ⊞ 与"全部网格线" ⊞，如图 5-110 所示。

图　5-110

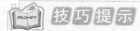

网格线：创建当前选中的连续的水平或垂直的网格线，从头到尾的竖梃。

单段网格线：创建当前网格线中所选网格内的其中一段竖梃。

全部网格线：创建当前选中幕墙中全部网格线上的竖梃，如图5-111所示。

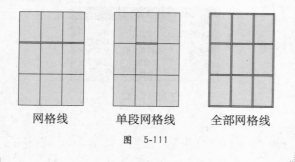

网格线　　　　单段网格线　　　全部网格线

图　5-111

1. 角竖梃类型

角竖梃是单根竖梃，可放置在两个幕墙的端点之间或玻璃斜窗的窗脊之间，也可放置在弯曲幕墙图元（如弧形幕墙）的任何内部竖梃上。Revit包括4种角竖梃类型。

当使用角梃作为幕墙内部竖梃时，只能通过竖梃命令手动添加。在幕墙属性中，无法直接将内部竖梃设置为角竖梃，只能选择常规竖梃类型。

01 L 形角竖梃可使幕墙嵌板或玻璃斜窗与竖梃的支脚端部相交，如图 5-112 所示。可以在竖梃的类型属性中指定竖梃支脚的长度和厚度。

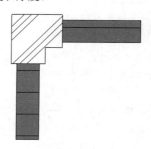

图　5-112

02 V 形角竖梃可使幕墙嵌板或玻璃斜窗与竖梃的支脚侧边相交，如图 5-113 所示。可以在竖梃的类型属性中指定竖梃支脚的长度和厚度。

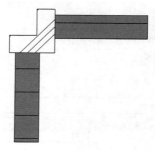

图　5-113

03 四边形角竖梃可使幕墙嵌板或玻璃斜窗与竖梃的支脚侧边相交，可以指定竖梃在两个部分内的深度。

如果两个竖梃部分相等并且连接不是 90° 角，则竖梃会呈现风筝的形状，如图 5-114 所示。

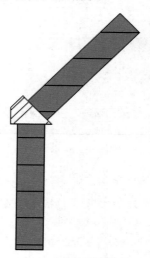

图　5-114

如果两个部分相等并且连接处是 90° 角，则竖梃是方形的，如图 5-115 所示。

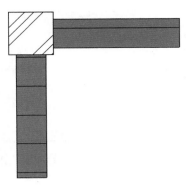

图 5-115

04 梯形角竖梃可使幕墙嵌板或玻璃斜窗与竖梃的侧边相交，如图 5-116 所示。可以在竖梃的类型属性中指定沿着与嵌板相交的侧边的中心宽度和长度。

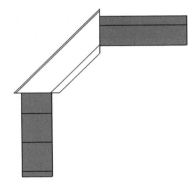

图 5-116

2. 常规竖梃类型

常规竖梃可以应用于幕墙的边界竖梃，也可以用作幕墙的内部竖梃，系统对其没有进行功能性的限制。Revit 包括两种常规竖梃类型。

01 圆形竖梃作为幕墙嵌板之间分隔或幕墙边界时使用，截面形状为圆形，如图 5-117 所示。

图 5-117

02 矩形竖梃作为幕墙嵌板之间分隔或幕墙边界时使用，截面形状为矩形，如图 5-118 所示。

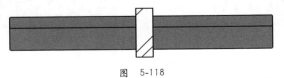

图 5-118

3. 圆形竖梃类型属性

圆形竖梃类型属性包括竖梃偏移、半径等参数，如图 5-119 所示。

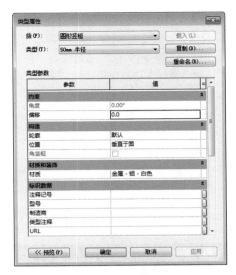

图 5-119

圆形竖梃类型属性参数介绍

- ● 偏移：设置距幕墙图元嵌板的偏移量。
- ● 半径：设置圆形竖梃的半径。

4. 矩形竖梃类型属性

矩形竖梃类型属性包括竖梃偏移和轮廓等等参数，如图 5-120 所示。

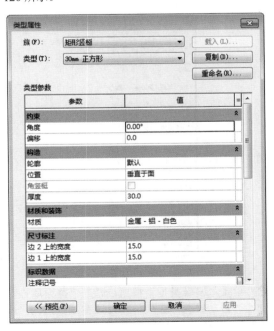

图 5-120

矩形竖梃类型属性参数介绍

- ● 角度：放置竖梃后沿 Y 轴向旋转的角数，默认值为 0。

- 偏移：水平方向竖梃中心距幕墙网格的间距。
- 轮廓：设置竖梃的轮廓形状，用户可以自定义。
- 位置：用于旋转竖梃轮廓，通常选择"垂直于面"选项。"与地面平行"选项适用于倾斜幕墙嵌板，如玻璃斜窗。
- 角竖梃：设置竖梃是否为角竖梃。
- 厚度：设置矩形竖梃的宽度方向数值。
- 材质：设置竖梃的材质。
- 边2上的宽度：以网格中间为边界，设置竖梃右侧的宽度。
- 边1上的宽度：以网格中间为边界，设置竖梃左侧的宽度。

★ 重点 实战——绘制幕墙

场景位置	场景文件 > 第 5 章 > 07.rvt
实例位置	实例文件 > 第 5 章 > 实战：绘制幕墙 .rvt
视频位置	多媒体教学 > 第 5 章 > 实战：绘制幕墙 .mp4
难易指数	★★★★★
技术掌握	编辑幕墙网格、添加幕墙竖梃

扫码看视频

01 打开学习资源包中的"场景文件 > 第 5 章 > 07.rvt"文件，切换到三层平面。单击"墙"按钮，然后在"属性"面板中选择"幕墙"，如图 5-121 所示。

图　5-121

02 单击"编辑类型"按钮，打开"类型属性"对话框，选中"自动嵌入"选项，并设置幕墙嵌板为"系统嵌板：玻璃"，如图 5-122 所示。

03 使用直线绘制工具在 C-3 位置处绘制幕墙，如图 5-123 所示。

04 绘制完成后，切换到南立面视图，将视图样式修改为"着色"，并单击"编辑轮廓"按钮，如图 5-124 所示。

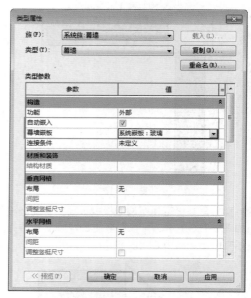

图　5-122

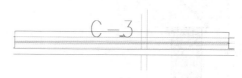

图　5-123

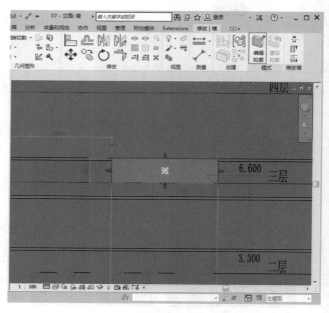

图　5-124

05 进入轮廓编辑模式后，将墙体的下边线移动至二层标高上方的装饰条位置，将上边线移动至距离下边线 8400 的位置。然后使用"起点 - 终点 - 半径弧"工具绘制上边线轮廓，半径为 1900，最后使用修剪工具（快捷键为 TR）进行修剪，如图5-125所示。单击"完成"按钮，完成幕墙轮廓的编辑。

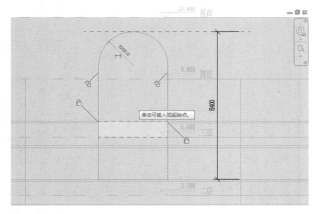

图 5-125

06 切换到"建筑"选项卡，单击"幕墙网络"按钮，如图5-126所示。

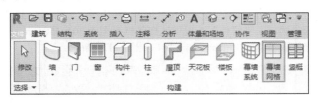

图 5-126

07 使用幕墙网格工具添加5条水平方向网格线，间距分别为740、1440、1440、1440、1440，如图5-127所示。可以先任意添加网格线，然后选中网格线，修改临时尺寸进行精确调整。

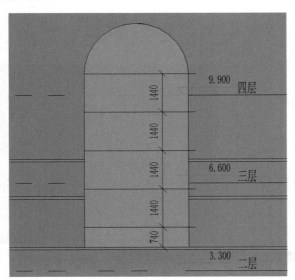

图 5-127

08 将光标移动至幕墙上边线附近位置处，继续添加3

条垂直方向的网格线，距离两侧间距均为1100，如图5-128所示。

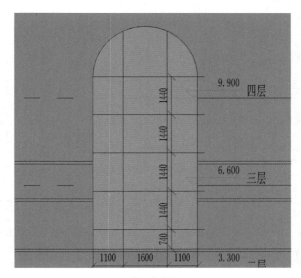

图 5-128

09 在"放置"面板中单击"一段"按钮，然后在幕墙中间位置依次单击添加水平网格线，如图5-129所示。接着再次将放置方式切换为"全部"，添加中间部分网格，如图5-130所示。

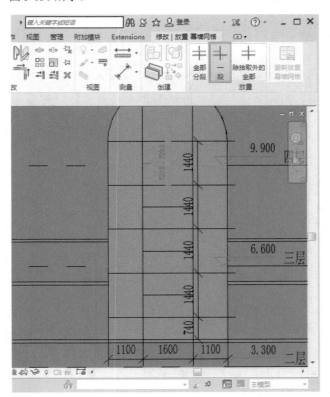

图 5-129

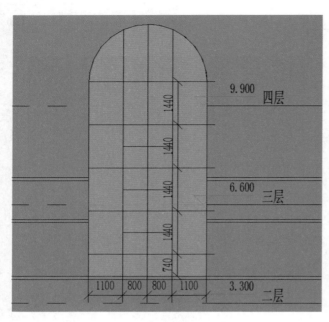

图　5-130

[10] 选中垂直网格线，单击"添加／删除线段"按钮，接着拾取视图最上方的一段网格线段，如图 5-131 所示。

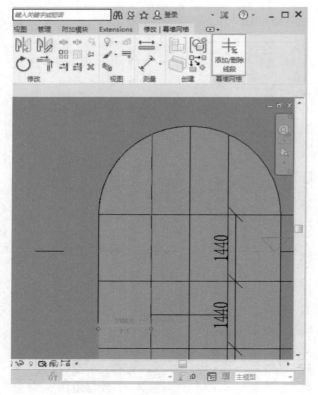

图　5-131

[11] 此时拾取的网格线段将被删除，用同样的方法删除另外一段垂直线网格线段，如图 5-132 所示。

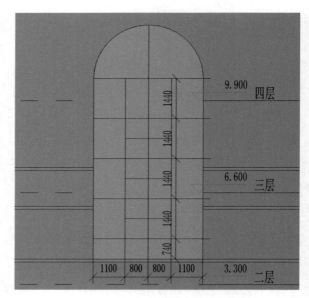

图　5-132

[12] 在"建筑"选项卡中单击"竖梃"按钮，如图 5-133 所示。然后在"属性"面板中选择竖梃类型为 50×150mm，接着拾取幕墙外轮廓线添加竖梃，如图 5-134 所示。

图　5-133

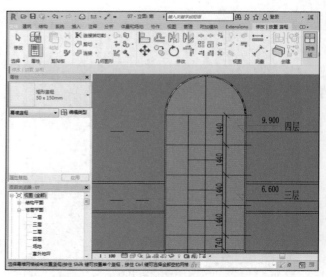

图　5-134

[13] 将竖梃类型切换为"30mm 正方形"，然后在"放置"面板中单击"全部网格线"按钮，单击拾取幕墙网格

线，此时将在所有未添加竖梃的网格线上批量创建竖梃，如图 5-135 所示。

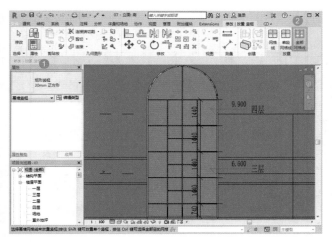

图 5-135

14 切换到三维视图，查看最终完成的效果，如图 5-136 所示。

图 5-136

重点 **5.3.3 自动修改幕墙**

前面介绍了如何通过手动方式对幕墙进行编辑，包括如何建立幕墙、对幕墙进行网格划分、替换幕墙嵌板以及添加与更改竖梃。手动修改幕墙方式适用于对幕墙的局部修改。通常情况下，幕墙的某些网格分隔形式和嵌板类型与整个幕墙系统不同。这时，只有使用手动修改这种方式来达到需要的效果。创建幕墙的初期阶段，尤其是大面积使用玻璃幕墙的项目时，不适用于这种方式。多数情况下，大部分玻璃幕墙都会有一定的分隔规律。例如，固定的分隔距离或固定的网格数量。基于这种情况，就必须使用系统提供的参数来实现幕墙的自动分隔，包括幕墙嵌板的定义等。

★ 重点 **实战——参数化分隔幕墙**

场景位置	无
实例位置	实例文件＞第 7 章＞实战：建立并分隔幕墙 .rvt
视频位置	多媒体教学＞第 7 章＞实战：建立并分隔幕墙 .mp4
难易指数	★★★★★
技术掌握	处理墙体连接的方式

扫码看视频

01 使用"建筑样板"新建项目文件，然后单击"墙"按钮，绘制两面连续幕墙，如图 5-137 所示。

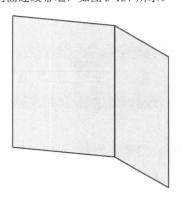

图 5-137

02 选中幕墙，单击"编辑类型"按钮，打开"类型属性"对话框，设置"幕墙嵌板"为"系统嵌板：玻璃"，"连接条件"为"边界和水平网格连续"，如图 5-138 所示。

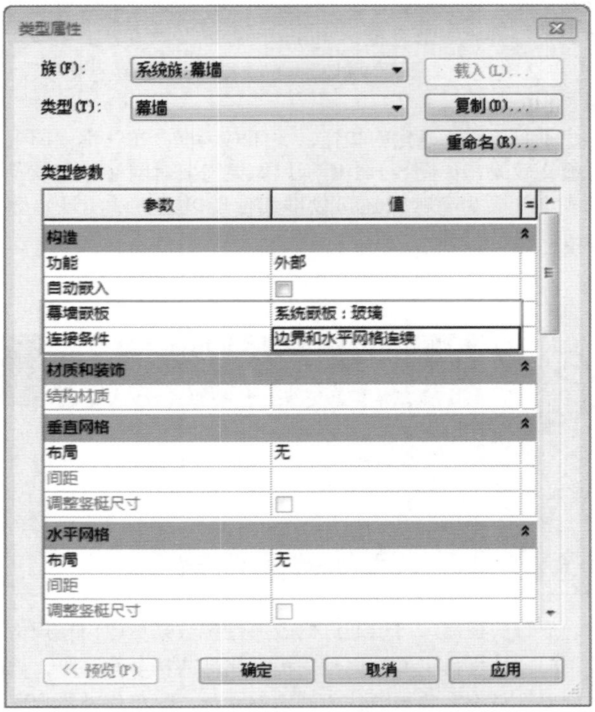

图 5-138

03 设置"垂直网格"与"水平网格"的布局方式为"固定距离",间距分别为 1500、2000,如图 5-139 所示。

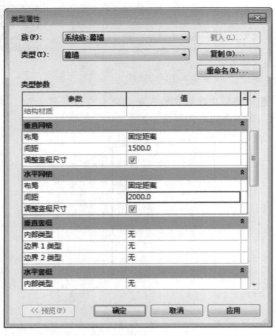

图 5-139

图 5-140

04 设置"垂直竖梃"参数中的"内部类型"为"矩形竖梃:50×150mm","边界 1 类型"与"边界 2 类型"为"L 形角竖梃:L 形竖梃 1";设置"水平竖梃"参数中的"内部类型"为"矩形竖梃:30mm 正方形","边界 1 类型"与"边界 2 类型"均为"四边形角竖梃:四边形竖梃 1",如图 5-140 所示。

05 单击"确定"按钮,关闭对话框。在三维视图中查看最终效果,如图 5-141 所示。如果需要对网格分布以及竖梃类型配置做修改,还可以继续使用以上方法实现参数化修改。

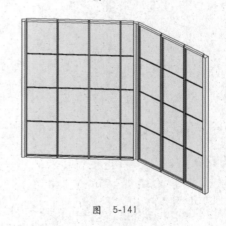

图 5-141

5.4 门窗

创建完墙体之后,下一个任务就是放置门窗。门窗在 Revit 中属于可载入族,可以外部制作完成后导入项目中使用。门窗必须基于墙体放置,放置后在墙上会自动剪切一个门窗"洞口"。在平、立、剖或三维视图中都可以放置门窗。

重点 5.4.1 添加普通门窗

放置门窗后,可以通过修改属性参数来更改门窗规格样式。门窗族提供了实例属性与类型属性两种参数分类,修改实例属性只会影响当前选中的实例文件,如果修改类型属性则会影响整个项目中相同名称的文件。下面将对门窗的实例属性与类型属性做详细的介绍。

1. 门实例属性

要修改门的实例属性,可在"实例属性"对话框中修改相应参数的值,如图 5-142 所示。

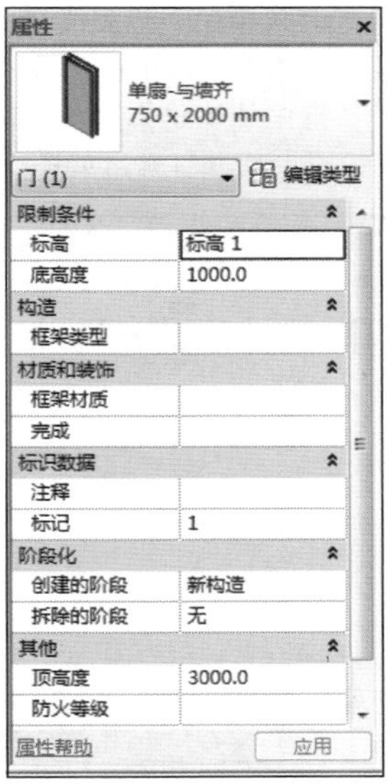

图　5-142

门实例属性参数介绍

- 标高：放置此实例的标高。
- 底高度：相对于放置此实例的标高的底高度。
- 框架类型：门框类型。
- 框架材质：框架使用的材质。
- 完成：应用于框架和门的面层。
- 注释：显示输入或从下拉列表中选择的注释。
- 标记：添加自定义标识数据。
- 创建的阶段：指定创建实例时的阶段。
- 拆除的阶段：指定拆除实例时的阶段。
- 顶高度：设置相对于放置此实例的标高的实例顶高度。
- 防火等级：设定当前门的防火等级。

2. 门类型属性

要修改门的类型属性，可在"类型属性"对话框中修改相应参数的值，如图 5-143 所示。

门类型属性参数介绍

- 功能：指定门是内部的（默认值）还是外部的。
- 墙闭合：门周围的层包络。
- 构造类型：门的构造类型。
- 门材质：门的材质（如金属或木质）。
- 框架材质：门框架的材质。
- 厚度：设置门的厚度。
- 高度：设置门的高度。
- 贴面投影外部：设置外部贴面厚度。

- 贴面投影内部：设置内部贴面厚度。
- 贴面宽度：设置门贴面的宽度。
- 宽度：设置门的宽度。
- 粗略宽度：设置门的粗略宽度。
- 粗略高度：设置门的粗略高度。

图　5-143

3. 窗实例属性

要修改窗的实例属性，可在实例"属性"对话框中修改相应参数的值，如图 5-144 所示。

图　5-144

窗实例属性

- 标高：放置此实例的标高。
- 底高度：相对于放置此实例的标高的底高度。

4. 窗类型属性

要修改窗的类型属性，可在"类型属性"对话框中修改相应参数的值，如图 5-145 所示。

图 5-145

窗类型属性参数介绍

- 墙闭合：设置窗周围的层包络。
- 构造类型：窗的构造类型。
- 框架外部材质：窗框外侧材质。
- 框架内部材质：窗框内侧材质。
- 玻璃嵌板材质：设置窗中玻璃嵌板的材质。
- 窗扇：设置窗扇的材质。
- 高度：窗洞口的高度。
- 默认窗台高度：窗底部在标高以上的高度。
- 宽度：窗宽度。
- 窗嵌入：将窗嵌入墙内部。
- 粗略宽度：窗的粗略洞口的宽度。
- 粗略高度：窗的粗略洞口的高度。

★ 重点 实战——放置首层门窗

场景位置	场景文件 > 第 5 章 >08.rvt
实例位置	实例文件 > 第 5 章 > 实战：放置首层门窗 .rvt
视频位置	多媒体教学 > 第 5 章 > 实战：放置首层门窗 .mp4
难易指数	★★★★★
技术掌握	门窗的放置方法与参数调整

扫码看视频

01 打开学习资源包中的"场景文件 > 第 5 章 >08.rvt"文件，切换到"插入"选项卡，单击"载入族"按钮。在弹出的"载入族"对话框中依次进入"场景文件\第 5 章"文件夹中，选中"推拉窗"族并打开，如图 5-146 所示。

图 5-146

打开存放族文件的文件夹，选择需要载入的族直接拖至视图中。通过这样的方式，可以更快捷地载入族并进行使用。

02 切换到一层平面，选中 CAD 底图，在工具选项栏中修改为"前景"，如图 5-147 所示。通过这样的设置，可以使 CAD 底图前置显示，避免被 Revit 图元遮挡。

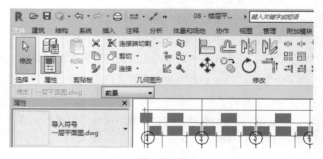

图 5-147

03 单击"建筑"选项卡 > "窗"按钮（快捷键为WN），如图 5-148 所示。然后在"属性"面板中选择"推拉窗"，并单击"编辑类型"按钮，如图 5-149 所示。

图 5-148

图　5-149

04 在"类型属性"对话框中，复制新类型为 C-1 1500*1800 并修改对应尺寸参数，如图 5-150 所示。继续向下拖动滚动条，将"类型标记"修改为 C-1，将"默认窗台高度"修改为 900，如图 5-151 所示。

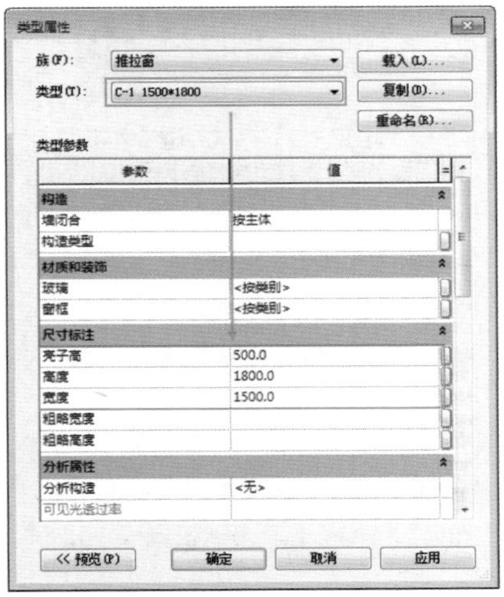

图　5-150

图　5-151

05 按照同样的方法，完成 C-6 编号窗的创建，如图 5-152 所示。

图　5-152

06 根据 CAD 底图，在相应的位置放置窗，如图 5-153 所示。放置完成后，还可以使用临时尺寸标注工具精确控制位置。

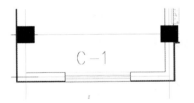

图　5-153

07 切换到插入选项卡，单击"载入族"按钮，打开"载入族"对话框。进入"场景文件 \ 第 5 章 \"文件夹，选中"单开门""双开门与四开门" 3 个族文件，单击"打开"按钮，如 5-154 所示。

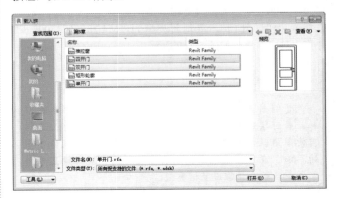

图　5-154

08 切换到"建筑"选项卡，单击"门"按钮（快捷键为 DR），如 5-155 所示。

图 5-155

09 在属性面板中选择"单开门"，单击"编辑类型"按钮，打开"类型属性"对话框。复制新类型为"M1 1000×2400mm"并修改对应参数，如 5-156 所示。

图 5-156

10 选择族为"双开门"，打开"类型属性"对话框，复制新的类型为"M2 1200×2400mm"，并修改对应参数，如图 5-157 所示。接着再次复制新类型为"M3 1500×2400mm"，并修改对应参数，如图 5-158 所示。最后选择族为"四开门"，复制新类型为"M4 3800×2700mm"并修改对应参数，如图 5-159 所示。

技巧提示

　　复制新类型的族时，除了修改对应的尺寸参数以外，最好按照相同的编号将类型标记也进行修改，这样当使用角梃作为幕墙内部竖梃时，只能通过竖梃命令手动添加。在幕墙属性中，无法直接将内部竖梃设置为角竖梃，只能选择常规竖梃类型。

图 5-157

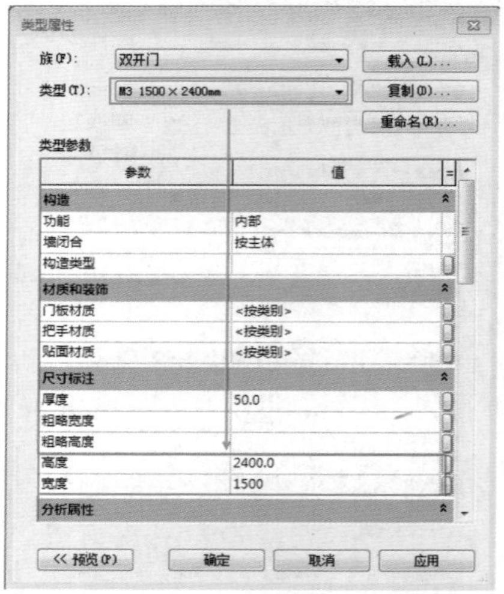

图 5-158

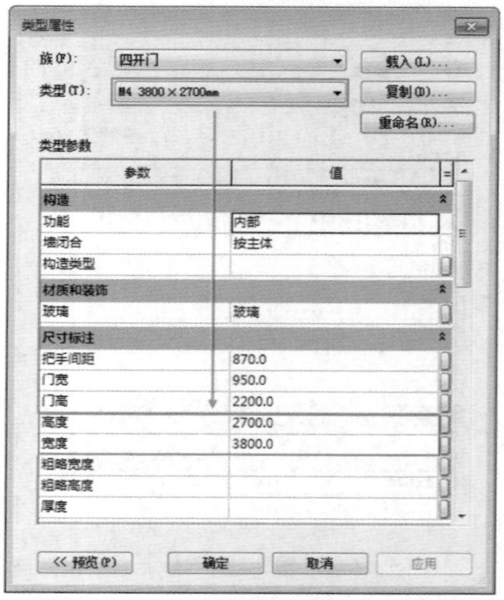

图 5-159

11 根据 CAD 底图，根据不同的门编号放置不同种类的门，如图 5-160 所示。

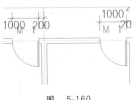

图　5-160

12 门窗都放置完成之后，平面显示效果如图 5-161 所示。切换到三维视图，查看三维效果，如图 5-162 所示。按照相同的方法，完成其他层门窗的放置。

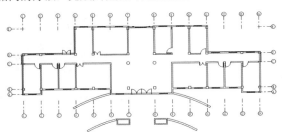

图　5-161

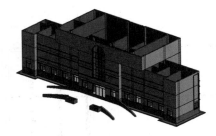

图　5-162

技术专题 9：控制平面视图窗显示状态

一般项目中，同一平面视图所放置的窗，都可以通过调整剖切面的高度，剖切到当前平面中的窗，从而实现窗平面图形的显示。但如果是博物馆或电影院，个别窗底部高度高于剖切面，造成平面中无法显示窗平面图形。这时，如果需要显示未被剖切到的窗平面图形，可以通过以下方法实现。

第 1 步：选中窗底部高于剖切面的窗户，单击"编辑族"按钮，编辑族环境，如图 5-163 所示。

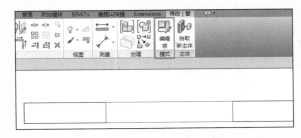

图　5-163

第 2 步：切换楼层平面参照标高视图，并将视觉样式调整为"隐藏线"，然后框选视图中的窗平面，单击"过滤器"按钮，如图 5-164 所示。

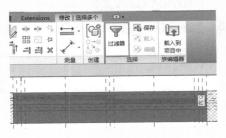

图　5-164

第 3 步：在"过滤器"对话框中单击"放弃全部"按钮，然后选择两个"线"选项，接着单击"确定"按钮，如图 5-165 所示。

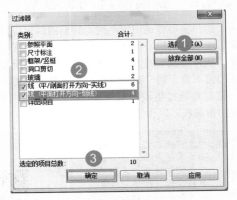

图　5-165

第 4 步：单击"可见性设置"按钮，如图 5-166 所示，打开"族图元可见性设置"对话框。

图　5-166

第5步：取消选中"仅当实例被剖切时显示"复选框，然后单击"确定"按钮，如图5-167所示。

图　5-167

第6步：单击"载入到项目中"按钮，将族文件载入项目中，如图5-168所示。覆盖之前的族文件，这时高于剖切面的窗平面图形也可以正常显示，如图5-169所示。

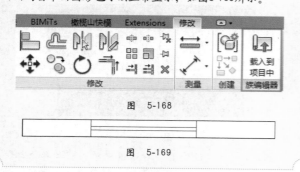

图　5-168

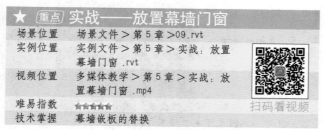

图　5-169

重点 5.4.2　替换幕墙门窗嵌板

幕墙上的门窗与普通门窗不同。普通的门窗可以直接插入墙内并形成门窗洞口。但如果需要在幕墙上放置门窗，则需要使用替换幕墙嵌板的方式来实现。在幕墙中所使用的门窗跟普通门窗不属于同一类别，所以无法共同使用。在幕墙中插入门窗都是通过更改嵌板来实现的。Revit中系统提供了大量的门窗嵌板，以供用户使用。

★ 重点 实战——放置幕墙门窗

场景位置	场景文件＞第5章＞09.rvt
实例位置	实例文件＞第5章＞实战：放置幕墙门窗.rvt
视频位置	多媒体教学＞第5章＞实战：放置幕墙门窗.mp4
难易指数	★★★★★
技术掌握	幕墙嵌板的替换

扫码看视频

01 打开学习资源包中的"场景文件＞第5章＞09.rvt"文件，并切换到前视图，如图5-170所示。

02 将光标放置于左面幕墙横梃上，按Tab键选择幕墙网格，单击"添加/删除线段"按钮，删除选中剖分的幕墙网格，如图5-171所示。

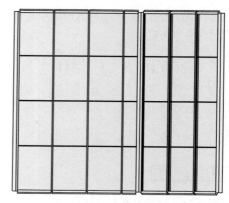

图　5-170

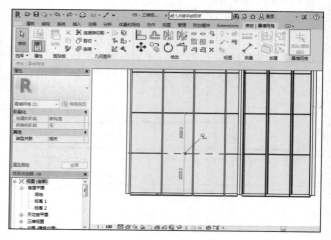

图　5-171

03 按照同样的操作，将竖向网格也进行删除。删除之后，这一位置将成为一块整体的嵌板，如图5-172所示。

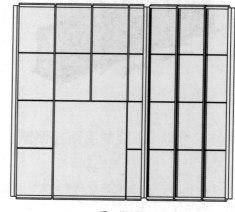

图　5-172

04 切换到"插入"选项卡，然后单击"载入族"按钮，在"载入族"对话框中打开"建筑\幕墙\门窗嵌板"文件夹，同时选中门嵌板与窗嵌板，并单击"打开"按钮将其载入项目中，如图5-173所示。

图 5-173

05 将光标放置在合并后的嵌板上，按 Tab 键将其选中并解锁，然后在"属性"面板中选择"门嵌板"进行替换，如图 5-174 所示。

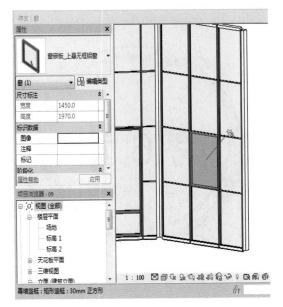

图 5-175

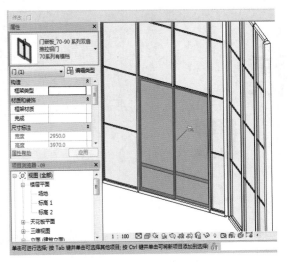

图 5-174

06 按照同样的方法，完成另外一侧窗的替换，如图 5-175 所示。最终完成的效果如图 5-176 所示。

图 5-176

 **读书笔记**

第 6 章

楼板、天花板和屋顶

本章学习要点

- 楼板的创建方法
- 天花板的创建方法
- 不同样式屋顶的创建规则

6.1 楼板

楼板作为建筑物中不可缺少的部分，起着重要的结构承重作用。Revit 提供了 3 种楼板类型，分别是建筑楼板、结构楼板和面楼板。同时，在楼板命令中还提供了"楼板：楼板边"命令，供用户创建一些沿楼板边缘放置的构件，例如，结构设计中常用的圈梁。

重点 6.1.1 绘制建筑楼板

通常建筑板是指在结构板基础上创建的建筑面层。但在实际绘制建筑模型时，不仅需要创建楼板面层，还需要将结构板也表示出来。创建楼板的方式有多种，其中一种可通过拾取墙或使用"线"工具绘制楼板来创建楼板。在三维视图中同样可以绘制楼板，但需要注意的是在绘制建筑楼板时，楼板可基于标高或水平工作平面创建，但无法基于垂直或倾斜的工作平面创建。

1. 楼板实例属性

要修改楼板的实例属性，可直接在"属性"面板中修改相应参数的值，如图 6-1 所示。

图 6-1

楼板实例属性参数介绍

- 标高：将楼板约束到的标高。
- 目标高的高度偏移：楼板顶部相对于当前标高参数的高程。
- 房间边界：设置楼板是否作为房间边界图元。
- 与体量相关：设置此图元是否从体量图元创建，该参数为只读类型。
- 结构：设置当前图元是否属于结构图元，并参与结构计算。
- 启用分析模型：此图元有一个分析模型。
- 坡度：将坡度定义线修改为指定值，且无须编辑草图。
- 周长：设置楼板的周长。

- 面积：设置楼板的面积。
- 厚度：设置楼板的厚度。

2. 楼板类型属性

要修改楼板的类型属性，可在"类型属性"对话框中修改相应参数的值，如图 6-2 所示。

图 6-2

楼板类型属性参数介绍

- 结构：创建复合楼板层集。
- 默认的厚度：显示楼板类型的厚度，通过累加楼板层的厚度得出。
- 功能：指示楼板是内部的还是外部的。
- 粗略比例填充样式：粗略比例视图中楼板的填充样式。
- 粗略比例填充颜色：为粗略比例视图中的楼板填充样式应用颜色。

★ 重点 实战——绘制首层楼板		
场景位置	场景文件 > 第 6 章 > 01.rvt	
实例位置	实例文件 > 第 6 章 > 实战：绘制首层楼板 .rvt	
视频位置	多媒体教学 > 第 6 章 > 实战：绘制首层楼板 .mp4	 扫码看视频
难易指数	★★★★★	
技术掌握	绘制楼板的基本方法与技巧	

01 打开学习资源包中的"场景文件 > 第 6 章 >01.rvt"文件，并切换到一层平面，如图 6-3 所示。

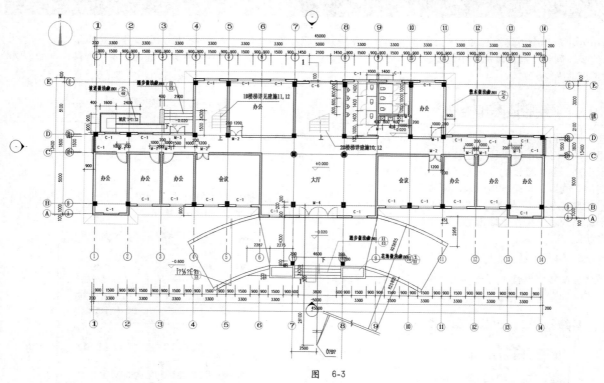

图 6-3

02 切换到"建筑"选项卡，在"构建"面板中单击"楼板"按钮，如图 6-4 所示。

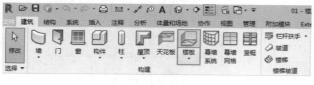

图 6-4

03 在"属性"面板中选择"常规 –150mm"，然后单击"编辑类型"按钮，如图 6-5 所示，打开"类型属性"对话框。

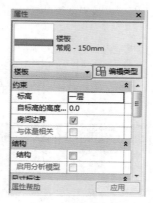

图 6-5

04 在打开的"类型属性"对话框中，复制新的楼板类

型为"室内 –100+60+30"，然后单击"结构"参数后方的"编辑"按钮，如图 6-6 所示，打开"编辑部件"对话框。

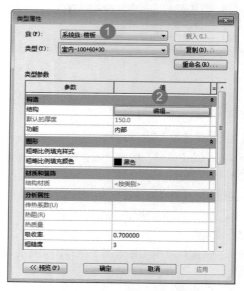

图 6-6

05 在"编辑部件"对话框中单击"插入"按钮插入两个结构层，并分别设置其功能、厚度及材质，如图 6-7 所示。

最后依次单击"确定"按钮，关闭所有对话框。

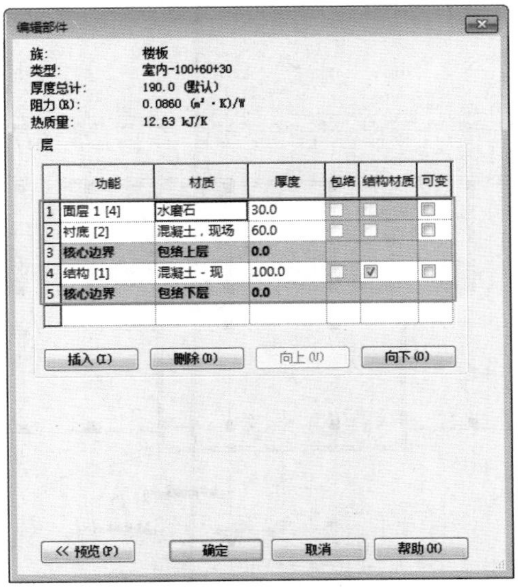

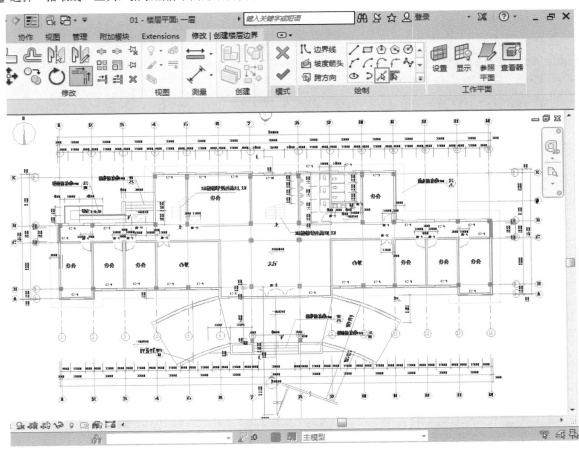

图　6-7

06 选择"拾取线"工具，拾取当前平面外墙内侧墙线，形成一个闭合的轮廓，如图 6-8 所示。

图　6-8

07 楼板轮廓线完成后，使用修剪工具（快捷键为TR）进行连接，最后单击"完成"按钮，完成室内楼板的创建，如图 6-9 所示。

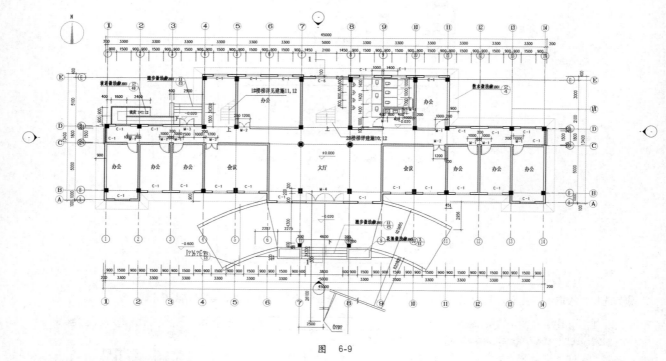

图　6-9

08 再次单击"楼板"按钮，选择楼板类型为"常规 –150mm"，开始绘制室外平台部分楼板，并在"属性"面板中设置"目标高的高度偏移"参数为 –20，如图 6-10 所示。

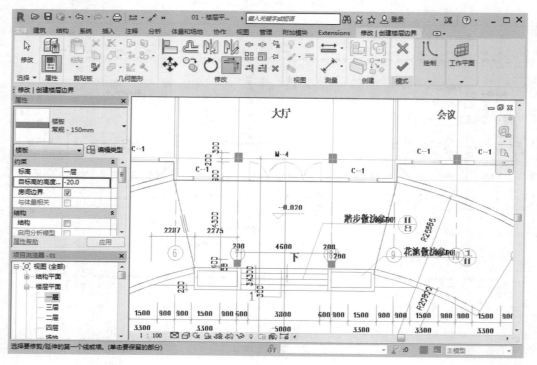

图　6-10

09 绘制完成后，切换到三维视图查看最终效果，如图 6-11 所示。根据上述操作，完成其他层楼板的创建。

图　6-11

技巧提示

　　在当前标高上绘制楼板时，如有墙体顶部约束条件与之相同，则会打开此对话框，提示到达此标高的墙体是否要附着于当前楼板底部。如果单击"是"按钮，则相应墙体会批量附着到当前楼板底部；如单击"否"按钮，将结束此命令。可以根据实际情况来决定是否附着。

重点 6.1.2　带坡度的楼板

本节主要介绍如何创建带坡度的楼板。关于带坡度的楼板，其创建方法有以下 3 种。

第 1 种：在绘制或编辑楼层边界时，绘制一个坡度箭头。

第 2 种：使用修改子图元工具，分别调整楼板边界高度。

第 3 种：指定单条楼板绘制线的"定义坡度"和"坡度"属性值。

★ 重点 实战——绘制斜楼板

场景位置	场景文件 > 第 6 章 >02.rvt
实例位置	实例文件 > 第 6 章 > 实战：绘制斜楼板 .rvt
视频位置	多媒体教学 > 第 6 章 > 实战：绘制斜楼板 .mp4
难易指数	★★★★★
技术掌握	斜楼板的绘制方法及技巧

扫码看视频

01 打开学习资源包中的"场景文件 > 第 6 章 >02.rvt"文件，如图 6-12 所示。

图　6-12

02 切换到"标高 2"平面，单击"楼板"按钮，开始绘制楼板的草图。然后选中一条边界线，接着在工具栏中选中"定义坡度"复选框，如图 6-13 所示。

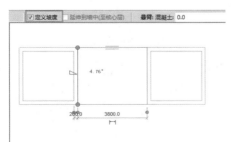

图　6-13

03 单击草图中的"坡度"值（或者在实例属性面板中修改），将"坡度"设置为 14.5，然后单击"完成"按钮✔，如图 6-14 所示。

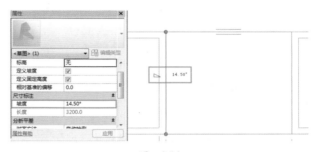

图　6-14

04 绘制第二块楼板草图，在草图模式下单击"坡度箭头"按钮，然后在草图区域绘制一个方向箭头，如图 6-15 所示。

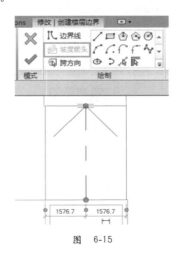

图　6-15

技巧提示

坡度箭头的起始点与结束点决定了当前楼板坡度开始与结束的位置。

05 选中坡度箭头，然后在实例“属性”面板中设置“指定”为“尾高”，“最低处标高”为“标高 1”，“尾高度偏移”为 3000，“最高处标高”为“标高 1”，“头高度偏移”为 2000，如图 6-16 所示。最后单击“完成”按钮✔。

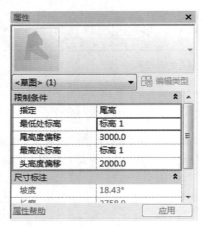

图 6-16

技巧提示

指定参数有两种选项，一种是“尾高”，另一种是“坡度”，用户可以根据实际情况做选择。

06 切换到“标高 1”，创建第三块楼板，创建完成后单击“修改子图元”按钮，如图 6-17 所示。

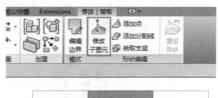

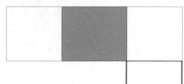

图 6-17

07 切换到“标高 1”视图，分别选中楼板左右两条边界，然后分别设置“偏移”为 1000 和 2000，如图 6-18 和图 6-19 所示。

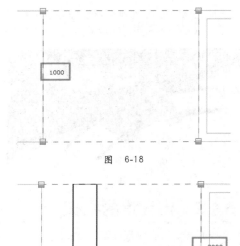

图 6-18

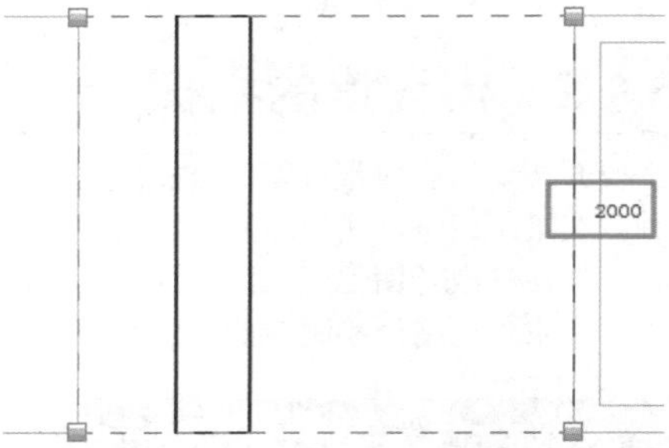

图 6-19

08 按 Esc 键退出编辑命令，查看最终三维效果，如图 6-20 所示。

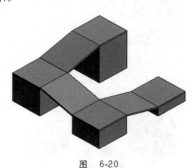

图 6-20

重点 6.1.3 编辑楼板

除了常规的编辑方法以外，楼板还提供了额外的形状编辑工具。可以通过这些工具，对楼板形状进行特殊的改变。例如，控制楼板某个点或某条边的标高，还可以对楼板进行分割，对分割线的位置单独进行控制，如图 6-21 所示。

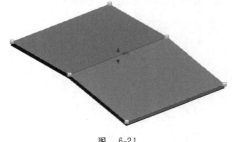

图 6-21

楼板形状编辑工具如图 6-22 所示。

图　6-22

★ [重点] 实战——绘制雨篷结构板

场景位置	场景文件＞第 6 章＞03.rvt
实例位置	实例文件＞第 6 章＞实战： 绘制雨篷结构板 .rvt
视频位置	多媒体教学＞第 6 章＞实战： 绘制雨篷结构板 .mp4
难易指数	★★★★★
技术掌握	形状编辑工具的使用方法

扫码看视频

01 打开学习资源包中的"场景文件＞第 6 章＞03.rvt"文件，切换到二层平面图，如图 6-23 所示。

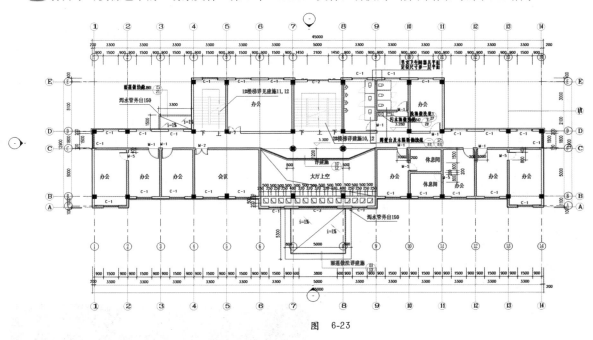

图　6-23

02 单击"楼板"按钮，打开"类型属性"对话框，复制新的楼板类型为"常规 –100mm"，并修改对应的楼板厚度，如图 6-24 所示。

03 使用矩形或拾取线的方式，绘制入门处雨篷的结构板轮廓，如图 6-25 所示。最后单击"完成"按钮。

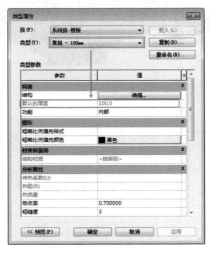

图　6-24

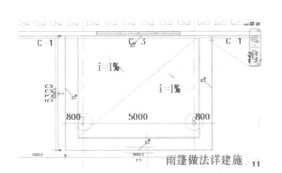

图　6-25

04 选中绘制好的结构板，单击"添加分割线"按钮 ✐，在视图中沿楼板左下角至右上角的位置绘制一条分割线，如图 6-26 所示。

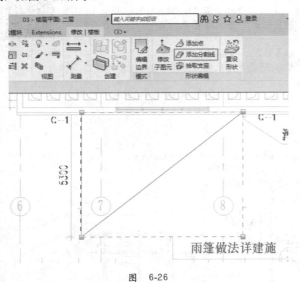

图　6-26

05 单击"修改子图元"按钮，拾取分割线并输入偏移高度为 -50，如图 6-27 所示。

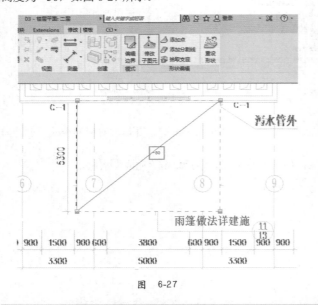

图　6-27

06 退出楼板选择状态，通过坡度注释工具验证楼板坡度为 1%，符合施工图纸要求，如图 6-28 所示。

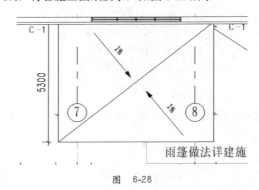

图　6-28

07 按照相同的方法，完成另一侧雨篷结构板的绘制，如图 6-29 所示。

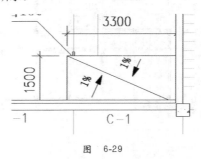

图　6-29

08 切换到三维视图，查看最终完成效果，如图 6-30 所示。

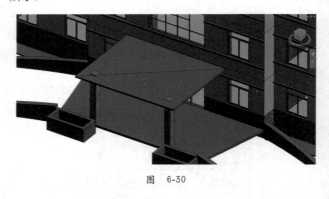

图　6-30

重点 6.1.4　创建楼板边缘

通常情况下，可以使用楼板边缘命令创建一些基于楼板边界的构件，如结构边梁以及室外台阶等。创建楼板边的方式也非常简单，可以在三维视图中拾取，也可以在平面或立面视图中拾取楼板边缘，还可以通过更改不同的轮廓样式，来创建不同形式的构件。

1. 楼板边缘实例属性

楼板边缘的实例属性主要可以修改轮廓的垂直及水平方向的偏移，以及显示长度与体积等数值，如图 6-31 所示。

图 6-31

图 6-32

楼板边缘实例属性参数介绍

- 垂直轮廓偏移：以拾取的楼板边界为基准，向上和向下移动楼板边缘构件。

- 水平轮廓偏移：以拾取的楼板边界为基准，向前和向后移动楼板边缘构件。

- 钢筋保护层：设置钢筋保护层的厚度。

- 长度：显示所创建的楼板边缘实际长度。

- 体积：显示楼板边缘的实际体积。

- 注释：用于添加有关楼板边缘的注释信息。

- 标记：为楼板边缘创建的标签。

- 创建的阶段：指示在哪个阶段创建了楼板边缘构件。

- 拆除的阶段：指示在哪个阶段拆除了楼板边缘构件。

- 角度：垂直方向对楼板边缘的旋转角度。

2. 楼板边缘类型属性

楼板边缘的类型属性主要原来设置轮廓样式及对应材质的参数，如图 6-32 所示。

楼板边缘类型属性参数介绍

- 轮廓：指定楼板边缘所使用的轮廓样式。

- 材质：楼板边缘被赋予的材质信息，包括颜色、渲染样式等。

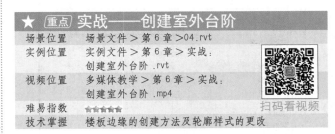

★ (重点) **实战——创建室外台阶**

场景位置	场景文件＞第6章＞04.rvt
实例位置	实例文件＞第6章＞实战：创建室外台阶.rvt
视频位置	多媒体教学＞第6章＞实战：创建室外台阶.mp4
难易指数	★★★★★
技术掌握	楼板边缘的创建方法及轮廓样式的更改

扫码看视频

01 打开学习资源包中的"场景文件＞第6章＞04.rvt"文件，切换到一层平面。单击"载入族"按钮，进入"场景文件 ＼ 第6章"文件夹，选择"踏步-4阶"族文件，将其载入项目中，如图 6-33 所示。

图 6-33

02 切换到"建筑"选项卡，单击"楼板"按钮下方的小三角，在下拉菜单中选择"楼板：楼板边"选项，如图 6-34 所示。

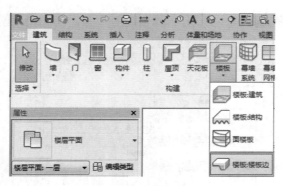

图　6-34

03 单击"编辑类型"按钮，打开"类型属性"对话框。复制新类型为"室外台阶 –4 阶"，并设置"轮廓"为刚刚载入的族"踏步 –4 阶"，如图 6-35 所示。

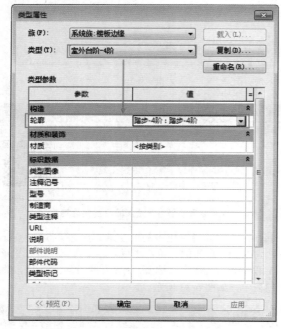

图　6-35

04 拾取室外平台楼板边，生成室外台阶，如图 6-36 所示。

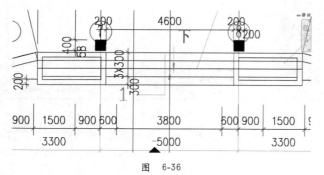

图　6-36

05 选中室外台阶，拖动两侧的控制点，将其移动至两侧的花池墙边，如图 6-37 所示。

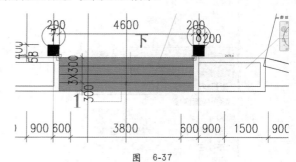

图　6-37

06 切换到三维视图，发现台阶悬在空中。选中室外台阶，然后将"垂直轮廓偏移"参数调整为 –600，此时台阶将回归正常状态，如图 6-38 所示。最终完成的效果如图 6-39 所示。

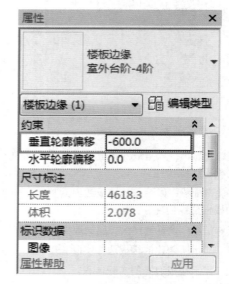

图　6-38

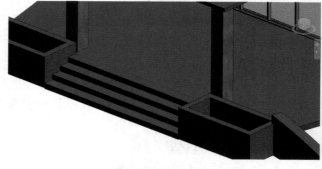

图　6-39

Revit+Lumion中文版从入门到精通（建筑设计与表现）

6.2 天花板

天花板作为建筑室内装饰不可或缺的部分，起着非常重要的装饰作用。在室内设计中，通常我们更愿意称之为吊顶，其造型各异，场所不同，所用的吊顶材料也不相同。在 Revit 中创建的天花板比较适用于平顶或叠级顶。如果是异型的吊顶，则无法使用天花板工具实现，需要使用其他工具来完成。Revit 提供了两种天花板的创建方法，分别是自动绘制与手动绘制。接下来会做详细的介绍。

自动创建天花板是指，当鼠标指针放置于一个封闭的空间（房间）时，系统会自动根据房间边界生成天花板。这种方法比较适用于教室、办公室以及卫生间等房间类型。因为一般此类房间的吊顶都会采用平顶设计。所以自动绘制是最方便快捷的方法。

在一些商业综合体或酒店等建筑类型中，其吊顶样式一般较为丰富。所以在此类建筑中，更加适合使用手动方式来创建天花板，以满足设计师对吊顶样式的需求。

1. 天花板实例属性

要修改天花板的实例属性，可根据修改实例属性中所述修改相应参数的值，如图 6-40 所示。

图 6-40

天花板实例属性参数介绍

● 标高：放置天花板的标高。

● 房间边界：天花板是否用于定义房间的边界条件。

● 坡度：设置天花板的坡度值。

● 周长：设置天花板边界总长。

● 面积：设置天花板的平面面积。

● 体积：设置天花板的体积。

2. 天花板类型属性

要修改天花板的类型属性，可在"类型属性"对话框中修改相应参数的值，如图 6-41 所示。

天花板类型属性参数介绍

● 结构：设置天花板复合结构的层。

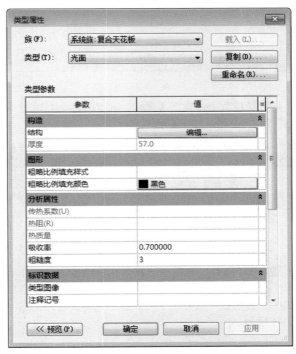

图 6-41

● 厚度：设置天花板的总厚度。

● 粗略比例填充样式：当前类型图元在"粗略"详细程度下显示时的填充样式。

● 粗略比例填充颜色：粗略比例视图中当前类型图元填充样式的颜色。

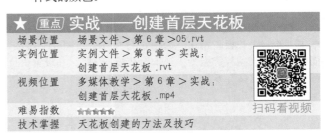

★ [重点] 实战——创建首层天花板

场景位置	场景文件 > 第 6 章 > 05.rvt
实例位置	实例文件 > 第 6 章 > 实战：创建首层天花板 .rvt
视频位置	多媒体教学 > 第 6 章 > 实战：创建首层天花板 .mp4
难易指数	★★★★★
技术掌握	天花板创建的方法及技巧

扫码看视频

01 打开学习资源包中的"场景文件 > 第 6 章 >05.rvt"文件，并切换到天花板平面"标高 1"，如图 6-42 所示。

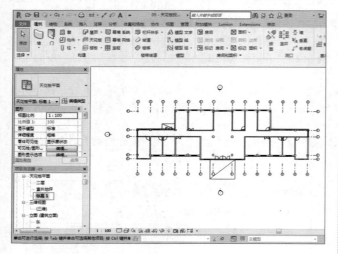

图　6-42

02 切换到"建筑"选项卡，在"构建"面板中单击"天花板"按钮，如图 6-43 所示。

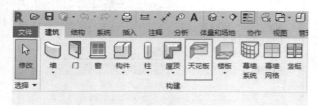

图　6-43

03 在"属性"面板中选择天花板类型为"复合天花板 600×600mm 轴网"，并设置"目标高的高度偏移"参数为 2800，接着在一层各个房间位置单击，创建天花板，如图 6-44 所示。

疑难问答——对于自动创建完成的天花板，可以编辑其形状或尺寸大小吗？

可以。天花板自动创建完成后，选中天花板后双击或单击"编辑边界"按钮，即可进入编辑草图状态。

04 房间的天花板创建完成后，在"天花板"面板中单击"绘制天花板"按钮，如图 6-45 所示。接着在"属性"面板中选择天花板类型为"基本天花板 常规"，并设置"目标高的高度偏移"参数为 3000，如图 6-46 所示。

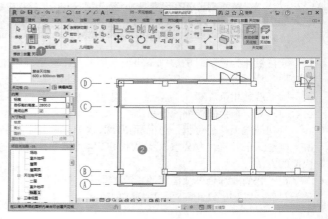

图　6-44

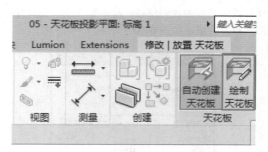

图　6-45

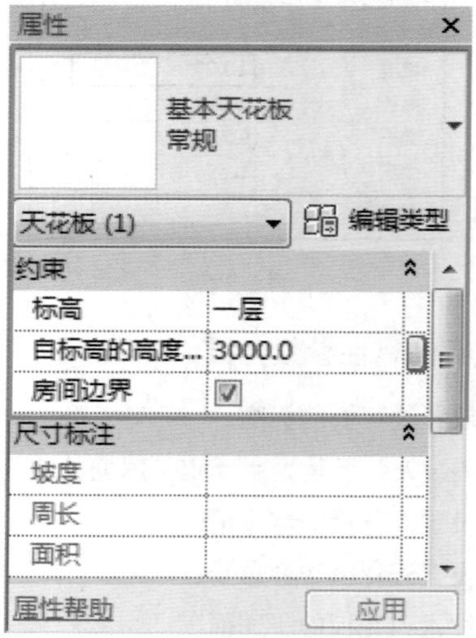

图　6-46

05 使用拾取线配合圆形绘制工具，在公共区域绘制天花板轮廓线，并在大厅位置绘制两个圆，作为吊顶造型，如图 6-47 所示。

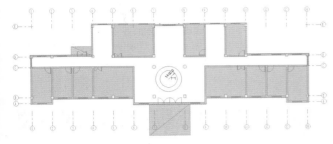

图　6-47

06 绘制完成后单击"完成"按钮，完成天花板的创建。切换到三维视图，将视图剖切到一层，查看天花板完成效果，如图 6-48 所示。

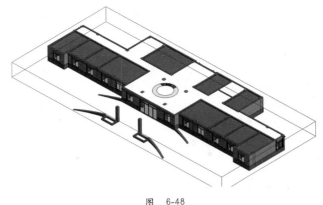

图　6-48

  屋顶

屋顶是建筑的普遍构成元素之一，有平顶和坡顶之分，主要目的是用于防水。干旱地区房屋多用平顶，湿润地区多用坡顶。多雨地区屋顶坡度较大，坡顶又分为单坡、双坡和四坡等。Revit 也提供了多种屋顶创建工具，分别是"迹线屋顶""拉伸屋顶"以及"面屋顶"。除屋顶工具以外，Revit 还提供了"底板""封檐带"和"檐槽"工具，供用户更加方便地创建屋面相关图元。

重点 6.3.1　迹线屋顶

本节主要介绍通过"迹线屋顶"的方法来创建屋顶。下面按照惯例，先来简单介绍一下屋顶的属性参数。

1. 屋顶实例属性

要修改屋顶的实例属性，可按修改实例属性中所述修改相应参数的值，如图 6-49 所示。

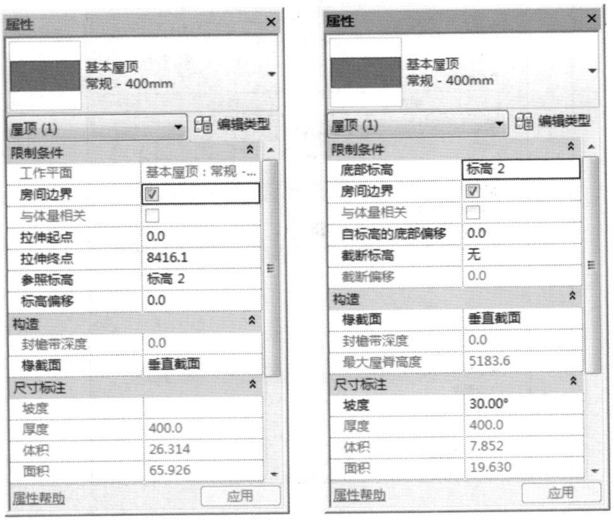

图　6-49

屋顶实例属性参数介绍

- 工作平面：与拉伸屋顶关联的工作平面。

- 房间边界：设置是否将屋顶作为房间边界。

- 与体量相关：提示此图元是从体量图元创建的。

- 拉伸起点：设置拉伸的起点（仅为拉伸屋顶启用此参数）。

- 拉伸终点：设置拉伸的终点（仅为拉伸屋顶启用此参数）。

- 参照标高：屋顶的参照标高，默认标高是项目中的最高标高（仅为拉伸屋顶启用此参数）。

- 标高偏移：从参照标高升高或降低屋顶（仅为拉伸屋顶启用此参数）。

- 封檐带深度：定义封檐带的线长。

- 椽截面：定义屋檐上的椽截面。

- 坡度：将坡度定义线的值修改为指定值，而无须编辑草图。

- 厚度：显示屋顶的厚度。

- 体积：显示屋顶的体积。

- 面积：显示屋顶的面积。

- 底部标高：设置迹线或拉伸屋顶的标高。

- 目标高的底部偏移：设置高于或低于绘制时所处标高的屋顶高度（仅当使用迹线创建屋顶时启用此属性）。

127

- 截断标高：指定标高，在该标高上方的所有迹线屋顶几何图形都不会显示。
- 截断偏移：在"截断标高"基础上，设置向上或向下的偏移值。
- 最大屋脊高度：屋顶顶部位于建筑物底部标高以上的最大高度。

2. 屋顶类型属性

要修改屋顶的类型属性，可按修改类型属性中所述修改相应参数的值，如图6-50所示。

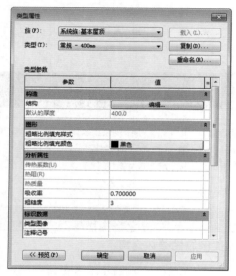

图 6-50

屋顶类型属性参数介绍

- 结构：定义复合屋顶的结构层次。
- 默认的厚度：指示屋顶类型的厚度，通过累加各层的厚度得出。
- 粗略比例填充样式：粗略详细程度下显示的屋顶填充图案。
- 粗略比例填充颜色：粗略比例视图中的屋顶填充图案的颜色。

技术专题 10：椽截面样式区别

Revit一共提供了3种椽截面样式，分别是"垂直截面""垂直双截面"和"正方形双截面"，如图6-51所示。

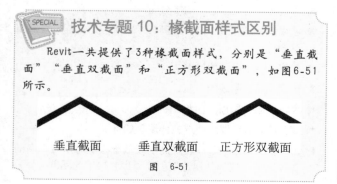

垂直截面　　　垂直双截面　　　正方形双截面

图 6-51

通过图6-51可以看出每种样式各不相同，其中"垂直双截面"和"正方形双截面"两种样式的区别非常小，基本看不出太大的差别。

★ 重点 **实战——创建雨篷**

场景位置	场景文件＞第6章＞06.rvt
实例位置	实例文件＞第6章＞实战：创建雨篷.rvt
视频位置	多媒体教学＞第6章＞实战：创建雨篷.mp4
难易指数	★★★★★
技术掌握	迹线屋顶截断标高参数的作用与用途

扫码看视频

01 打开学习资源包中的"场景文件＞第6章＞06.rvt"文件，切换到二层平面，在"建筑"选项卡中单击"屋顶"按钮，如图6-52所示。

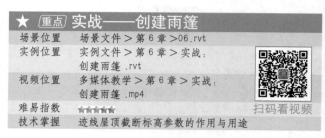

图 6-52

02 在属性面板中选择屋顶类型为"基本屋顶常规–125mm"，然后单击"编辑类型"按钮，打开"类型属性"对话框。复制新类型为"西班牙瓦–190mm"，并单击结构参数后的"编辑"按钮，如图6-53所示。

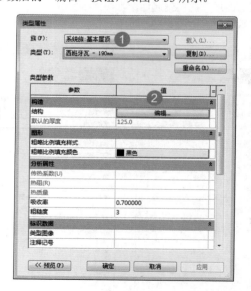

图 6-53

03 调整结构层厚度为120，然后分别插入两个结构层，设置其功能分别为"衬底"与"面层"，并设置其对应的厚度及材质，如图6-54所示。依次单击"确定"按钮，关闭所有对话框。

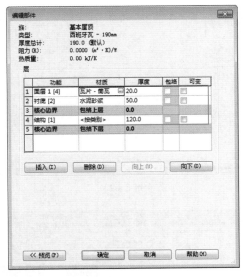

图　6-54

04 使用矩形绘制工具在主入口处雨篷位置绘制雨篷轮廓线，然后选中最上方的线段，在工具选项栏中取消勾选"定义坡度"选项，如图6-55所示。接着选中其他3条轮廓线，将"坡度"参数修改为40°，如图6-56所示。最后单击"完成"按钮。

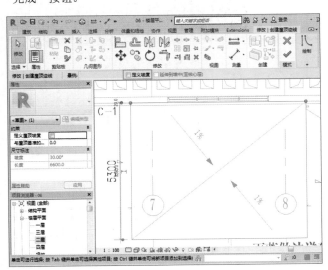

图　6-55

05 选中创建好的屋顶，然后在"属性"面板中设置相关参数。设置"底部标高"为"二层"，"目标高的底部偏移"为−100，"截断标高"为"二层"，"截断偏移"为900，如图6-57所示。

06 切换到三维视图，查看创建完成的屋顶效果，如图6-58所示。

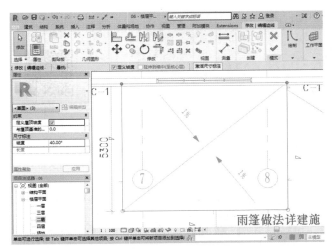

图　6-56

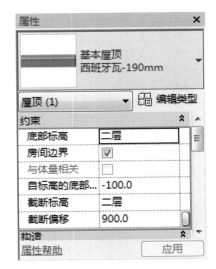

图　6-57

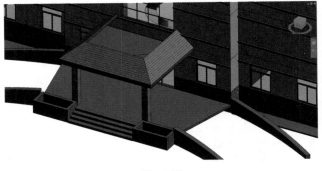

图　6-58

★ (重点) **实战——创建迹线屋顶**

场景位置	场景文件 > 第 6 章 >07.rvt
实例位置	实例文件 > 第 6 章 > 实战： 创建迹线屋顶 .rvt
视频位置	多媒体教学 > 第 6 章 > 实战： 创建迹线屋顶 .mp4
难易指数	★★★★☆
技术掌握	迹线屋顶工具的使用方法及技巧

扫码看视频

01 打开学习资源包中的"场景文件 > 第 6 章 >07.rvt"文件，然后切换到四层平面并单击"屋顶"按钮，如图 6-59 所示。

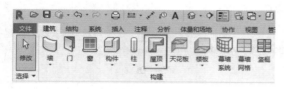

图 6-59

02 使用拾取线工具绘制屋顶轮廓线，然后选中最右侧的线段，取消勾选"定义坡度"选项，最后单击"完成"按钮，如图 6-60 所示。

03 选中创建完成的屋顶，然后在"属性"面板中输入"坡度"参数为 38，如图 6-61 所示。如果没能达到预期效果，还可以通过屋顶的控制柄微调屋顶坡度。

04 回到平面视图，使用镜像工具将绘制好的屋顶镜像至另外一侧，如图 6-62 所示。

05 切换到屋面平面，然后在"属性"面板中设置"范围：底部标高"参数为"四层"，此时视图中将显示四层平面作为当前视图的基线，如图 6-63 所示。

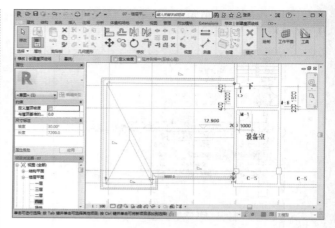

图　6-60

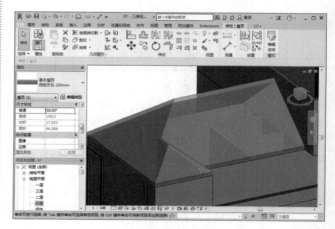

图　6-61

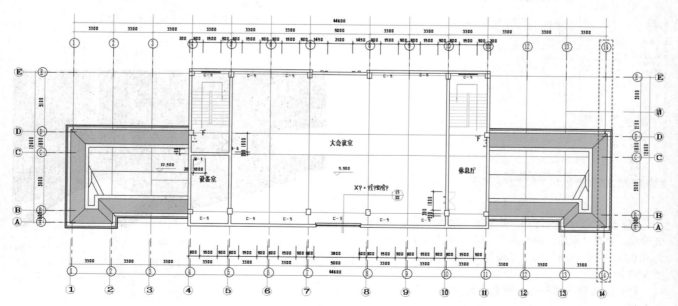

图　6-62

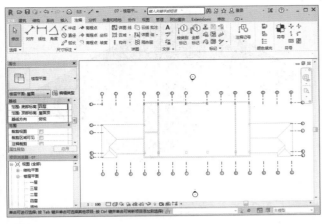

图 6-63

06 再次单击"屋顶"命令，接着在"属性"面板中设置"坡度"为23，然后使用绘制工具沿外墙绘制屋顶轮廓线，最后单击"完成"按钮，如图6-64所示。

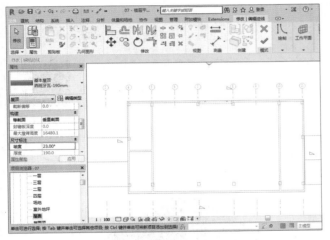

图 6-64

📖 **技巧提示**

屋顶的坡度值，可以在编辑草图状态下修改，也可以在完成屋顶后，选择屋顶进行修改。两种方法的区别在于，在编辑草图状态下可以对单一轮廓线进行坡度的修改或取消，而在完成状态下，修改坡度则会影响整个屋顶。

07 切换到三维视图，查看最终完成的效果，如图6-65所示。

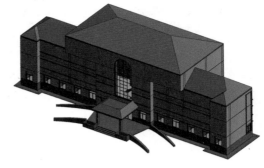

图 6-65

★ 重点 **实战——使用坡度箭头创建老虎窗**

场景位置	无
实例位置	实例文件＞第6章＞实战：使用坡度箭头创建老虎窗.rvt
视频位置	多媒体教学＞第6章＞实战：使用坡度箭头创建老虎窗.mp4
难易指数	★★★★★
技术掌握	屋顶坡度箭头的使用方法

扫码看视频

01 使用"建筑样板"创建项目文件，然后单击"迹线屋顶"按钮，并选择矩形绘制工具，绘制屋面轮廓，如图6-66所示。

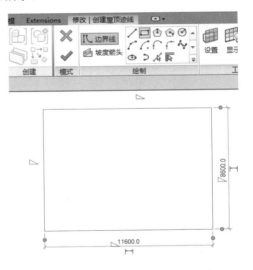

图 6-66

02 在草图模式中，单击"修改"面板中的"拆分图元"按钮（快捷键为SL），然后在轮廓线中单击两点，拆分出一段线段，如图6-67所示。

03 取消中间线段的"坡度定义"，然后单击"坡度箭头"按钮，接着沿中间线段绘制两条对立的坡度箭头，如图6-68所示。

04 选中两条坡度箭头，然后在实例"属性"面板中设置"头高度偏移"为1500，如图6-69所示。

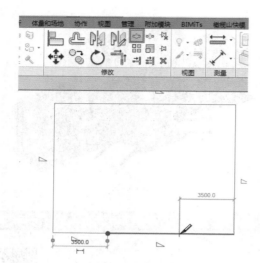

图 6-67

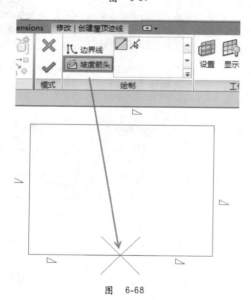

图 6-68

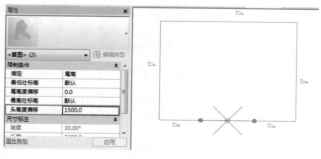

图 6-69

05 单击"完成"按钮 ✔，最终完成的效果如图6-70所示。

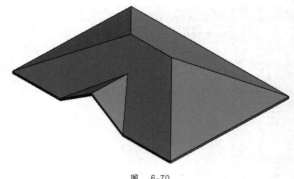

图 6-70

重点 6.3.2 拉伸屋顶

相对来说，拉伸屋顶这种创建方法比较自由，用户可以随意编辑屋顶的截面形状，可以定义为任意样式。这种屋顶的创建方式比较适合一些非常规屋顶，如弧形顶等。在实际应用中，拉伸屋顶的使用率不是很高。用户要结合实际选择创建屋顶的最佳方式。

★ 重点 实战——创建拉伸屋顶

场景位置	场景文件 > 第 6 章 >08.rvt
实例位置	实例文件 > 第 6 章 > 实战：创建拉伸屋顶 .rvt
视频位置	多媒体教学 > 第 6 章 > 实战：创建拉伸屋顶 .mp4
难易指数	★★★★★
技术掌握	拉伸屋顶工具的使用方法及技巧

扫码看视频

01 打开学习资源包中的"场景文件 > 第 6 章 >08.rvt"文件，如图 6-71 所示。

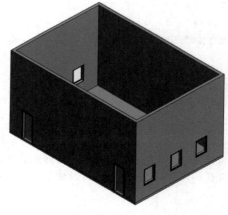

图 6-71

02 进入南立面视图，切换至"建筑"选项卡，单击"屋顶"下拉菜单中的"拉伸屋顶"命令，如图6-72所示。

03 在打开的"工作平面"对话框中，选中"拾取一个平面"单选按钮，然后单击"确定"按钮，如图6-73所示。

图 6-72

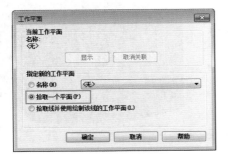

图 6-73

04 将鼠标指针放置于墙面上并单击，然后在打开的"屋顶参照标高和偏移"对话框中设置"标高"为"标高2"，"偏移"为0，接着单击"确定"按钮，如图6-74所示。

图 6-74

05 选择"弧形"绘制工具，在视图中绘制屋顶截面外轮廓，接着单击"完成"按钮，如图6-75所示。

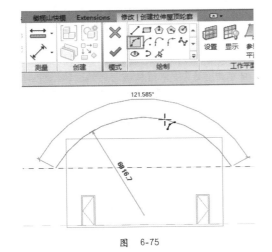

图 6-75

06 回到三维视图选择屋顶，然后在"属性"面板中设置拉伸起点与终点，也可以使用控制柄手动拖曳，来调整屋顶的形状，如图6-76所示。

图 6-76

07 选择全部墙体，将其附着于屋顶，最终效果如图6-77所示。

图 6-77

★ **重点** **实战——连接屋顶**

场景位置	场景文件＞第6章＞09.rvt
实例位置	实例文件＞第6章＞实战：连接屋顶.rvt
视频位置	多媒体教学＞第6章＞实战：连接屋顶.mp4
难易指数	★★★★★
技术掌握	使用屋顶连接工具合并两个不同的屋顶

扫码看视频

01 打开学习资源包中的"场景文件＞第6章＞09.rvt"文件，切换到东立面视图，如图6-78所示。

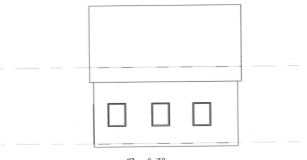

图 6-78

02 切换到"建筑"选项卡，单击"拉伸屋顶"按钮，绘制弧形的拉伸屋顶，如图 6-79 所示。

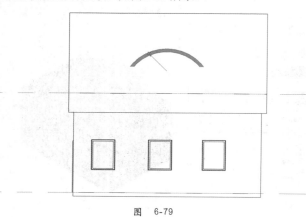

图　6-79

知识链接

　　创建拉伸屋顶的方法请参阅本章"实战：创建拉伸屋顶"。

03 切换到三维视图，将拉伸屋顶的拉伸终点拖曳到合适的位置，如图 6-80 所示。

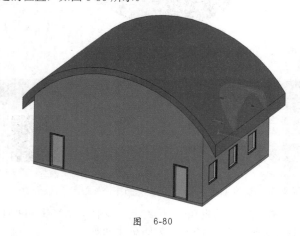

图　6-80

技巧提示

　　拉伸屋顶的前截面必须超过所要连接屋顶的边界，否则无法正常连接。

04 切换到"修改"选项卡，单击"几何图形"面板中的"链接/取消屋顶连接"按钮 ⬚，接着拾取拉伸屋顶的后截面线，并拾取需要连接的坡屋面，如图 6-81 所示，连接成功后的效果如图 6-82 所示。

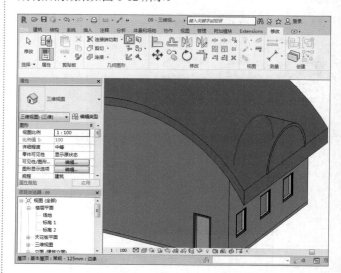

图　6-81

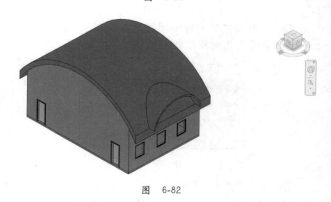

图　6-82

疑难问答——如何取消两个屋顶之间的连接？

　　直接单击"连接/取消屋面连接"按钮，然后选择连接之后的拉伸屋顶，这样就可以取消连接状态了。

重点 6.3.3　面屋顶

　　面屋顶主要应用于一些异形屋面，如体育场馆、车站等公共建筑。其屋面效果比较独特，使用常规的创建方法无法完成。"面屋顶"命令一般会配合体量或常规模型来使用。"面屋顶"只能拾取现有的模型或体量面，这些面可以由 Revit 自己创建，也可以通过其他软件导入。

★ 重点 实战——创建玻璃面屋顶

场景位置	场景文件＞第6章＞10.rvt
实例位置	实例文件＞第6章＞实战： 创建玻璃面屋顶.rvt
视频位置	多媒体教学＞第6章＞实战： 创建玻璃面屋顶.mp4
难易指数	★★★★★
技术掌握	面屋顶工具的使用方法及技巧

扫码看视频

01 打开学习资源包中的"场景文件＞第6章＞10.rvt"文件，如图6-83所示。

图 6-83

02 切换到"建筑"选项卡，单击"屋顶"下拉菜单中的"面屋顶"按钮，如图6-84所示。

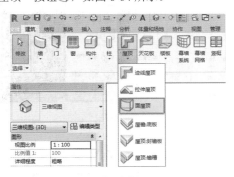

图 6-84

03 单击"选择多个"按钮，然后将鼠标指针移动至体量表面，左击进行绘制，如图6-85所示。

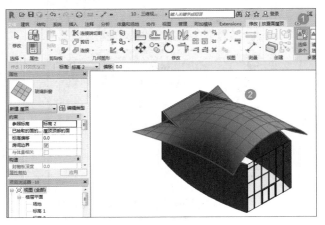

图 6-85

技巧提示

"面屋顶"命令除了可以拾取体量表面以外，还可以拾取常规模型的表面，以及外部导入模型的表面数据。

04 在类型选择器中选择"玻璃斜窗"选项，然后单击"创建屋顶"按钮，如图6-86所示。

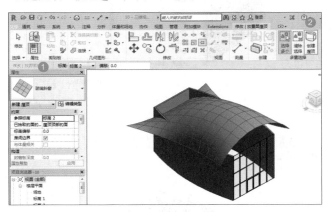

图 6-86

05 选择创建好的屋顶，然后单击"编辑类型"按钮，接着在打开的"类型属性"对话框中设置相关参数，如图6-87所示。

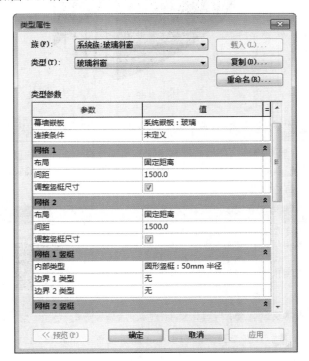

图 6-87

06 选择体量族，然后右击，在右键菜单中选择"在视图中隐藏"子菜单下的"图元"命令（快捷键为 EH），如图 6-88 所示。

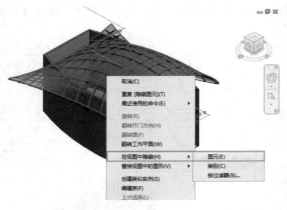

图　6-88

07 选中全部墙体，将其附着于屋面，最终效果如图 6-89 所示。

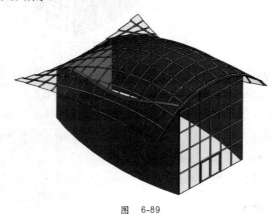

图　6-89

重点 6.3.4　檐沟、底板和封檐带

屋顶檐沟、屋檐底板和屋顶封檐带都是一个完整的屋面系统不可缺少的部分。接下来将对这些构件的添加、编辑操作进行详细的讲解。

★ 重点 实战——创建屋顶檐沟

场景位置	场景文件 > 第 6 章 >11.rvt
实例位置	实例文件 > 第 6 章 > 实战：创建屋顶檐沟 .rvt
视频位置	多媒体教学 > 第 6 章 > 实战：创建屋顶檐沟 .mp4
难易指数	★★★★★
技术掌握	掌握屋顶各类构件的添加与编辑方法

扫码看视频

01 打开学习资源包中的"场景文件 > 第 6 章 >11.rvt"文件，单击"载入族"按钮，在弹出的"载入族"对话框中依次进入"场景文件 \ 第 6 章"文件，然后选中"檐沟"族文件，将其载入项目中，如图 6-90 所示。

图　6-90

02 切换到"建筑"选项卡，然后单击屋顶下拉菜单中的"屋顶：檐槽"按钮，如图 6-91 所示。

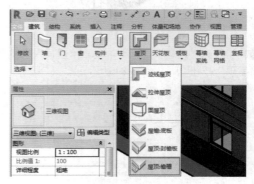

图　6-91

03 在"属性"面板中单击"编辑类型"按钮，打开"类型属性"对话框，选择"轮廓"为"檐沟"，如图 6-92 所示。

图　6-92

04 在三维视图中拾取屋顶上截面线，开始创建檐沟，如图 6-93 所示。

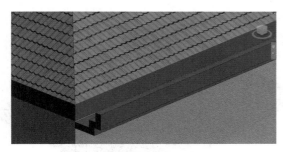

图　6-93

05 按照相同的操作方法，完成其余屋顶的檐沟创建，最终完成的效果如图 6-94 所示。

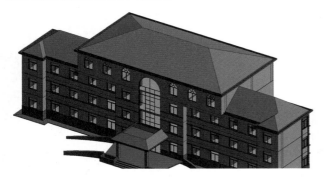

图　6-94

技巧提示

选择已经创建完成的封檐带或檐沟，单击"添加/删除线段"按钮，可以进行单独一段图元的删除或添加操作。

★ 重点 **实战——创建屋顶底板、封檐带**

场景位置	场景文件＞第 6 章＞12.rvt
实例位置	实例文件＞第 6 章＞实战：创建屋顶底板、封檐带.rvt
视频位置	多媒体教学＞第 6 章＞实战：创建屋顶底板、封檐带.mp4
难易指数	★★★★★
技术掌握	掌握屋顶底板与封檐带的添加与编辑方法

扫码看视频

通过上一实例已经学习到如何创建檐沟，但在当前项目当中并不需要创建底板与封檐带。所以下面将通过一个单独的小实例来演示如何创建屋顶底板与封檐带。

01 打开学习资源中的"场景文件＞第 6 章＞12.rvt"文件，切换到"建筑"选项卡，然后单击屋顶下拉菜单中的"屋檐：底板"按钮，如图 6-95 所示。

图　6-95

02 在弹出的"最低标高提示"对话框中选择"标高 2"并单击"是"按钮，如图 6-96 所示。

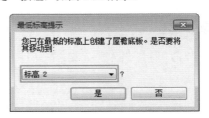

图　6-96

03 在当前选项卡中单击"拾取屋顶边"按钮，然后拾取视图中的屋顶。此时系统会自动生成屋檐底板边界线，最后单击完成按钮，如图 6-97 所示。

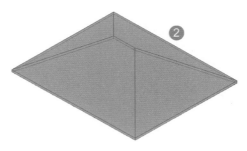

图　6-97

04 再次单击"屋顶"下拉菜单中的"屋顶：封檐板"按钮，如图 6-98 所示。

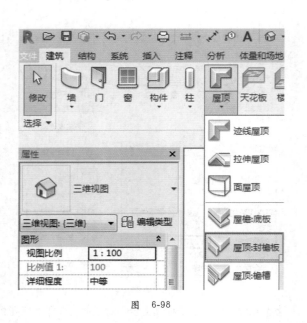

图 6-98

05 依次拾取当前屋顶边界线生成各个方向的封檐板 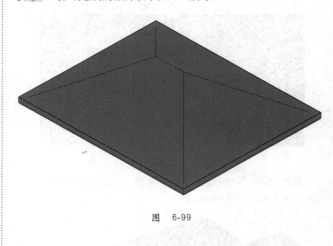，最终完成的效果如图 6-99 所示。

图 6-99

📖 **读书笔记**

第 7 章

楼梯、坡道、栏杆和洞口

本章学习要点

- 楼梯的创建方法
- 坡道的创建与修改
- 栏杆的创建与编辑
- 洞口的创建方法

楼梯作为建筑物中楼层间垂直交通的构件，用于楼层之间和高差较大时的交通联系。在设有电梯、自动梯作为主要垂直交通手段的多层和高层建筑中，仍需要保留楼梯供火灾时逃生之用。接下来，就来学习一下在 Revit 中如何创建楼梯。

Revit 提供了两种创建楼梯的方法，分别是按构件与按草图。两种方式所创建出来的楼梯样式相同，但在绘制过程中其方法不同，同样的参数设置效果也不尽相同。按构件是通过装配常见梯段、平台和支撑构件来创建楼梯，在平面或三维视图中均可进行创建，这种方法对于创建常规样式的双跑或三跑楼梯非常方便；而按草图是通过定义楼梯梯段或绘制踢面线和边界线在平面视图中创建楼梯，优点是创建异形楼梯非常方便，可以自定义楼梯的平面轮廓形状。按构件所创建的楼梯也可以转换为草图模式，便于后期的编辑修改。

1. 楼梯实例属性

若要更改实例属性，先选择楼梯，然后修改"属性"面板上的参数值，如图 7-1 所示。

图　7-1

楼梯实例属性参数介绍

- 底部标高：设置楼梯的基面。
- 底部偏移：设置楼梯相对于底部标高的偏移量。
- 顶部标高：设置楼梯的顶部。
- 顶部偏移：设置楼梯相对于顶部标高的偏移量。
- 所需踢面数：踢面数是基于标高间的高度计算得出的。
- 实际踢面数：通常该参数与所需踢面数相同。
- 实际踢面高度：显示实际踢面高度。

- 实际踏板深度：设置此值以修改踏板深度。

2. 楼梯类型属性

若要更改类型属性，先选择楼梯，然后单击"属性"面板中的"编辑类型"按钮。在"类型属性"对话框中进行参数设置，如图 7-2 所示。

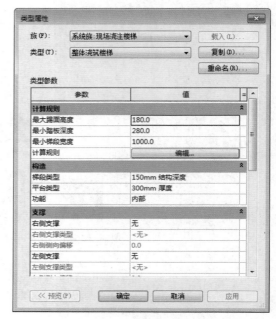

图　7-2

楼梯类型属性参数介绍

- 最大踢面高度：指定楼梯图元上每个踢面的最大高度。
- 最小踏板深度：设置沿所有常用梯段的中心路径测量的最小踏板宽度（斜踏步、螺旋和直线）。
- 最小梯段宽度：设置常用梯段的宽度的初始值。
- 计算规则：单击按钮以打开"楼梯计算器"对话框。
- 梯段类型：定义楼梯图元中的所有梯段的类型。
- 平台类型：定义楼梯图元中的所有平台的类型。
- 功能：指示楼梯是内部的（默认值）还是外部的。
- 右侧支撑：指定是否连同楼梯一起创建梯边梁（闭合）、支撑梁（开放），或没有右侧支撑。
- 右侧支撑类型：定义用于楼梯的右侧支撑的类型。
- 右侧侧向偏移：指定一个值，将右侧支撑从梯段边缘以水平方向偏移。

- 左侧支撑：指定是否连同楼梯一起创建梯边梁（闭合）、支撑梁（开放），或没有左侧支撑。
- 左侧支撑类型：定义用于楼梯的左侧支撑的类型。
- 左侧侧向偏移：指定一个值，将左侧支撑从梯段边缘以水平方向偏移。
- 中间支撑：指示是否在楼梯中应用中间支撑。
- 中间支撑类型：定义用于楼梯的中间支撑的类型。
- 中间支撑数量：定义用于楼梯的中间支撑的数量。

- 剪切标记类型：指定显示在楼梯中的剪切标记的类型。

★ 重点 实战——创建双跑楼梯

场景位置	场景文件 > 第 7 章 > 01.rvt
实例位置	实例文件 > 第 7 章 > 实战：创建双跑楼梯.rvt
视频位置	多媒体教学 > 第 7 章 > 实战：创建双跑楼梯.mp4
难易指数	★★★★★
技术掌握	按构件创建楼梯的方法及技巧

扫码看视频

01 打开学习资源包中的"场景文件 > 第 7 章 > 01.rvt"文件，切换到"一层"楼层平面，如图 7-3 所示。

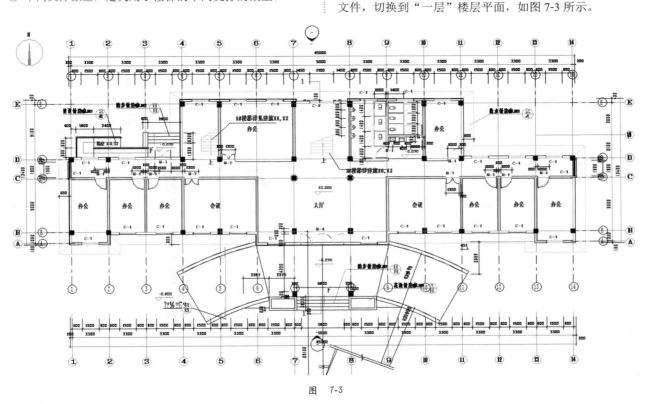

图 7-3

02 切换到"建筑"选项卡，单击"参照平面"按钮（快捷键为 RP），如图 7-4 所示。然后在 1# 楼梯下方，距柱边 300mm 的位置处绘制一条参照平面线，如图 7-5 所示。

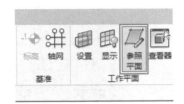

图 7-4

03 在当前选项卡中单击"楼梯"按钮，如图 7-6 所示。

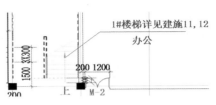

图 7-5

图 7-6

04 在工具选项栏中设置"定位线"为"梯段：右"，"实际梯段宽度"为1570。同时在"属性"面板中选择楼梯类型为"现场浇注楼梯 整体浇筑楼梯"，设置"所需踢面数"为20，"实际踏板深度"为280，如图7-7所示。

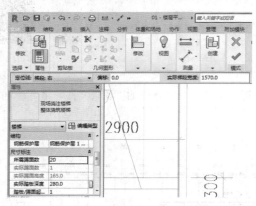

图 7-7

05 在参照平面线与右侧墙体交点的位置单击，确定第一跑梯段起点。然后向上移动光标，当软件提示已创建10个踢面时单击鼠标，完成第一跑梯段的创建，如图7-8所示。

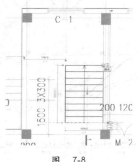

图 7-8

06 以水平方向向左移动光标，然后沿墙边继续创建第二跑梯段，如图7-9所示。

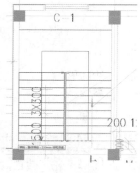

图 7-9

07 选中歇脚平台，拖曳上方手柄，将平台边缘延伸至墙内侧，如图7-10所示，最后单击"完成"按钮✔，结束楼梯的绘制。

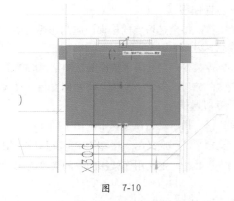

图 7-10

08 选中已完成的楼梯，单击"选择标高"按钮，如图7-11所示。

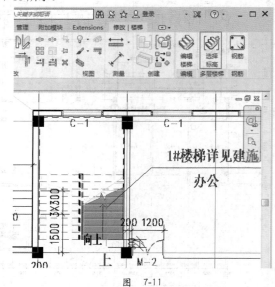

图 7-11

09 在弹出的对话框中选择任意一个立面视图，然后单击"打开视图"按钮，如图7-12所示。

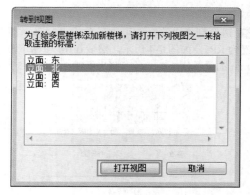

图 7-12

10 在立面视图中分别选中"三层"与"四层"标高，最后单击"完成"按钮，如图7-13所示。

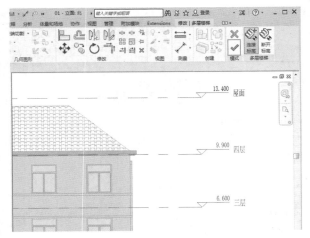

图 7-13

11 返回到平面视图，选中创建完成的楼梯，单击"选择框"按钮（快捷键为 BX），如图 7-14 所示。

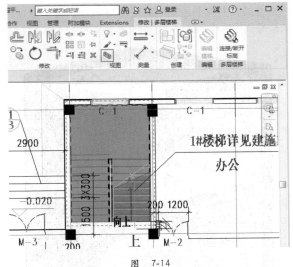

图 7-14

12 此时软件将自动跳转到三维视图，并根据所选构件自动剖切视图。将无关的构件隐藏后，查看最终完成的效果，如图 7-15 所示。

图 7-15

★ 重点 实战——创建双分平行楼梯

场景位置	场景文件 > 第 7 章 > 02.rvt
实例位置	实例文件 > 第 7 章 > 实战：创建双分平行楼梯 .rvt
视频位置	多媒体教学 > 第 7 章 > 实战：创建双分平行楼梯 .mp4
难易指数	★★★★★
技术掌握	非常规楼梯的绘制方法及技巧

扫码看视频

01 打开学习资源包中的"场景文件 > 第 7 章 > 02.rvt"文件，单击"建筑"选项卡中的"参照平面"按钮，在 2# 楼梯柱边位置绘制一条参照平面线，如图 7-16 所示。

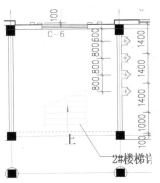

图 7-16

02 单击"楼梯"按钮，在工具选项栏中设置"定位线"为"梯段：中心"，"实际梯段宽度"为 2000。接着在"属性"面板中设置"所需踢面数"为 20，"实际踏板深度"为 280。最后在参照平面线中心位置单击，确定梯段起点，向上方开始绘制，到创建 10 个踢面时再次单击，结束绘制，如图 7-17 所示。

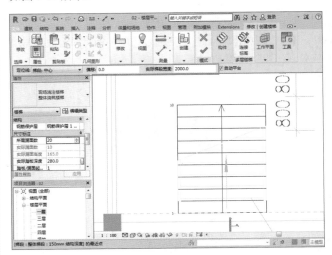

图 7-17

03 在工具选项栏中设置"定位线"为"梯段：左"，"实际梯段宽度"为 1350，沿右侧墙体开始绘制第二跑梯段，如图 7-18 所示。

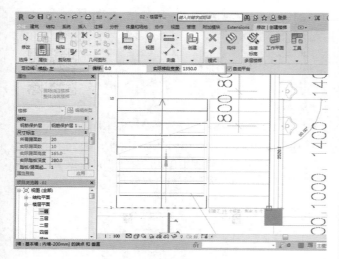

图 7-18

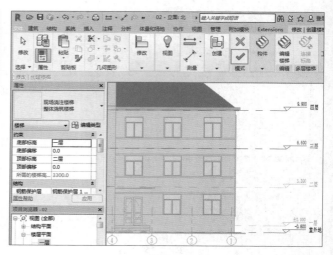

图 7-21

04 选中第二跑梯段,使用"镜像 – 拾取轴"工具(快捷键为 MM)将第二段梯段以中心线为对称轴镜像到另外一侧,如图 7-19 所示。

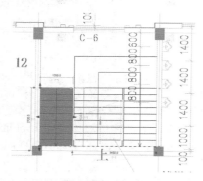

图 7-19

05 选中歇脚平台,然后通过控制手柄将平台边界与墙体对齐,如图 7-20 所示。

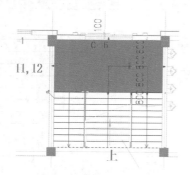

图 7-20

06 单击"连接标高"按钮,在弹出的对话框中选择任一立面视图。在立面视图中选中三层标高并单击"完成"按钮,如图 7-21 所示。

07 返回到平面视图中,选中创建完成后的楼梯,单击"选择框"按钮。软件将跳转到三维视图,将无关的图元隐藏,查看最终完成的效果,如图 7-22 所示。将当前项目中其余楼梯依次完成创建。

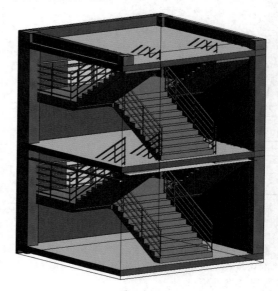

图 7-22

★ (重点)**实战——创建异型楼梯**

场景位置	无
实例位置	实例文件＞第 7 章＞实战:创建异型楼梯 .rvt
视频位置	多媒体教学＞第 7 章＞实战:创建异型楼梯 .mp4
难易指数	★★★★★
技术掌握	按草图创建楼梯的方法及技巧

扫码看视频

01 新建项目文件,单击"楼梯"按钮,在构件面板中单击"创建草图"按钮,如图 7-23 所示。

图 7-23

02 单击"边界"按钮，选择"起点 – 终点 – 半径弧"工具，在视图中绘制一条弧形边界线，并使用镜像工具将其镜像到另外一侧，如图 7-24 所示。

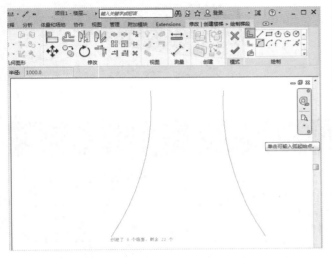

图 7-24

03 单击"踢面"按钮，然后选择"直线"工具，在视图中沿边界线两端以首尾相接的方式绘制一条踢面线，如图 7-25 所示。

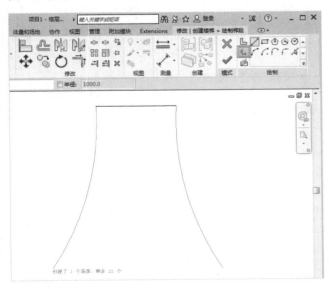

图 7-25

04 使用复制工具，将绘制好的踢面线以间距 300 的距离依次进行复制，如图 7-26 所示。

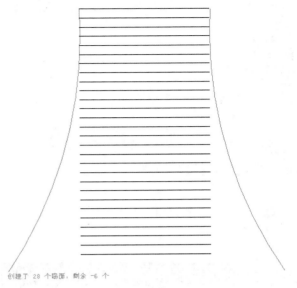

图 7-26

05 使用"起点 – 终点 – 半径弧"工具完成最后一条踢面线的绘制。最后单击两次"完成"按钮，完成楼梯的绘制，如图 7-27 所示。

图 7-27

06 将楼梯类型修改为"现场浇注楼梯 整体浇筑楼梯"，如果发现楼梯方向反了，可以单击"翻转"按钮进行翻转，如图 7-28 所示。

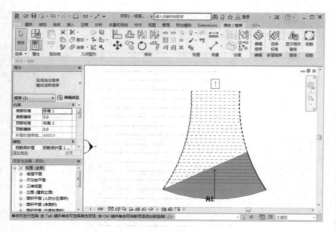

图 7-28

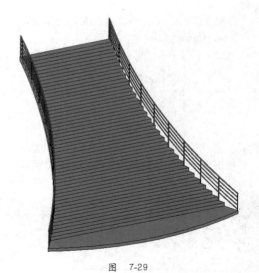

图 7-29

07 切换到三维视图，查看最终完成的效果，如图 7-29 所示。

7.2 坡道

在商场、医院、酒店和机场等公共场合经常会见到各式各样的坡道，其主要作用是连接高差地面、楼面的斜向交通通道以及门口的垂直交通和竖向疏散措施。建筑设计中，常用到的坡道分为两种，一种是汽车坡道，另一种是残障人士专用坡道。

在 Revit 中建立坡道的方法与建立楼梯的方法非常类似。不同点在于，Revit 只提供了按草图创建坡道，而不同于楼梯的两种创建方式。当然两者的构造有着本质的不同，使用草图创建坡道同楼梯一样，都有着非常大的自由度，可以随意编辑坡道的形状，而不限于固定的形式。

若要更改实例属性，先选择坡道，然后修改"属性"面板中参数的值，如图 7-30 所示。

图 7-30

坡道实例属性参数介绍

● 底部标高：设置坡道底部的基准标高。

● 底部偏移：设置距其底部标高的坡道高度。

● 顶部标高：设置坡道的顶部标高。

● 顶部偏移：设置距顶部标高的坡道高度。

● 多层顶部标高：设置多层建筑中的坡道顶部。

● 文字（向上）：设置平面中"向上"符号的文字。

● 文字（向下）：设置平面中"向下"符号的文字。

● 向上标签：显示或隐藏平面中的"向上"标签。

● 向下标签：显示或隐藏平面中的"向下"标签。

● 在所有视图中显示向上箭头：在所有项目视图中显示向上箭头。

● 宽度：坡道的宽度。

若要更改类型属性，先选择坡道，然后在"类型属性"对话框中进行参数设置，如图 7-31 所示。

坡道类型属性参数介绍

● 造型：设置坡道的形式，有"结构板"与"实体"两个选项。

● 厚度：设置坡道的厚度。仅当将"造型"属性设置为"结构板"时，才启用此属性。

● 功能：指示坡道是内部的还是外部的。

● 文字大小：坡道向上文字和向下文字的字体大小。

● 文字字体：坡道向上文字和向下文字的字体。

● 坡道材质：为渲染而应用于坡道表面的材质。

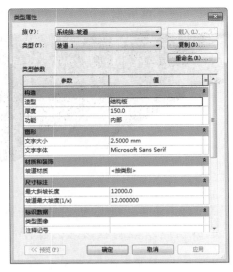

图　7-31

- 最大斜坡长度：指定要求平台前坡道中连续踢面高度的最大数量。
- 坡道最大坡度（1/x）：设置坡道的最大坡度。

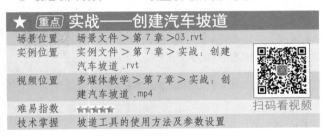

★	重点 实战——创建汽车坡道	
场景位置	场景文件＞第 7 章＞03.rvt	
实例位置	实例文件＞第 7 章＞实战：创建汽车坡道 .rvt	
视频位置	多媒体教学＞第 7 章＞实战：创建汽车坡道 .mp4	扫码看视频
难易指数	★★★★★	
技术掌握	坡道工具的使用方法及参数设置	

01 打开学习资源包中的"场景文件＞第 7 章＞03.rvt"文件，然后切换到一层平面。接着单击"建筑"选项卡中的"坡道"按钮，如图 7-32 所示。

图　7-32

02 在"属性"面板中单击"编辑类型"按钮，打开"类型属性"对话框。复制新类型为"汽车坡道"，并修改"坡道最大坡度（1/X）"参数为 10，如图 7-33 所示。最后单击"确定"按钮。

03 在"绘制"面板中单击"边界"按钮，选择拾取线工具，然后在视图中拾取汽车坡道的两条边界线，如图 7-34 所示。

04 在"绘制"面板中单击"踢面"按钮，接着使用拾取线工具拾取左右两侧踢面线，如图 7-35 所示。如果踢面线没有和边界线正常连接，可以使用修剪工具进行连接。

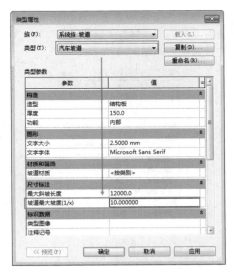

图　7-33

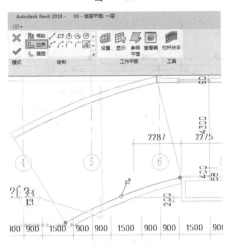

图　7-34

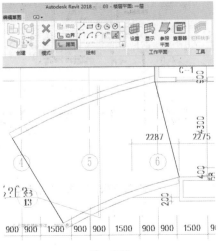

图　7-35

05 在"属性"面板中设置"底部标高"为"室外地坪"，"顶部标高"为"一层"，"顶部偏移"为 –20，最后单击"完成"按钮 ✔，如图 7-36 所示。

图　7-36

06 使用镜像工具将绘制的坡道镜像至另外一侧，如图 7-37 所示。

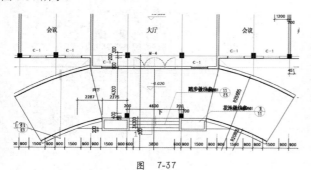

图　7-37

07 切换到三维视图，将默认生成的栏杆删除，查看最

终完成的效果，如图 7-38 所示。

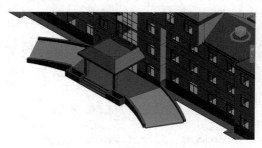

图　7-38

 疑难问答——如果需要创建L形坡道或折返双坡道应该怎么操作？

操作方法与绘制楼梯一样，先绘制第一段梯段，然后绘制第二段梯段，中间部分会自动生成休息平台。

★ **重点** **实战——创建残障人士坡道**

场景位置	场景文件 > 第 7 章 >04.rvt	
实例位置	实例文件 > 第 7 章 > 实战：创建残障人士坡道 .rvt	
视频位置	多媒体教学 > 第 7 章 > 实战：创建残障人士坡道 .mp4	
难易指数	★★★★★	扫码看视频
技术掌握	坡道工具的使用方法及参数设置	

01 打开学习资源包中的"场景文件 > 第 7 章 >04.rvt"文件，切换到一层平面，如图 7-39 所示。

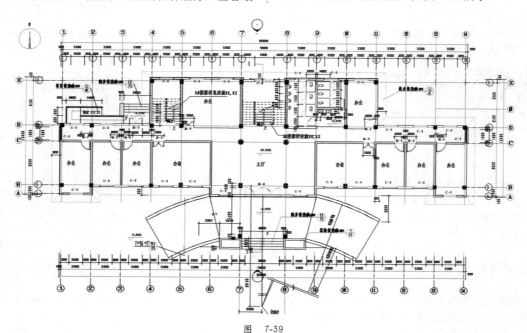

图　7-39

02 切换到"建筑"选项卡，单击"坡道"按钮。然后在"属性"面板中单击"类型属性"按钮，打开"类型属性"对话框。复制新类型为"残疾人坡道"，并设置"造型"为"实体"，"功能"为"外部"，如图 7-40 所示。最后单击"确定"按钮。

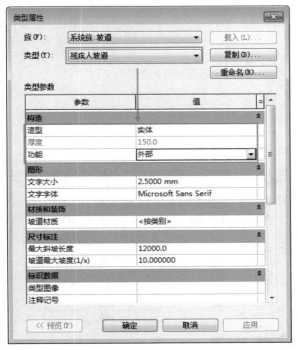

图 7-40

03 在"属性"面板中设置"底部标高"为"室外地坪"，"顶部标高"为"一层"，"顶部偏移"为 -20，最后设置"宽度"为 900，如图 7-41 所示。

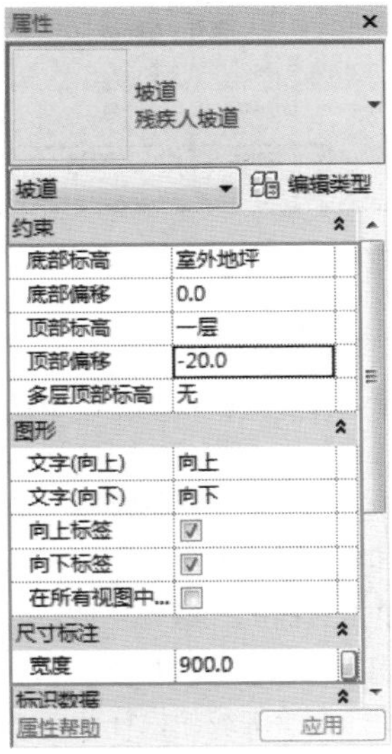

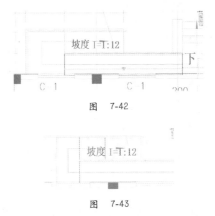

图 7-41

04 设置完成后，在视图中残障人士坡道的起始位置单击，开始绘制第一段坡道，如图 7-42 所示。接着再进行转折位置处第二段坡道的绘制，如图 7-43 所示。

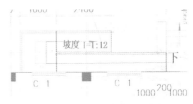

图 7-42

图 7-43

05 绘制完成之后，如果对坡道边界不满意，还可以通过手动拖曳的方式将边界线与踢面线的位置进行移动，以满足设计需求，如图 7-44 所示。最后单击"完成"按钮。

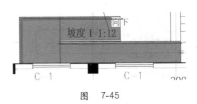

图 7-44

06 坡道创建完成后，如果发现坡道方向反了，可以选中坡道，单击"翻转"按钮，进行坡道方向的切换，如图 7-45 所示。

图 7-45

07 切换到三维视图，查看坡道最终完成的效果，如图 7-46 所示。

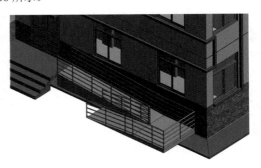

图 7-46

7.3 栏杆

栏杆在实际生活中很常见，其主要作用是保护人身安全，是建筑及桥梁上的安全措施，如在楼梯两侧、残障人士专用坡道等区域都会见到。经过多年的发展，栏杆除了可以保护人身安全以外，还可以起到分隔、导向的作用。富有美观的栏杆，也有着非常不错的装饰作用。本节主要介绍在 Revit 中如何创建栏杆。

重点 7.3.1 创建栏杆

Revit 提供了两种创建栏杆扶手的方法，分别是"绘制路径"和"放置在主体上"命令。使用"绘制路径"命令，可以在平面或三维视图的任意位置创建栏杆；使用"放置在主体上"命令时，必须先拾取主体才可以创建栏杆，主体指楼梯和坡道两种构件。

1. 栏杆扶手实例属性

要修改实例属性，可在实例属性面板中修改相应参数的值，如图 7-47 所示。

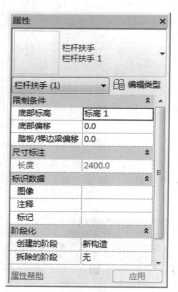

图　7-47

栏杆扶手实例属性参数介绍

- 底部标高：指定栏杆扶手系统不位于楼梯或坡道上时的底部标高。
- 底部偏移：如果栏杆扶手系统不位于楼梯或坡道上，则此值是楼板或标高到栏杆扶手系统底部的距离。
- 踏板 / 梯边梁偏移：此值默认设置为踏板和梯边梁放置位置的当前值。
- 长度：栏杆扶手的实际长度。
- 图像：设置当前图元所绑定的图像数据。
- 注释：添加当前图元的注释信息。

- 标记：应用于图元的标记，如显示在图元多类别标记中的标签。
- 创建的阶段：设置图元创建的阶段。
- 拆除的阶段：设置图元拆除的阶段。

2. 栏杆扶手类型属性

要修改类型属性，可以在"类型属性"对话框中修改相应参数的值，如图 7-48 所示。

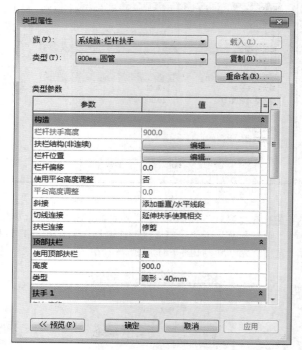

图　7-48

栏杆扶手类型属性参数介绍

- 栏杆扶手高度：设置栏杆扶手系统中最高扶栏的高度。
- 扶栏结构（非连续）：单击后面的"编辑"按钮，在打开的对话框中可以设置每个扶栏的扶栏编号、高度、偏移、材质和轮廓族（形状）。
- 栏杆位置：单击后面的"编辑"按钮，单独打开一个对话框，在其中可以定义栏杆样式。
- 栏杆偏移：距扶栏绘制线的栏杆偏移距离。
- 使用平台高度调整：控制平台栏杆扶手的高度。

- 平台高度调整：基于中间平台或顶部平台"栏杆扶手高度"参数的指示值，提高或降低栏杆扶手高度。
- 斜接：如果两段栏杆扶手在平面内相交成一定角度，且没有垂直连接，则可以选择任意一项。
- 切线连接：两段相切栏杆扶手在平面中共线或相切。
- 扶栏连接：如果 Revit 无法在栏杆扶手段之间进行连接时创建斜接连接，可以选修剪或焊接。
- 高度：设置栏杆扶手系统中顶部扶栏的高度。
- 类型：指定顶部扶栏的类型。

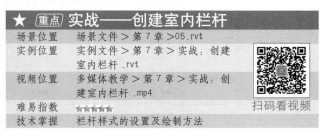

★ 重点	实战——创建室内栏杆
场景位置	场景文件 > 第 7 章 >05.rvt
实例位置	实例文件 > 第 7 章 > 实战：创建室内栏杆 .rvt
视频位置	多媒体教学 > 第 7 章 > 实战：创建室内栏杆 .mp4
难易指数	★★★★★
技术掌握	栏杆样式的设置及绘制方法

01 打开学习资源包中的"场景文件 > 第 7 章 >05.rvt"文件，切换到二层平面，并放大大厅上空的位置，如图 7-49 所示。

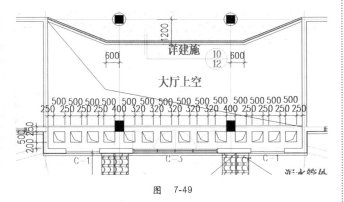

图 7-49

02 切换到"建筑"选项卡，单击"栏杆扶手"按钮，如图 7-50 所示。

图 7-50

03 单击"编辑类型"按钮，打开"类型属性"对话框。复制新类型为"玻璃嵌板扶手"，然后单击"扶栏结构"参数后方的"编辑"按钮，如图 7-51 所示。

04 在"编辑扶手"对话框中单击两次"插入"按钮，插入两个扶栏，并分别命名为"扶栏 1"与"扶栏 2"。接着设置"扶栏 1"高度为 900，"扶栏 2"高度为 800，并设置其轮廓均为"椭圆形扶手：40×30mm"，如图 7-52 所示。

最后单击"确定"按钮。

图 7-51

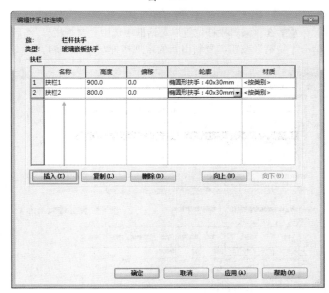

图 7-52

技巧提示

扶手的轮廓样式可以自行定义，通过创建轮廓族载入项目中使用，便可更改扶手的样式。

05 回到"类型属性"对话框，继续单击栏杆位置后的

"编辑"按钮,如图7-53所示,打开"编辑栏杆位置"的对话框。

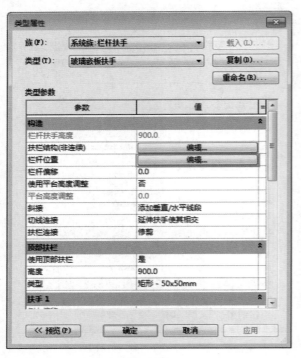

图 7-53

06 在"编辑栏杆位置"对话框中选中"常规栏",然后单击"复制"按钮,复制出新的常规栏杆,如图7-54所示。

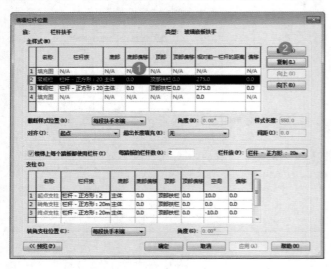

图 7-54

07 选中常规栏杆,将"栏杆族"参数设置为"栏杆 – 扁钢立杆","顶部"为"扶栏1","相对前一栏杆的距离"为0。继续选择下方的常规栏杆,然后将"栏杆族"参数设置为"嵌板 – 玻璃:800","顶部"为"扶栏2","相对前一栏杆的距离"为400。最后设置填充图案终点"相对前一

栏杆的距离"为400,如图7-55所示。

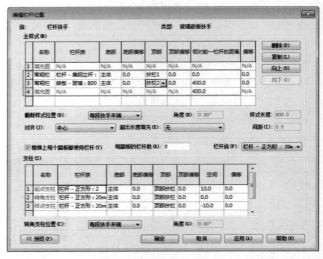

图 7-55

08 设置"对齐"为中心,然后分别将"起点支柱""转角支柱""终点支柱"的"栏杆族"均设置为"栏杆 – 扁钢立杆:5",并将其"顶部"参数设置为"扶栏1",如图7-56所示。最后单击"确定"按钮。

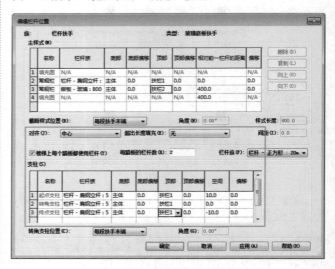

图 7-56

09 如果不能确定栏杆编辑效果,还可以在"类型属性"或"编辑栏杆位置"对话框中单击"预览"按钮,打开预览视图,查看栏杆样式,如图7-57所示。通过预览视图观察到,顶部扶栏与扶栏1发生了冲突,所以将"使用顶部扶栏"参数修改为"无",并单击"应用"按钮查看效果,如图7-58所示。最后单击"确定"按钮。

10 选择直线工具,选中工具选项栏中的"链"复选框,开始在视图中绘制栏杆路径,如图7-59所示。路径绘制完成后,单击"完成"按钮。

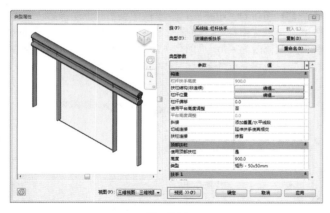

图　7-57

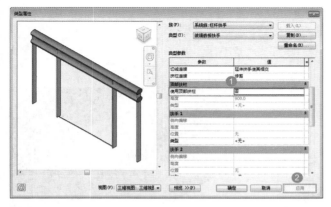

图　7-58

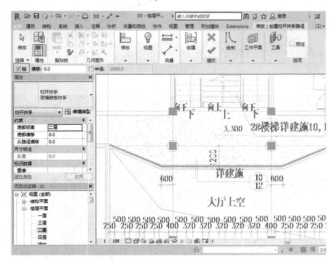

图　7-59

　　11　选中绘制好的栏杆，单击"选择框"按钮（快捷键为BX），查看栏杆最终完成的效果，如图7-60所示。按照以上操作步骤，完成项目中其他栏杆的绘制。

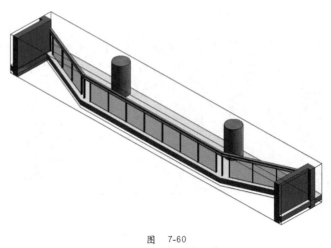

图　7-60

重点 7.3.2　定义任意形式扶手

　　前面介绍了栏杆扶手的创建方法与样式的调整，接下来主要介绍如何手动修改栏杆扶手的样式。例如，经常见到的残障人士专用坡道栏杆扶手，以及在楼梯间或地铁站等公共空间所用到的沿墙扶手。

★ 重点 实战——编辑残障人士坡道扶手

场景位置	场景文件＞第7章＞06.rvt
实例位置	实例文件＞第7章＞实战：编辑 残障人士坡道扶手.rvt
视频位置	多媒体教学＞第7章＞实战：编辑残障人士坡道扶手.mp4
难易指数	★★★★★
技术掌握	顶部扶栏的编辑方法

扫码看视频

　　01　打开学习资源包中的"场景文件＞第7章＞06.rvt"文件，切换到北立面视图并放大残障人士坡道的位置，如图7-61所示。

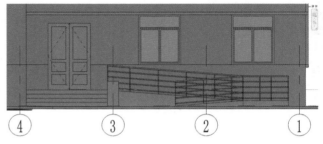

图　7-61

　　02　将光标放置于扶手顶部，按键盘上的Tab键，选中顶部扶栏，然后单击"编辑扶栏"按钮，如图7-62所示

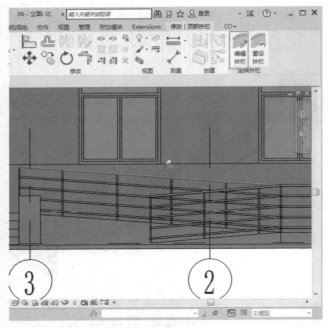

图　7-62

03 单击"编辑路径"按钮，编辑顶部扶栏的路径，如图 7-63 所示。

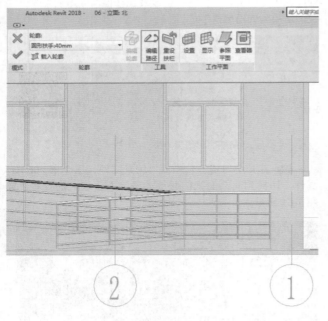

图　7-63

04 选择"起点－终点－半径弧"工具，沿顶部扶栏下部到扶手 2 上部位置开始绘制圆弧，绘制结束后软件会自动生成对应形状的扶手，如图 7-64 所示。最后单击"完成"按钮，完成顶部扶栏的编辑。按照相同的操作方法，完成另外一侧扶手的编辑。

05 切换到三维视图，发现栏杆底部与坡道接触位置偏外侧。可以选中栏杆，然后在"属性"面板中将"从路径偏移"参数修改为 –50，如图 7-65 所示，此时栏杆将向内侧进行收拢。最终完成的效果如图 7-66 所示。

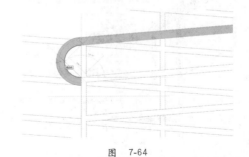

图　7-64

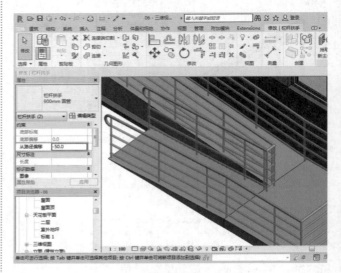

图　7-65

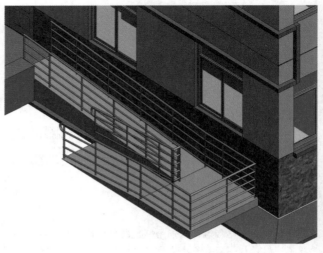

图　7-66

技术专题11：栏杆扶手参数图解

在Revit中绘制栏杆扶手时，会涉及非常多的参数，如图7-67所示。

图 7-67

7.4 洞口

建筑中会存在各式各样的洞口，其中包括门窗洞口、楼板洞口、天花板洞口和结构梁洞口等。在Revit中可以实现不同类型洞口的创建，并且根据不同情况、不同构件提供了多种洞口创建工具与开洞的方式。Revit共提供了5种洞口工具，分别是"按面""竖井""墙""垂直"和"老虎窗"，如图7-68所示。

图 7-68

洞口工具介绍

● 按面：垂直于屋顶、楼板或天花板选定面的洞口。

● 竖井：跨多个标高的垂直洞口，贯穿其间的屋顶、楼板和天花板进行剪切。

● 墙：在直墙或弯曲墙中剪切一个矩形洞口。

● 垂直：贯穿屋顶、楼板或天花板的垂直洞口。

● 老虎窗：剪切屋顶，以便为老虎窗创建洞口。

 7.4.1 创建竖井洞口

建筑设计中一般会存在多种井道，其中包括电井、风井和电梯井等。这些井道往往会跨越多个标高，甚至从头到尾。如果按照常规的方法，必须在每一层的楼板上单独开洞。而在Revit中，可以使用"竖井"洞口命令实现多个楼层间的批量开洞。

楼梯间的洞口与管井的洞口相似，都是跨越了多个标高形成的垂直洞口，所以创建方法也相同。在这里，以常见的楼梯间洞口为例介绍竖井洞口工具的使用方法与技巧。

★ **重点** 实战——创建楼梯间洞口

场景位置	场景文件>第7章>07.rvt
实例位置	实例文件>第7章>实战：创建楼梯间洞口.rvt
视频位置	多媒体教学>第7章>实战：创建楼梯间洞口.mp4
难易指数	★★★★★
技术掌握	竖井洞口工具的使用方法与技巧

扫码看视频

01 打开学习资源包中的"场景文件>第7章>07.rvt"文件，切换到二层平面。然后单击"建筑"选项卡中的"竖井"按钮，如图7-69所示。

02 在"属性"面板中设置"底部约束"为"二层"，"底部偏移"为–600，"顶部约束"为"直到标高：四层"。接着在视图中楼梯间的位置绘制洞口轮廓线，如图7-70所示。

图 7-69

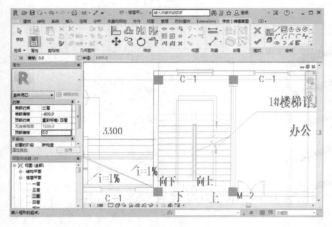

图 7-70

03 单击"完成"按钮，完成楼梯间洞口的创建。然后选中竖井洞口，单击"选择框"按钮（快捷键为BX），在三维视图中查看开洞后的效果，如图7-71所示。按上述相同的操作方法，完成其他楼梯间洞口的创建。

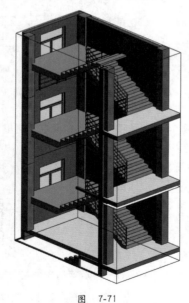

图 7-71

技巧提示

如果对创建完成的洞口不满意，还可以在三维视图中选中竖井洞口进行二次编辑。

重点 7.4.2　创建其他形式洞口

前面学习了竖井洞口的创建方法，接下来主要学习其他洞口的创建方法，包括"面"洞口、"墙"洞口、"垂直"洞口以及"老虎窗"洞口。除了"老虎窗"洞口以外，其他洞口的创建方法比较简单，本章节不做实例讲解，例如"面"洞口的创建，只需选择"按面"命令，然后选择开洞的对象，绘制洞口轮廓草图就可以进行开洞了，方法非常简单。另外两种洞口的方法也与之相同，但每种洞口命令的使用效果各不相同。

★ 重点 实战——创建老虎窗洞口

场景位置	场景文件 > 第 7 章 > 08.rvt
实例位置	实例文件 > 第 7 章 > 实战：创建老虎窗洞口 .rvt
视频位置	多媒体教学 > 第 7 章 > 实战：创建老虎窗洞口 .mp4
难易指数	★★★★★
技术掌握	老虎窗洞口工具的使用方法与技巧

扫码看视频

01 打开学习资源包中的"场景文件 > 第 7 章 > 08.rvt"文件，切换到"建筑"选项卡，单击"老虎窗"按钮，如图7-72所示。

图　7-72

02 先拾取主屋顶，然后拾取老虎窗屋顶，接着单击"拾取屋顶/墙边缘"按钮，拾取主屋顶的边界线，如图7-73所示。

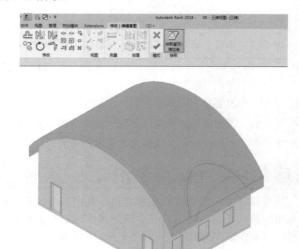

图　7-73

03 单击"完成"按钮✔，查看最终完成的效果，如图 7-74 所示。

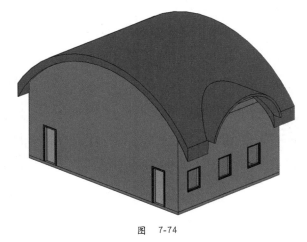

图　7-74

📖 **读书笔记**

第 8 章

构件与场地

本章学习要点

- 构件的用法
- 卫浴装置
- 项目位置设置
- 场地设计

8.1 常规构件

在 Revit 中，构件用于对通常需要现场交付和安装的建筑图元（如门、窗和家具等）进行建模。构件是可载入族的实例，并以其他图元（即系统族的实例）为主体。例如，门以墙为主体，而诸如桌子等独立式构件以楼板或标高为主体，如图 8-1 所示。

图 8-1

在室内设计中，家具布置显得尤为重要，如酒店宴会厅、办公室等公共区域，桌椅的摆放是否合理，直接影响到整个空间的使用率以及美观性。在以往设计中，此类布置图都是通过二维平面来表示的。但在 Revit 中可以通过平面结合三维的方式，更直观地观察所做的布置是否合理美观。

若要更改实例属性，可直接在"属性"面板中修改参数值，如图 8-2 所示

图 8-2

构件实例属性参数介绍

- 标高：构件所在空间的标高位置。
- 主体：构件底部附着的主体表面（楼板、表面和标高）。
- 与邻近图元一同移动：控制是否跟随最近图元同步移动。

★ (重点) **实战——放置装饰构件**

场景位置	场景文件 > 第 8 章 >01.rvt
实例位置	实例文件 > 第 8 章 > 实战：放置装饰构件 .rvt
视频位置	多媒体教学 > 第 8 章 > 实战：放置装饰构件 .mp4
难易指数	★★★★★
技术掌握	常规构件的放置方法与参数调整

扫码看视频

01 打开学习资源包中的"场景文件 > 第 8 章 >01.rvt"文件，然后切换到北立面视图，如图 8-3 所示。

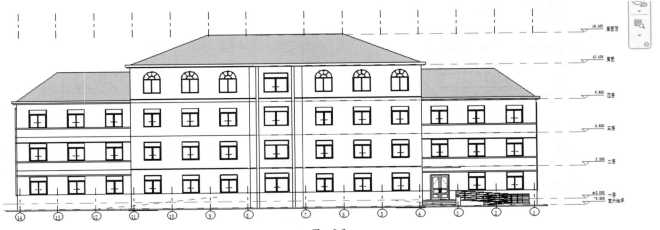

图 8-3

02 切换到"插入"选项卡，单击"载入族"按钮。在"载入族"对话框中依次进入"场景文件\第8章"，然后选择"GRC成品构件"，将其载入项目中，如图8-4所示。

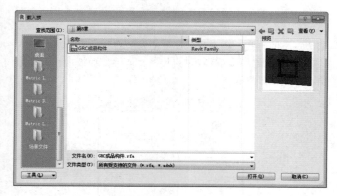

图　8-4

03 切换到"建筑"选项卡，然后在"构建"面板中单击"构件"下拉菜单中的"放置构件"按钮⬛（快捷键为CM），如图8-5所示。

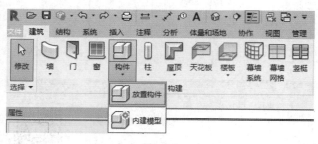

图　8-5

04 在"属性"面板中选择"GRC成品构件"，如图8-6所示。然后在视图中上下层窗之间的位置单击放置，如图8-7所示。

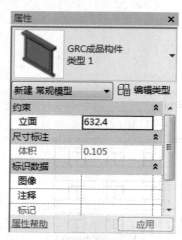

图　8-6

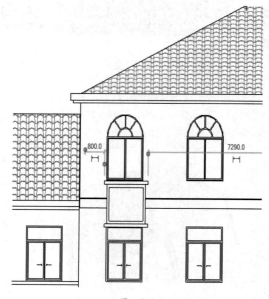

图　8-7

05 放置完成后，可以使用移动工具进行位置调整。然后选中放置好的构件进行复制，并进行批量放置，如图8-8所示。

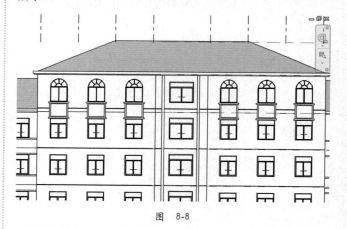

图　8-8

技巧提示

放置构件族时，可以通过按空格键进行方向切换，直至切换到正确的方向后左击，或者在放置完成后选中构件，按空格键。

06 选中放置好的一层构件，然后单击复制到剪贴板按钮，接着单击粘贴按钮下方的小黑三角，在下拉菜单中选择"与选定的标高对齐"，在弹出的对话框中选择"一层"和"二层"标高，并单击"确定"按钮，如图8-9所示。

07 粘贴完成后的效果如图8-10所示。切换到三维视图查看最终效果，如图8-11所示。

图 8-9

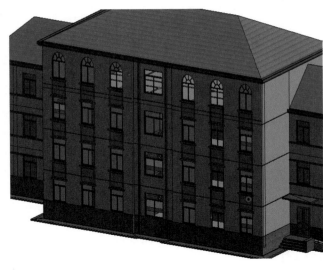

图 8-11

图 8-10

8.2 卫浴装置

在建筑设计工作中，公共建筑、居住建筑和工业建筑都离不开卫生间的设计，卫生间是生活中经常使用的空间。卫生间的设计直接关系到日后建筑实际居住或使用人员的舒适度与便捷性。接下来将介绍如何使用 Revit 快速、合理地完成卫生间的布置。

在方案阶段，建筑师可以选用二维卫生器具族进行简单的平面布置，如图 8-12 所示。在"扩初"和"施工图"阶段，建筑师需要和给排水工程师紧密合作，建筑师需要选用带连接件功能的三维卫生器具族，如图 8-13 所示，这样可以避免建筑师与给排水工程师重复工作。

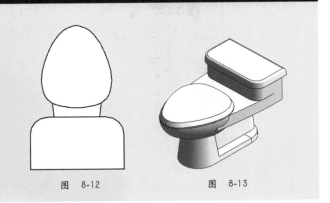

图 8-12   图 8-13

★ 重点 实战——布置卫生间

场景位置	场景文件 > 第 8 章 >02.rvt
实例位置	实例文件 > 第 8 章 > 实战：布置卫生间 .rvt
视频位置	多媒体教学 > 第 8 章 > 实战：布置卫生间 .mp4
难易指数	★★★★★
技术掌握	不同类型构件的放置方法与注意事项

扫码看视频

01 打开学习资源包中的"场景文件 > 第 8 章 >02.rvt"文件，切换到一层平面图，并放大右下方的卫生间位置，如图 8-14 所示。

02 切换到"插入"选项卡，单击"载入族"按钮。在"载入族"对话框中依次进入"场景文件 \ 第 8 章"，选择所有卫生装置族，将其载入项目中，如图 8-15 所示。

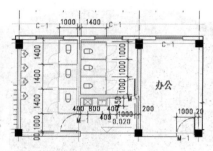

图 8-14

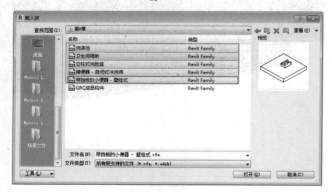

图 8-15

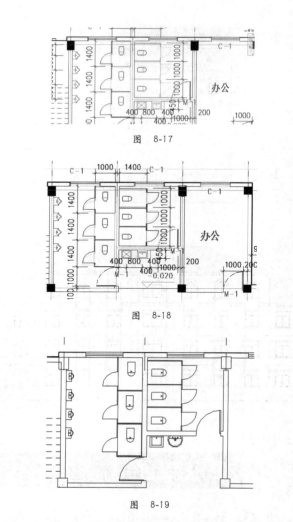

图 8-17

图 8-18

图 8-19

03 切换到"建筑"选项卡，单击"构件"下拉菜单中的"放置构件"按钮。然后在"属性"面板中选择"卫生间隔断中间或靠墙（落地）"，并设置对应参数，如图8-16所示。

图 8-16

04 将光标放置在卫生间墙上，移动光标至合适的位置后单击放置。放置完成后，使用复制工具将隔断复制到其他位置，如图8-7所示。修改隔断参数，然后将其再次放置到另一女卫中，如图8-8所示。

05 再次执行"放置构件"命令，按照相同的方法，依次完成其他卫浴装置的放置，如图8-19所示。

06 选中放置完成后的卫浴装置，然后单击"创建组"按钮（快捷键为GP），如图8-20所示。在弹出的"创建模型组"对话框中输入"名称"为"卫生间布置"，最后单击"确定"按钮，如图8-21所示。

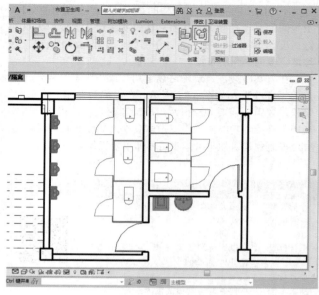

图 8-20

图 8-21

07 单击复制按钮进行复制，然后单击粘贴按钮下方的小三角，在下拉菜单中选择"与选定的标高对齐"，如图8-22所示。在弹出的对话框中选择"二层""三层"的标高，如图8-23所示。最后单击"确定"按钮。

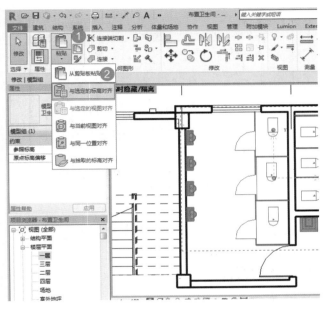

图 8-22

图 8-23

08 因为组内的构件部分是基于墙或者基于面放置的，所以可能会弹出警告对话框，单击"修复组"按钮进行修复即可，如图8-24所示。对于不一致的组，选择"新建组类型"选项，如图8-25所示。

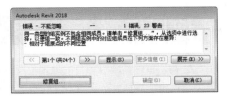

图 8-24

图 8-25

09 选中复制完成后的卫浴装置，然后单击"选择框"按钮（快捷键为BX）。进入三维视图后，拖动剖面框的控制柄，控制显示范围，最终完成的效果如图8-26所示。按照相同的操作方法，完成其他层卫生间的布置。如布局一致，也可直接复制到其他层。

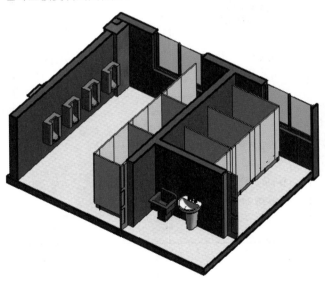

图 8-26

 技巧提示

当出现无法放置构件的情况时，一定要观看绘制区域下方的信息提示，要决定以什么样的方式才能正常放置。例如，马桶与面盆属于自由实例，可以在视图任意区域放置，但淋浴器属于基于墙的实例，所以必须拾取到墙才能完成放置。

8.3 项目位置

项目开始之初，首先需要对项目的地理位置进行定位。以方便后期为相关的分析、模拟提供有效的数据。根据地理位置得到的气象信息，将在能耗分析中被充分应用。可以使用街道地址、距离最近的主要城市或经纬度来指定它的地理位置。

8.3.1 Internet 映射服务

在设置项目地理位置时，需要新建立一个项目文件，才可以继续后面的操作。单击"文件"菜单，执行"新建 > 项目"命令，打开"新建项目"对话框。在"样板文件"中选择"建筑样板"选项，然后单击"确定"按钮。切换到"管理"选项卡，在"项目位置"面板单击"地点"按钮 。如果当前计算机已经连接到互联网，可以在"位置、气候和场地"对话框的"定义位置依据"下拉列表中选择"Internet 映射服务"选项，通过 Bing 地图服务显示互动的地图，如图 8-27 所示。

图 8-28

图 8-27

1. 输入详细地址查找

在"项目地址"处键入"中国北京"，然后单击"搜索"按钮。Bing 地图自动将地理位置定位到北京。此时将看到一些地理信息，包括项目地址、经纬度等，如图 8-28 所示。如需精确到当前城市的具体位置，可以将光标移动到 图标上，按下鼠标左键进行拖曳，直至拖曳到合适的位置。

2. 输入经纬度坐标查找

除了使用 Bing 地图的搜索功能之外，还可以在"项目地址"栏里输入经纬度坐标，格式按照"纬度，经度"进行输入，如图 8-29 所示。

图 8-29

技巧提示

如果当前无法连接网络，但可得知项目地点精确的经纬度，则可以直接输入经纬度信息来确定地理位置。对于相应的天气数据信息等，系统会自动调用，不影响后期日光分析等功能的使用。

8.3.2 默认城市列表

如果计算机无法连接互联网，可以通过软件自身的城市列表来进行选择。在"定义位置依据"列表下选择"默认城市列表"选项，然后在"城市"列表中选择所在的城市，如图8-30所示。同样，也可以直接输入城市的经纬度值来指定项目的位置，如图8-31所示。

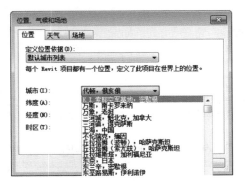

图 8-30

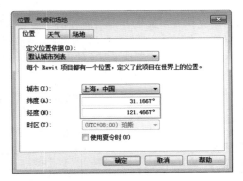

图 8-31

打开"位置、气候和场地"对话框，切换到"天气"选项卡，可以看到这里已经提供相应的气象信息，如图8-32所示。"天气"选项卡会提供最近一个气象站所提供的数据。

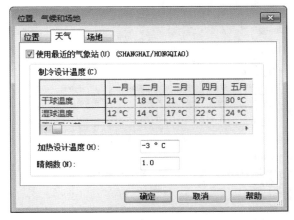

图 8-32

 疑难问答——为什么要事先设置地理位置信息？对后期有什么影响？

只有输入正确的地理信息后，对后期的日光、风向等分析的数据才会准确，有利于建筑师把控项目的各项指标。

8.4 场地设计

绘制一个地形表面，为其添加建筑红线、建筑地坪、停车场和场地构件。然后为这一场地创建三维视图或对其进行渲染，以提供真实的演示效果。

8.4.1 场地设置

在开始场地设计之前，可以根据需要对场地做一个全局设置，包括定义等高线间隔、添加用户定义的等高线，以及选择剖面填充样式等。切换到"体量和场地"选项卡，单击"场地建模"面板中的"场地设置"按钮↘，如图8-33所示。

图 8-33

1. 显示等高线并定义间隔

在"场地设置"对话框的"显示等高线"中选择"间隔"选项，并输入一个值作为等高线间隔，如图8-34所示。

如果将等高线"间隔"设置为10000mm，将"经过高程"设置为0mm，等高线将出现在0、10m和20m的位置。当设置"经过高程"的值为5000mm时，等高线会出现在5m、15m和25m的位置。

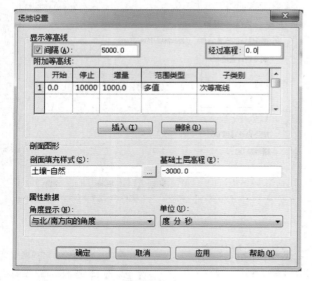

图 8-34

2. 将自定义等高线添加到平面中

在"显示等高线"中取消选择"间隔"选项，就可以在"附加等高线"中添加自定义等高线。当"范围类型"为"单一值"时，可为"开始"指定等高线的高程，为"子类别"指定等高线的线样式，如图8-35所示。

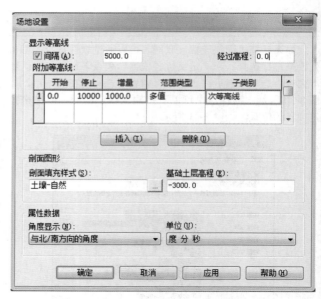

图 8-35

当"范围类型"为"多值"时，可指定"附加等高线"的"开始""停止"和"增量"属性，为"子类别"指定等高线的线样式，如图8-36所示。

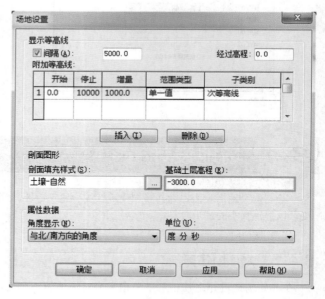

图 8-36

3. 指定剖面图形

"剖面填充样式"选项可为剖面视图中的场地赋予不同效果的材质，"基础土层高程"用于控制土壤横断面的深度，该值可控制项目中全部地形图元的土层深度，如图8-37所示。

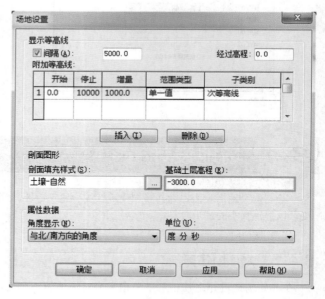

图 8-37

4. 指定属性数据设置

"角度显示"提供了两种选项，分别是"度"和"与北/南方向的角度"。如果选择"度"，则在建筑红线方向角表中，以360°方向标准显示建筑红线，使用相同的符号显示建筑红线标记。

"单位"提供了两种选项，分别是"度分秒"和"十进制度数"。如果选择"十进制度数"，则建筑红线方向角表中的角度显示为十进制数，而不是度、分和秒。

疑难问答——设置场地的各项参数会影响哪些视图？

通常，显示场地的视图都会受到影响，例如，在剖面视图中如剖切到地形，那么在当前视图中就会按照事先设置好的剖面填充样式进进显示。

8.4.2 场地建模

在建筑设计过程中，首先要确定项目的地形结构。Revit 提供了多种建立地形的方式，根据勘测到的数据，可以将场地的地形直观地复原到计算机中，以便为后续的建筑设计提供有效的参考。

1. 创建地形表面

"地形表面"工具使用点或导入的数据来定义地形表面，可以在三维视图或场地平面中创建地形表面，在场地平面视图或三维视图中查看地形表面。在查看地形表面时，需考虑以下事项。

"可见性"列表中有两种地形点子类别，即"边界"和"内部"，Revit 会自动将点进行分类。"三角形边缘"选项默认情况下是关闭的，可从"可见性/图形替换"对话框中"模型类别"下的"地形"类别中将其选中，如图 8-38 所示。

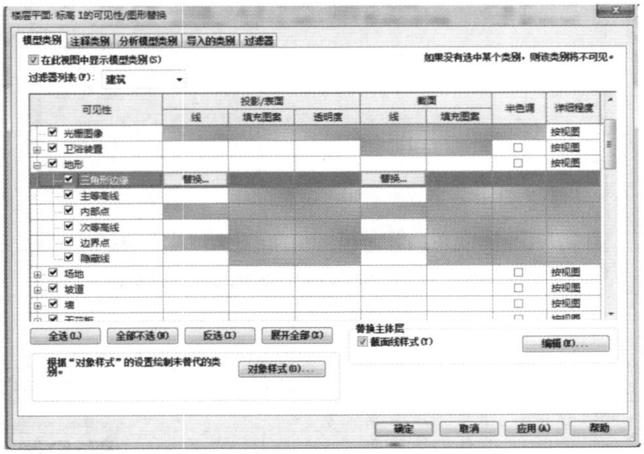

![图8-38 可见性/图形替换对话框]

图　8-38

2. 通过放置点来创建地形表面

打开三维视图或场地平面视图，切换到"体量和场地"选项卡，单击"场地建模"面板中的"地形表面"按钮。默认情况下，"放置点"工具处于活动状态。在选项栏中设置"高程"的值，然后设置"高程"为"绝对高程"选项，

指定点将会显示在的高程处，可以将点放置在活动绘图区域中的任何位置。

选择"相对于表面"选项，可以将指定点放置在现有地形表面上。此时所放置的高程点将基于现有地形表面而非绝对高程。

可以将视图的视觉样式修改为"着色"状态，这样地形效果会更明显。依次输入不同的高程点，并在绘图区域单击，以完成高程点的放置，如图 8-39 所示，然后单击"完成"按钮，完成当前地形的创建。

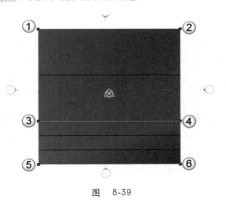

图　8-39

01 打开学习资源包中的"场景文件 > 第 8 章 >03.rvt"文件，如图 8-40 所示。

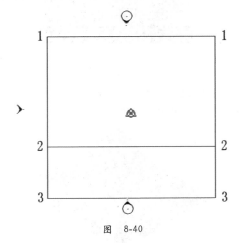

图　8-40

02 切换到"体量与场地"选项卡，单击"地形表面"按钮，如图 8-41 所示。

图 8-41

03 在"工具"面板中单击"放置点"工具，如图 8-42 所示，然后在选项栏中设置"高程"为 200，如图 8-43 所示。

图 8-42

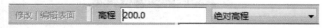

图 8-43

04 在视图中依次单击标识为 1 的交点放置高程点，将标识为 2 的交点设置其高程为 1000 并放置高程点，将标识为 3 的交点设置为 4000 并放置高程点，如图 8-44 所示。

图 8-44

05 放置完成后，单击"完成表面"按钮，切换到三维视图查看，最终效果如图 8-45 所示。

图 8-45

疑难问答——放置完成的高程点，还可以修改吗?

可以修改，只要选中相应的高程点，在工具选项栏中修改其高程参数，也可以按住鼠标左键进行位置的拖曳。

3. 使用导入的三维等高线数据

可以根据以 DWG、DXF 或 DGN 格式导入的三维等高线数据自动生成地形表面，Revit 会分析数据并沿等高线放置一系列高程点（此过程在三维视图中进行）。

切换到"插入"选项卡，单击"导入"面板中的"导入 CAD"按钮，在弹出的对话框中选择地形文件，单击"打开"按钮。

切换到"修改 | 编辑表面"选项卡，在"工具"面板中设置"通过导入创建"为"选择导入实例"命令，选择绘图区域中已导入的三维等高线数据。此时出现"从所选图层添加点"对话框，选择要将高程点应用到的图层，如图 8-46 所示。单击"确定"按钮，然后单击"完成"按钮，完成当前地形的创建。

图 8-46

★ **实战——使用 CAD 文件生成地形**

场景位置	场景文件 > 第 8 章 > 04.dwg
实例位置	实例文件 > 第 8 章 > 实战: 使用 CAD 文件生成地形.rvt
视频位置	多媒体教学 > 第 8 章 > 实战: 使用 CAD 文件生成地形.mp4
难易指数	★★★★★
技术掌握	掌握使用 CAD 文件创建地形的方法

扫码看视频

01 新建项目文件，切换到"场地"视图，然后单击"插入"选项卡中的"导入 CAD"按钮，如图 8-47 所示。

图 8-47

02 在打开的"导入 CAD 格式"对话框中选择要导入的文件，然后设置"导入单位"为"米"，接着单击"打开"按钮，如图 8-48 所示。

图 8-48

03 切换到"体量和场地"选项卡，然后单击"地形表面"按钮，如图 8-49 所示。

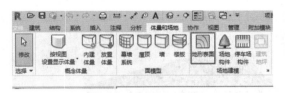

图 8-49

04 在"工具"面板中单击"通过导入创建"按钮，然后选择"选择导入实例"命令，如图 8-50 所示，拾取已导入的 CAD 图形文件，效果如图 8-51 所示。

图 8-50

疑难问答——导入CAD文件后，无法拾取CAD图形生成地形是怎么回事？

请检查导入CAD文件时是否选择了"仅当前视图"选项。如已选择，则无法在平面视图中拾取。

图 8-51

05 在"从所选图层添加点"对话框中选取有效的图层，单击"确定"按钮，如图 8-52 所示。

图 8-52

06 单击"完成表面"按钮，完成当前地形的创建。然后切换到三维视图，查看地形的最终效果，如图 8-53 所示。

图 8-53

4. 使用点文件

切换到"修改 | 编辑表面"选项卡，在"工具"面板中选择"通过导入创建"菜单下的"指定点文件"命令。在打开的"打开"对话框中定位到点文件所在的位置，在"格

式"对话框中，指定用于测量点文件中的点的单位，然后单击"确定"按钮，Revit将根据文件中的坐标信息生成点和地形表面，单击"完成表面"按钮，完成当前地形的创建，如图8-54所示。

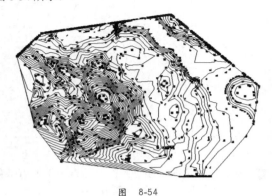

图 8-54

★ 实战——使用点文件生成地形

场景位置	场景文件＞第8章＞05.txt
实例位置	实例文件＞第8章＞实战：使用点文件生成地形.rvt
视频位置	多媒体教学＞第8章＞实战：使用点文件生成地形.mp4
难易指数	★★★★★
技术掌握	掌握使用点文件创建地形的方法

扫码看视频

01 新建项目文件，切换到"场地"视图，单击"体量和场地"选项卡中的"地形表面"按钮，如图8-55所示。

图 8-55

02 单击"通过导入创建"按钮，在下拉菜单中选择"指定点文件"，如图8-56所示。

图 8-56

03 在打开的"选择文件"对话框中，设置"文件类型"为"逗号分隔文本"，然后选择要导入的高程点文件，接着单击"打开"按钮，如图8-57所示。

图 8-57

04 在"格式"对话框中设置单位为"米"，如图8-58所示，然后单击"确定"按钮，即可生成地形表面。

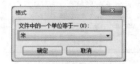

图 8-58

05 单击"完成表面"按钮，完成当前地形的创建。切换到三维视图，查看地形完成效果，如图8-59所示。

图 8-59

5. 简化地形表面

在地形表面上的每个点却会创建三角几何图形，这样会消耗较多内存。当使用大量的点创建地形表面时，可以通过简化表面来提高系统性能。

选择需要简化的地形表面，然后单击"表面"面板中的"编辑表面"按钮。再次单击"工具"面板中的"简化表面"按钮，在弹出的"简化表面"对话框中输入"表面精度"值，如图8-60所示。最后单击"确定"按钮并单击"完成表面"按钮，即可完成地形表面的简化工作。

图 8-60

8.4.3 修改场地

当原始的地形模型建立完成后，为了更好地进行后续的工作，还需要对生成之后的地形模型进行一些修改与编辑，包括进地形的拆分和平整等工作。

1. 拆分地形表面

可以将一个地形表面拆分为多个不同的表面，然后分别编辑各个表面。在拆分表面后，可以为这些表面指定不同的材质来表示公路、湖泊、广场或丘陵，也可以删除地形表面的一部分。

如果在导入文件时，未测量区域出现了瑕疵，可以使用"拆分表面"工具删除由导入文件生成的多余的地形表面。

打开场地平面或三维视图，切换到"体量和场地"选项卡，单击"修改场地"面板中的"拆分表面"按钮，在绘图区域中选择要拆分的地形表面，Revit将进入草图模式，绘制拆分表面，如图 8-61 所示，单击"确定"按钮，然后单击"完成"按钮。完成后的地形效果如图 8-62 所示。

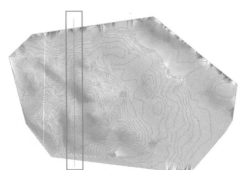

图 8-61

图 8-62

如果绘制的是单独拆分线段，必须超过现有地形表面边缘。如在地形内部绘制拆分表面，必须是围合的线段。

2. 合并地形表面

使用"合并 表面"命令可以将两个单独的地形表面合并为一个表面，此工具对于重新连接拆分表面非常有用，要合并的表面必须重叠或共享公共边。

切换到"体量和场地"选项卡，单击"修改场地"面板中的"合并 表面"按钮，在选项栏中取消选中"删除公共边上的点"选项（使用此选项可删除表面被拆分后所被插入的多余点，在默认情况下处于选中状态），选择一个要合并的地形表面，然后选择另一个地形表面，如图 8-63 所示。这两个表面将合并为一个，如图 8-64 所示。

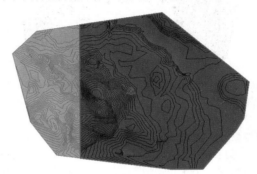

图 8-63

图 8-64

3. 地形表面子面域

"地形表面子面域"是在现有地形表面中绘制的区域。例如，可以使用子面域在平整表面、道路或岛上绘制停车场。创建子面域不会生成单独的表面，仅定义可应用不同属性集（如材质）的表面。

打开一个显示地形表面的场地平面，切换到"体量和场地"选项卡，单击"修改场地"面板中的"子面域"按钮，

Revit 将进入草图模式，单击绘制工具，在地形表面上创建一个子面域，如图 8-65 所示，然后单击"完成表面"按钮，完成子面域的添加，如图 8-66 所示。

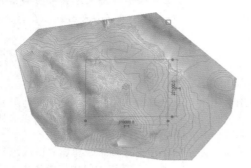

图　8-65

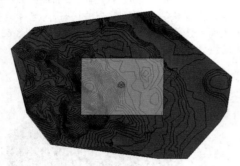

图　8-66

若要修改子面域，可选择子面域并切换到"修改 | 地形"选项卡，然后单击"模式"面板中的"编辑边界"按钮，单击"拾取线"按钮（或使用其他绘制工具修改地形表面上的子面域）即可。

疑难问答——可以统计子面域的面积吗？

可以统计。选中创建完成的子面域，在"实例属性"对话框中可以看到其投影面积与表面积的值，如图8-67所示。

图　8-67

8.4.4　建筑红线

在 Revit 中创建建筑红线可以选择"通过输入距离和方向角来创建"或"通过绘制来创建"选项。对于绘制完成的建筑红线，系统会自动生成面积信息，并可以在明细表中统计。

1. 通过绘制来创建

打开一个场地平面视图，切换到"体量和场地"选项卡，单击"修改场地"面板中的"建筑红线"按钮，在"创建建筑红线"对话框中选择"通过绘制来创建"选项，如图 8-68 所示，单击"拾取线"按钮或使用其他绘制工具来绘制线，如图 8-69 所示。最后单击"完成红线"按钮，完成建筑红线的创建，如图 8-70 所示。

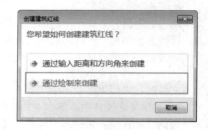

图　8-68

图　8-69

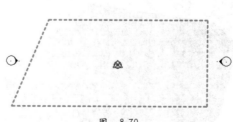

图　8-70

这些线应当形成一个闭合环，如果绘制一个开放环并单击"完成红线"按钮，Revit 会发出一条警告，提示无法计算面积，可以忽略该警告继续工作，或将环闭合。

技术专题 12：将草图绘制建筑红线转换为基于表格

使用草图方式绘制建筑红线后，可以将其转换为基于表格的建筑红线，方便后期对数据做精确的修改。

选中绘制好的建筑红线，切换到"修改|建筑红线"选项卡，单击"建筑红线"面板中的"编辑表格"命令，在弹出的"约束丢失"对话框中单击"是"按钮完成建筑红线的转换，如图8-71所示。

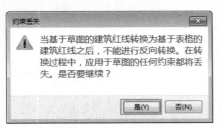

图 8-71

将草图绘制的建筑红线转换为基于表格的建筑红线的过程是单向的。一旦将建筑红线转换为基于表格创建，便不能再使用草图方式调整。

2. 通过输入距离和方向角来创建

在"创建建筑红线"对话框中选择"通过输入距离和方向角来创建"选项，如图8-72所示。在"建筑红线"对话框中单击"插入"按钮，然后从测量数据中添加距离和方向角，将建筑红线描绘为弧，根据需要插入其余的线，再单击"向上"按钮和"向下"按钮可以修改建筑红线的顺序，如图8-73所示，在绘图区域将建筑红线移动到确切位置并单击，放置建筑红线。

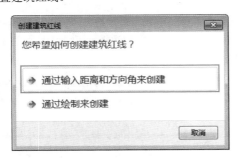

图 8-72

3. 建筑红线面积

单击选中"建筑红线"，在"属性"对话框中可以看到建筑红线面积值，如图8-74所示。该值为只读，不可在此输入新的值，在项目所需的经济技术指标中可根据此数据填写基地面积。

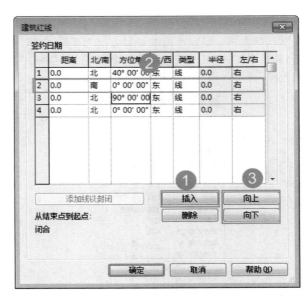

图 8-73

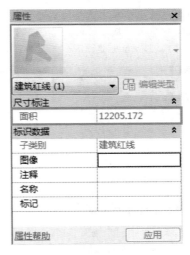

图 8-74

4. 修改建筑红线

选择已有的建筑红线，切换到"修改|建筑红线"选项卡，单击"建筑红线"面板中的"编辑草图"按钮，进入草图编辑模式，可以对现有的建筑红线进行修改。

8.4.5 项目方向

根据建筑红线形状，确定本项目所创建对象的建筑角为"北偏东 30°"，以此可确定项目文件中的项目方向。

Revit 有两种项目方向，一种为"正北"，另一种是"项目北"。"正北"是绝对的正南北方向，而当建筑的方向不是正南北方向时，通常在平面图纸上不易表现为成角度的、反映真实南北的图形。此时可以通过将项目方向调整为"项目北"，来达到使建筑模型具有正南北布局效果的图形表现。

1. 旋转正北

默认情况下，场地平面的项目方向为"项目北"。在"项目浏览器"中单击"场地"平面视图。观察"属性"面板，可见"方向"为"项目北"，如图8-75所示。

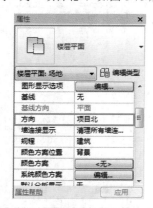

图　8-75

切换到"管理"选项卡，在"项目位置"面板中单击"位置"按钮，在下拉菜单中选择"旋转正北"，如图8-76所示。在选项栏中输入"从项目到正北方向的角度"为30°，方向选择为"东"，按 Enter 键确认，如图8-77所示。

图　8-76

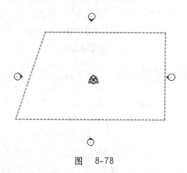

图　8-77

可以直接在绘图区域进行旋转，此时再将"场地"平面视图的"方向"调整为"项目北"，建筑红线会自动根据项目北的方向调整角度，如图8-78所示。

图　8-78

2. 旋转项目北

旋转项目北，可调整项目偏移正南北的方向。当"场地"平面视图的"方向"为"项目北"时，切换到"管理"选项卡，单击"项目位置"面板中的"地点"按钮，在"位置、气候和场地"对话框中单击"场地"选项卡，可确认目前项目的方向，如图8-79所示。

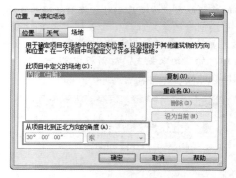

图　8-79

切换到"管理"选项卡，在"项目位置"面板中单击"位置"按钮，在下拉菜单中选择"旋转项目北"，如图8-80所示。

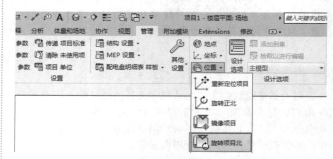

图　8-80

在"旋转项目"对话框中选择"顺时针90°"选项，如图8-81所示。在右下角的警告对话框中单击"确定"按钮，此时项目方向将自动更新。再次查看"位置、气候和场地"下的"场地"选项卡中的方向数据，可以发现角度已调整为120°。

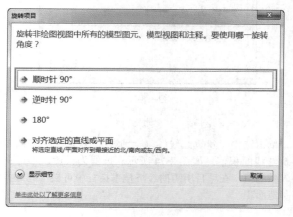

图　8-81

8.4.6 项目基点与测量点

每个项目都有"项目基点"⊗和"测量点"△，但是由于可见性设置和视图剪裁的原因，它们不一定在所有的视图中都可见。这两个点是无法删除的，在"场地"视图中默认显示"测量点"和"项目基点"。

"项目基点"定义了项目坐标系的原点（0, 0, 0）。此外，项目基点还可用于在场地中确定建筑的位置以及定位建筑的设计图元。参照项目坐标系的高程点坐标和高程点将相对于此点显示相应数据。

"测量点"代表现实世界中的已知点（如大地测量标记），可用于在其他坐标系（如在土木工程应用程序中使用的坐标系）中确定建筑几何图形的方向。

1. 移动项目基点和测量点

在"场地"视图中单击"项目基点"，分别输入"北/南"和"东/西"的值为（1000, 1000），如图 8-82 所示。此时项目位置相对于测量点将发生移动，如图 8-83 所示。

图　8-82

图　8-83

2. 固定项目基点和测量点

为了防止因误操作而移动了项目基点和测量点，可以在选中点后，在"修改"面板中单击"锁定"按钮，来固定这两个点的位置，如图 8-84 所示。

图　8-84

3. 修改建筑地坪

编辑建筑地坪边界可为该建筑地坪定义坡度。选中需要修改的地坪，切换到"修改 | 建筑地坪"选项卡，单击"模式"面板中的"编辑边界"按钮，使用绘制工具进行修改，若要使建筑地坪倾斜，则使用坡度箭头。

8.4.7 建筑地坪

通过在地形表面绘制闭合环，可以添加建筑地坪，以及修改地坪的结构和深度。在绘制地坪后，可以指定一个值来控制其距标高的高度偏移，还可以指定其他属性。通过在建筑地坪的周长之内绘制闭合环来定义地坪中的洞口，可为该建筑地坪定义坡度。

通过在地形表面绘制闭合环添加建筑地坪。打开场地平面视图，切换到"体量和场地"选项卡，单击"场地建模"面板中的"建筑地坪"按钮，使用绘制工具绘制闭合环形式的建筑地坪，在"属性"选项板中根据需要设置"相对标高"和其他建筑地坪属性，并单击"完成编辑模式"按钮，最后单击"默认三维视图"按钮，切换到三维视图进行查看，如图 8-85 所示。

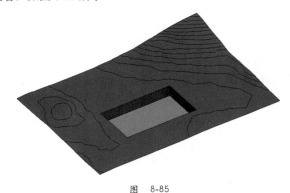

图　8-85

★ 重点 实战——创建道路

场景位置	场景文件＞第 8 章＞06.rvt
实例位置	实例文件＞第 8 章＞实战：创建道路.rvt
视频位置	多媒体教学＞第 8 章＞实战：创建道路.mp4
难易指数	★★★★★
技术掌握	掌握地形创建及建筑地坪的使用方法

扫码看视频

01 打开学习资源包中的"场景文件＞第 8 章＞06.rvt"文件，切换到"场地"视图，如图 8-86 所示。

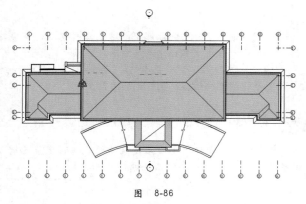

图　8-86

02 切换到"建筑"选项卡，单击"参照平面"按钮，在视图中绘制4条参照平面线，如图8-87所示。

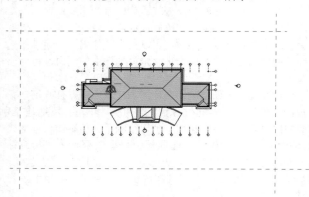

图　8-87

03 切换到"体量与场地"选项卡，单击"地形表面"按钮。选择"放置点"工具，然后在工具选项栏中输入高程值为–600，并在视图中参照平面交叉的四个角点，单击放置高程点，如图8-88所示。

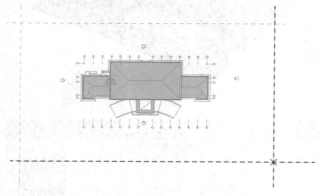

图　8-88

04 如果发现高程点放置完成后看不到地形表面，可单击视图"属性"面板中"视图范围"后的"编辑"按钮，如图8-89所示。

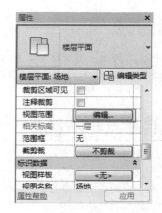

图　8-89

05 在弹出的视图范围对话框中设置"视图深度"的"偏移"值为–1000，如图8-90所示。此时，将视觉样式修改为"着色"状态，便可以清楚地看到地形表面，如图8-91所示。

图　8-90

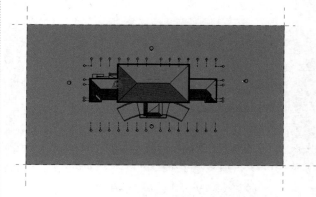

图　8-91

06 切换到"体量与场地"选项卡，单击"建筑地坪"按钮，如图8-92所示。

图 8-92

07 单击"编辑类型"按钮,打开"类型属性"对话框,复制新类型为"行车道",并单击"结构"参数后方的"编辑"按钮,如图8-93所示。在"编辑部件"对话框中设置结构材质为"沥青",厚度为300,如图8-94所示。

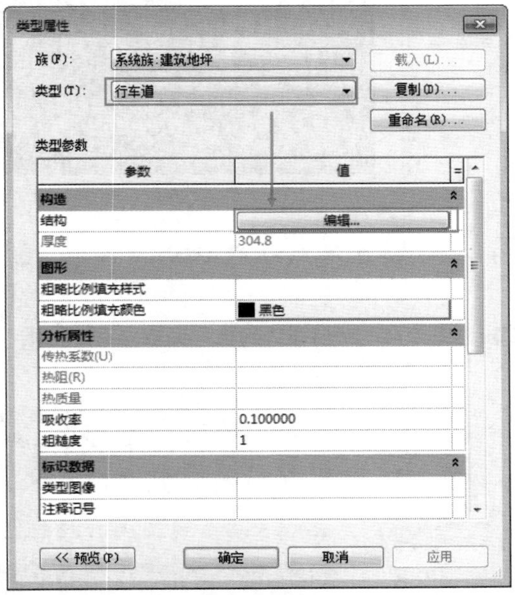

08 在"属性"面板中选择类型为"行车道"。接着单击直线工具,并在工具选项栏中设置半径为5000,然后在视图中绘制一条L型的线段,如图8-95所示。

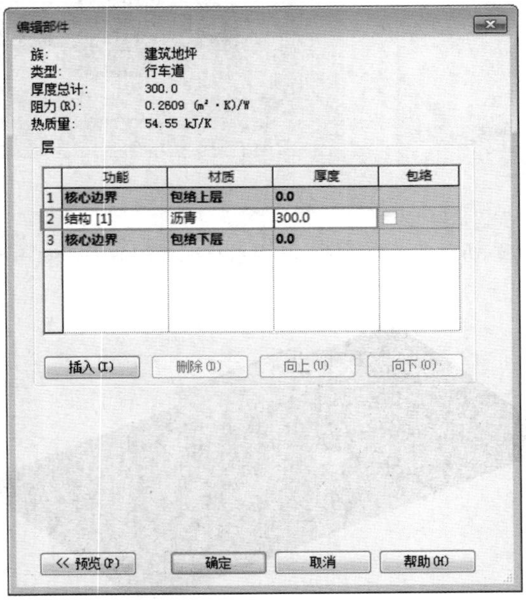

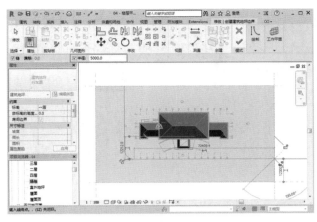

图 8-95

09 使用偏移工具(快捷键为OF)并设置偏移方式为"数值方式",偏移量为6000,向外侧偏移复制当前线段,如图8-96所示。

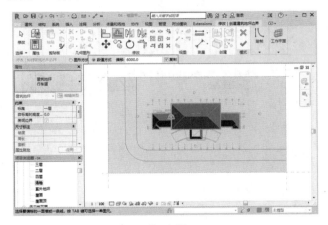

图 8-96

10 使用直线工具将两条线段进行连接,最后单击"完成"按钮,如图8-97所示。

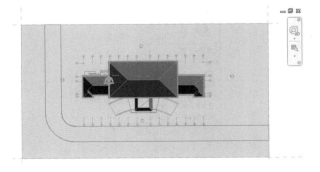

图 8-97

图 8-93

图 8-94

11 再次单击"建筑地坪"按钮，然后使用拾取线工具拾取汽车坡道边线并延伸至行车道位置。然后绘制直线，并使用修剪工具将其闭合，如图 8-98 所示。

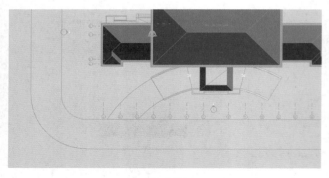

图　8-98

12 在绘制面板中单击"坡度箭头"按钮，在视图中沿轮廓线底部到顶部位置绘制坡度箭头，如图 8-99 所示。然后在"属性"面板中设置"尾高度偏移"为 0，"头高度偏移"为 100，如图 8-100 所示。最后单击"完成"按钮。

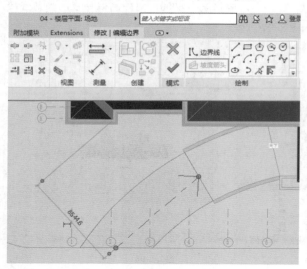

图　8-99

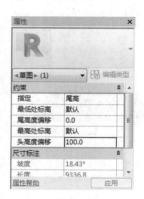

图　8-100

13 将绘制好的弧形车道镜像到另外一侧，并选中所有的车道，在"属性"面板中设置"目标高的高度偏移"为 −100，如图 8-101 所示。

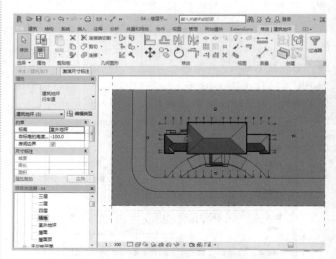

图　8-101

14 选中地形，然后在"属性"面板中将"材质"设置为"草"，如图 8-102 所示。

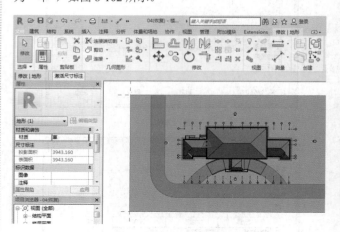

图　8-102

15 切换到三维视图，查看最终完成的效果，如图 8-103 所示。

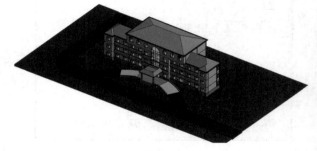

图　8-103

8.4.8 停车场及场地构件

当处理完场地模型后，需要基于场地布置一些相关构件，本章主要来学习如何布置停车位及绿植等构件。

1. 停车场构件

可以将停车位添加到地形表面，并将地形表面定义为停车场构件的主体。

打开显示要修改的地形表面的视图，切换到"体量和场地"选项卡，单击"模型场地"面板中的"停车场构件"按钮 🖳，将光标放置在地形表面上，单击鼠标放置构件，如图8-104所示。可按需要放置更多的构件，也可创建停车场构件阵列。

图 8-104

2. 场地构件

可在场地平面中放置场地专用构件（如树、电线杆和消防栓）。如果未在项目中载入场地构件，则会出现"指出尚未载入相应的族"的提示。

打开显示要修改的地形表面的视图，切换到"体量和场地"选项卡，单击"场地建模"面板中的"场地构件"按钮 🌲。从类型选择器中选择所需的构件，在绘图区域单击以添加一个或多个构件，如图8-105所示。

图 8-105

> ★ [重点] 实战——放置场地构件
>
> | 场景位置 | 场景文件 > 第 8 章 > 07.rvt |
> | --- | --- |
> | 实例位置 | 实例文件 > 第 8 章 > 实战：放置场地构件 .rvt |
> | 视频位置 | 多媒体教学 > 第 8 章 > 实战：放置场地构件 .mp4 |
> | 难易指数 | ★★★★★ |
> | 技术掌握 | 掌握不同类型构件的载入及放置方法 |

01 打开学习资源包中的"场景文件 > 第 8 章 > 07.rvt"文件，然后切换到"插入"选项卡，单击"载入族"按钮。在"载入族"对话框中依次进入"场景文件 \ 第 8 章"文件夹，选中停车位等族载入项目中，如图8-106所示。

图 8-106

02 切换到场地平面，然后单击"体量和场地"选项卡中的"停车场构件"按钮 🖳，如图8-107所示，接着在"属性"面板中选择"小汽车停车位2D-3D"，并设置"标高"为"室外地坪"，如图8-108所示。

图 8-107

图 8-108

03 将光标移动到地形右侧位置，按键盘上的空格键切换方向并单击进行放置，如图8-109所示。然后使用"阵列"或"复制"工具完成其他停车位的放置，如图8-110所示。

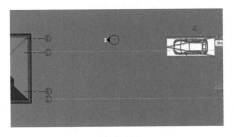

图 8-109

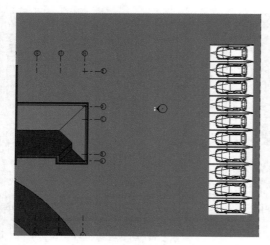

图 8-110

04 单击"场地建模"面板中的"场地构件"按钮🌲，如图 8-111 所示。

图 8-111

05 在"属性"面板中选择减速带，并设置"标高"为"室外地坪"，然后在行车道合适的位置依次单击进行放置，如图 8-112 所示。

06 选择景观灯柱，然后在道路两侧开始布置。同时将停车场控制门放置在合适的位置。最终布置完成的效果如图 8-113 所示。

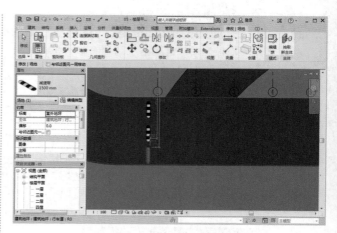

图 8-112

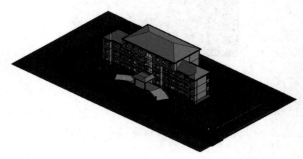

图 8-113

 技巧提示

在"建筑"选项卡中通过"放置构件"命令🗐也可以找到相应构件进行放置。

📖 读书笔记

第 9 章

房间和面积

本章学习要点

- 房间和图例
- 面积统计

9.1 房间和图例

在建筑物中，空间的划分非常重要。不同类型的空间存在于不同的位置，也就决定了每个房间的用途各不相同。在住宅项目中，一般会将空间简单地划分为楼梯间、电梯间和走廊等。每个独立的户型内部，又会划分为客厅、厨房、卫生间和卧室等区域。以往在二维绘制方式中，每个空间的面积都需要建筑师手动量取、计算，但在 Revit 中，这个项目变得简单了许多。建筑师在平面中对空间进行分割，Revit 就可以自动统计各个房间的面积，以及最终各类型房间的总数。当空间布局或房间数量改变之后，相应的统计也会自动更新。这便是 Revit 参数化的价值体现所在，让建筑师更高效地完成设计任务，还可以通过添加图例的方式来表示各个房间的用途。

重点 9.1.1 创建房间

本节主要学习如何创建房间。建筑师在绘制建筑图纸时，需要表示清楚各个房间的位置，如卫生间、办公室和库房等。这些信息都需要在平面以及剖面视图中利用文字描述来表达清楚。

在二维绘图时代，往往会出现信息不流通的现象。平面图中所标记的房间，到剖面图后还需要根据平面图中房间的位置重新进行标记。有时在不经意间，就会造成平面与剖面图所表达的信息不一致的情况。

在 Revit 中，标记房间会显得非常轻松。建筑师在平面图中创建的房间信息，到了相应的剖面视图其信息会自动添加，而且两者之间会存在参数化联动关系。当平面视图中的房间信息被修改后，剖面视图也会自动更新，完全避免了平面与剖面视图表达信息不一致的问题，也极大地提高了工作效率。

技巧提示

在Revit中放置房间时，还需要设置空间高度。因为如果将建筑模型导入其他计算软件当中时，房间必须充满整个空间才算有效。

若要修改实例属性，先选择图元，然后在"属性"面板中修改其属性，如图 9-1 所示。

图 9-1

房间实例属性参数介绍

- 标高：当前房间所在的标高位置。
- 上限：以当前标高所达到的上一标高位置。
- 高度偏移：以上限为基准向上移动的距离。
- 底部偏移：以标高为基准向上移动的距离。
- 面积：房的面积。
- 周长：房间的总长度。
- 房间标示高度：房间的设置高度。
- 体积：房间的体积数值。
- 编号：指定的房间编号，该值对于项目中的每个房间都必须是唯一的。
- 名称：设置房间名称，如"办公室"或"大厅"。
- 注释：添加有关房间的信息。
- 占用：房间的占用类型，如零售店。
- 部门：设置使用当前房间的部门。
- 基面面层：设置当前房间基面的面层信息。
- 天花板面层：设置天花板的面层信息，如白色乳胶漆。
- 墙面面层：设置天花板的面层信息，如涂料。
- 楼板面层：设置地板面层，如木地板。
- 居住者：设置使用当前房间的人、小组或组织的名称。

★ 重点 实战——放置房间并标记

场景位置	场景文件 > 第 9 章 > 01.rvt
实例位置	实例文件 > 第 9 章 > 实战：放置房间并标记.rvt
视频位置	多媒体教学 > 第 9 章 > 实战：放置房间并标记.mp4
难易指数	★★★★★
技术掌握	使用房间工具计算房间面积的方法

扫码看视频

01 打开学习资源包中的"场景文件 > 第 9 章 > 01.rvt"文件，切换到"建筑"选项卡，单击"房间"按钮（快捷键为 RM），如图 9-2 所示。

图 9-2

02 将光标放置于任意一个封闭的房间，单击鼠标进行放置，如图 9-3 所示。

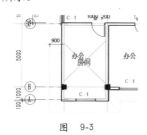

图 9-3

03 选中房间标记并单击，修改房间名称为"办公"，然后按 Enter 键确认，如图 9-4 所示。

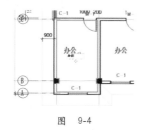

图 9-4

04 如果当前平面需要标记的房间较多，可以再次单击"房间"按钮，在"房间"面板中单击"自动放置房间"按钮，如图 9-5 所示。此时软件会提示一共创建了多少房间，并将这些房间全部标记，如图 9-6 所示。

图 9-5

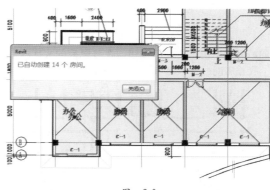

图 9-6

05 对这些自动放置好的房间依次修改名称，并将多余的房间删除，如图 9-7 所示。

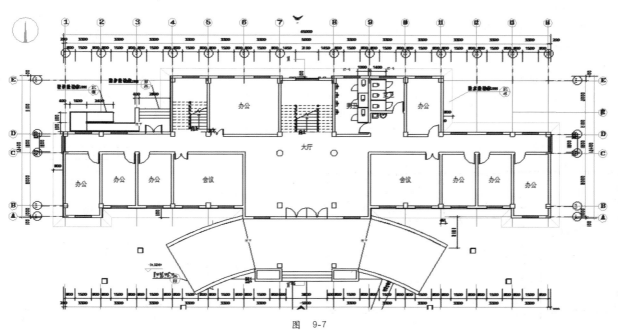

图 9-7

06 在"建筑"选项卡中单击的"房间分隔"按钮，如图 9-8 所示。然后在大厅区域与走廊交叉部分绘制一条分隔线，如图 9-9 所示。这样做的目的是将大厅与走廊和楼梯间部分分隔开，独立计算面积。

图 9-8

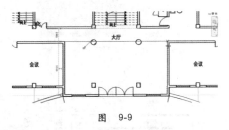

图 9-9

07 再次单击"房间"按钮，在分隔后的大厅区域再次单击，放置房间并修改名称，如图 9-10 所示。

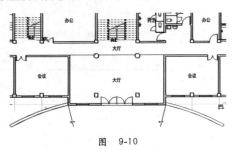

图 9-10

技巧提示

放置房间后，软件会自动在相应的房间放置房间标记。如果误将房间标记删除，可以通过单击"房间"按钮 ⊠ 重新进行标记。

08 在视图中选中任意一个房间的名称，然后右击，在右键菜单中选择"选择全部实例"中的"在视图中可见"选项，如图 9-11 所示。然后在"属性"面板中替换标记类型为"标记_房间－有面积－施工－仿宋－3mm-0-67"，如图 9-12 所示。

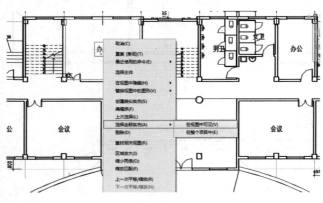

图 9-11

图 9-12

09 此时选中的标记都将被替换，各个房间将显示房间名称与面积，如图 9-13 所示。按照相同的方法完成其他层房间的创建。

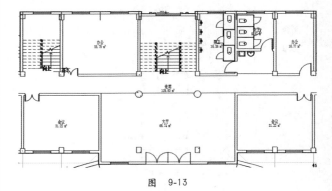

图 9-13

技术专题 13：快速切换房间使用面积与建筑面积

本次实例中的所有房间面积均为使用面积，如果需要统计建筑面积，可单击"房间和面积"面板下方的三角按钮，在其下拉面板中单击"面积和体积计算"按钮 ▤，如图 9-14 所示。

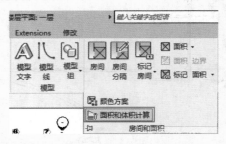

图 9-14

打开"面积和体积计算"对话框，在"房间面积计算"栏中选择"在墙中心"选项，如图 9-15所示，然后单击"确定"按钮，便可直接切换使用面积为建筑面积。

图 9-15

重点 9.1.2 房间图例

颜色方案可用于以图形方式表示空间类别，例如，可以按照房间名称、面积、占用或部门创建颜色方案。如果要在楼层平面中按部门填充房间的颜色，那么将每个房间的"部门"参数值设置为必需的值，然后根据"部门"参数值创建颜色方案，接着可以添加颜色填充图例，以标识每种颜色所有代表的部门。颜色方案可将指定的房间和区域颜色应用到楼层平面视图或剖面视图中。可向已填充颜色的视图中添加颜色填充图例，以标识颜色所代表的含义。

★ 重点 实战——创建房间图例

场景位置	场景文件 > 第 9 章 >02.rvt
实例位置	实例文件 > 第 9 章 > 实战：创建房间图例 .rvt
视频位置	多媒体教学 > 第 9 章 > 实战：创建房间图例 .mp4
难易指数	★★★★★
技术掌握	图例工具的使用及设置

01 打开学习资源包中的"场景文件 > 第 9 章 >02.rvt"文件，切换到"注释"选项卡，单击"颜色填充 图例"按钮，如图 9-16 所示。

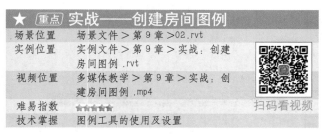

图 9-16

02 在当前视图右侧任意位置单击，然后在打开的"选择空间类型和颜色方案"对话框中设置"空间类型"为"房间"，"颜色方案"为"方案 1"，最后单击"确定"按钮，如图 9-17 所示。

03 选择视图中新建的颜色图例，然后单击"编辑方案"按钮，如图 9-18 所示。

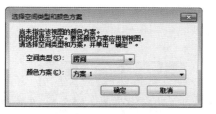

图 9-17

图 9-18

04 在打开的"编辑颜色方案"对话框中选择"方案 1"，然后单击"复制"按钮，接着在打开的"新建颜色方案"对话框中输入"名称"为"房间类型"，最后单击"确定"按钮，如图 9-19 所示。

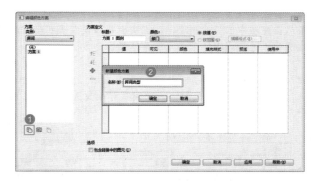

图 9-19

05 设置"标题"为"房间类型"，"颜色"为"名称"，此时软件将自动读取项目房间，并显示在当前房间列表当中，如图 9-20 所示。如果对默认的颜色不满意，还可以对颜色进行修改。

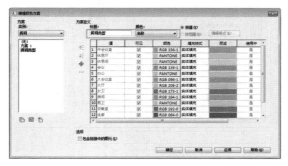

图 9-20

06 单击“确定”按钮后，视图中的房间将根据图例颜色自动进行填充，如图 9-21 所示。

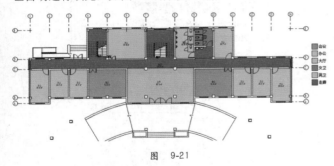

图 9-21

07 选中图例并将其拖曳到视图下方，通过拖曳控制柄还可改变图例的排列方向，如图 9-22 所示。完成修改后的最终效果如图 9-23 所示。

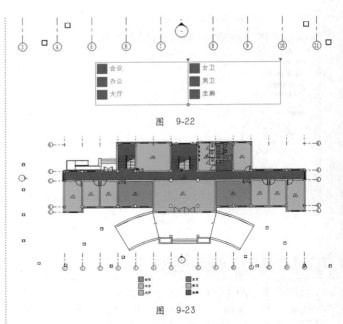

图 9-22

图 9-23

技术专题 14：使用明细表删除多余房间

在实际项目进行的过程中，经常需要对模型进行修改，反反复复地添加与删除房间。但在处理过程中，有一些房间虽然在视图中已经被删除，但在实际导入模型或明细表统计时仍旧会存在。针对这种情况，目前比较好的处理方法就是通过明细表进行删除，下面介绍具体的操作方法。

打开一个项目文件，在“项目浏览器”中双击打开“房间明细表”，可以看到明细表中存在很多多余的房间，如图9-24所示。

按Shift键加右击选择，或使用鼠标拖曳选中未放置状态的房间，然后单击“删除”按钮，将多余的房间从项目中永久删除，如图9-25所示。

数量	名称	标高	面积（平方米）
1	楼梯间	未放置	未放置
2	卫生间	未放置	未放置
3	棋牌	未放置	未放置
4	储物间	未放置	未放置
5	客房	未放置	未放置
6	楼梯间	未放置	未放置
7	储物	未放置	未放置
8	女卫	未放置	未放置
9	男卫	未放置	未放置
10	客房	未放置	未放置
11	储物	未放置	未放置
12	储物	未放置	未放置
13	房间	未放置	未放置
14	房间	未放置	未放置
15	楼梯间	F2	22.10
16	储藏间	F2	2.24
17	储物间	F2	6.37
18		未放置	未放置
19	办公室	F2	20.74
20	女卫	F2	10.34
21	配电室	F2	2.67
22	办公室	F2	20.19
23	房间	未放置	未放置
24	办公室	F2	20.71
25	办公室	F2	20.71
26	办公室	F2	22.67
27	办公室	F2	20.70
28	总经理办公室	F2	42.26

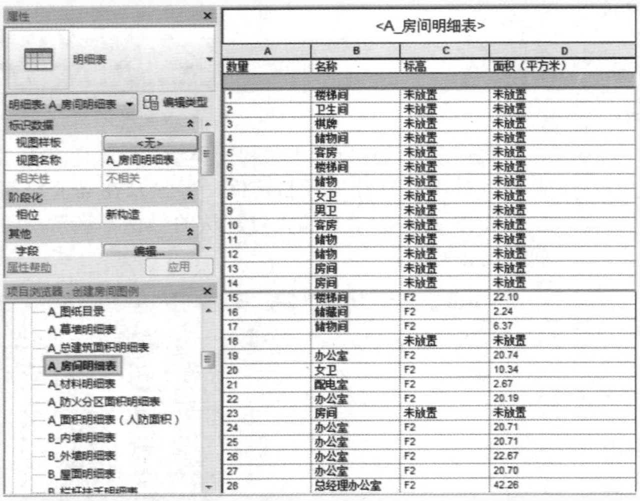

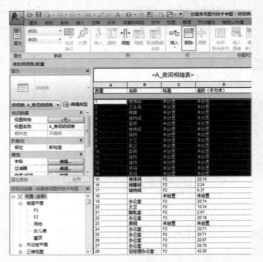

图 9-24

图 9-25

9.2 面积统计

通常在建筑图纸上需要表示各楼层的建筑面积及防火分区面积等。在CAD二维绘制中，一般都是通过多段线来完成整个区域的面积计算，如果楼层空间布局有变化，往往需要重新进行计算。Revit提供了面积分析工具在建筑模型中定义空间关系，可以直接根据现有的模型自动计算建筑面积、各防火分区面积等。

Revit默认可以建立5种类型的面积平面，分别是"人防分区面积""净面积""可出租""总建筑面积"和"防火分区面积"。除了上述5种类型的面积平面以外，用户还可以根据实际需求，创建不同类型的面积平面。接下来将通过两个实例介绍Revit如何建立不同面积平面及面积统计。

★ 重点 实战——统计总建筑面积

场景位置	场景文件 > 第9章 > 03.rvt
实例位置	实例文件 > 第9章 > 实战：统计总建筑面积.rvt
视频位置	多媒体教学 > 第9章 > 实战：统计总建筑面积.mp4
难易指数	
技术掌握	面积工具的使用方法

扫码看视频

01 打开学习资源包中的"场景文件 > 第9章 > 03.rvt"文件，切换到"建筑"选项卡，然后单击"面积"按钮，在下拉菜单中选择"面积平面"，如图9-26所示。

图　9-26

02 在弹出的"新建面积平面"对话框中设置"类型"为"总建筑面积"，然后选择一层标高，如图9-27所示，最后单击"确定"按钮。

图　9-27

03 在打开的警告对话框中单击"是"按钮，如图9-28所示。

图　9-28

04 软件将自动生成总面积平面图，将多余的面积边界线删除。平面图内容将显示当前楼层的总建筑面积标记，如图9-29所示。依此类推，可分别计算其他各层的总建筑面积。

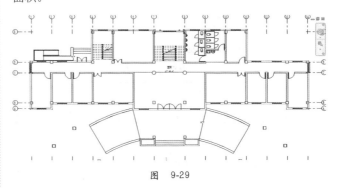

图　9-29

技巧提示

通过面积平面所得到的总建筑面积或防火分区面积只能计算单个楼层，如果需要计算整幢建筑的建筑平面，需要利用明细表统计。

★ 重点 实战——统计防火分区面积

场景位置	场景文件 > 第9章 > 04.rvt
实例位置	实例文件 > 第9章 > 实战：统计防火分区面积.rvt
视频位置	多媒体教学 > 第9章 > 实战：统计防火分区面积.mp4
难易指数	★★★★★
技术掌握	面积工具的使用方法

扫码看视频

01 打开学习资源包中的"场景文件 > 第9章 > 04.rvt"文件，切换到"建筑"选项卡，然后单击"面积"按钮，在下拉菜单中单击"面积平面"按钮，如图9-30所示。

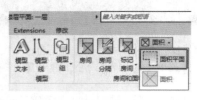

图　9-30

02 在打开的"新建面积平面"对话框中选择"类型"为"防火分区面积"，然后选择当前平面所在标高一层，接着单击"确定"按钮，如图9-31所示。

图　9-31

03 在弹出的警告对话框中单击"否"按钮，如图9-32所示。

图　9-32

04 在"建筑"选项卡中单击"房间和面积"面板中的"面积 边界"按钮，如图9-33所示。

图　9-33

05 选择"直线"工具，在当前面积平面中绘制防火分区边界线，以楼梯为界绘制两条独立的分区，如图9-34所示。每个区域的边界线必须为闭合状态。

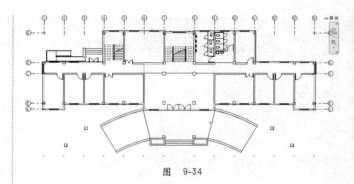

图　9-34

 疑难问答——使用了软件自动生成的面积边界后，还可以再次进行手动编辑吗？

可以编辑，使用"面积边界"工具 可再次编辑。

06 在"建筑"选项卡中单击"房间和面积"面板中的"面积"按钮，如图9-35所示。

图　9-35

07 在视图中的各个防火分区中依次单击放置，并修改各个防火分区的名称，如图9-36所示。

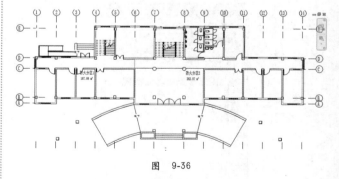

图　9-36

 技巧提示

在项目中建立的各类面积平面视图可以在"项目浏览器"视图中找到相对应的面积平面。

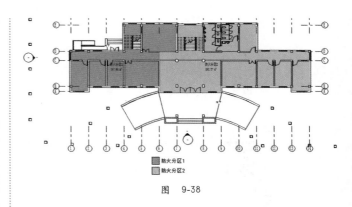

防火分区1
防火分区2

图　9-38

08 切换到"注释"选项卡，单击"颜色填充 图例"按钮，在视图的下方单击进行放置。然后选中颜色图例进行编辑，将颜色填充方式修改为"名称"，如图 9-37 所示。单击"确定"按钮，查看最终效果，如图 9-38 所示。

图　9-37

![读书笔记]

第 10 章

材质、漫游与渲染

本章学习要点

- 材质的属性
- 材质的编辑与使用
- 漫游动画的创建与编辑
- 本地渲染的方法
- 云渲染的方法

10.1 材质

Revit 中的材质代表实际的材质，如混凝土、木材和玻璃。这些材质可应用于设计的各个部分，使对象具有真实的外观和行为。在部分设计环境中，由于项目的外观是最重要的，因此材质具有详细的外观属性，如反射率和表面纹理。在其他情况下，材质的物理属性（如屈服强度和热传导率）更为重要，因为材质必须支持工程分析。

重点 10.1.1 材质库

材质库是材质和相关资源的集合。Revit 提供了部分库，其他库则由用户创建。可以通过创建库来组织材质，还可以与团队的其他用户共享库，并可在 Autodesk Inventor 和 AutoCAD 中使用相同的库。

★ 重点 实战——创建材质库

场景位置	场景文件 > 第 10 章 > 01.rvt
实例位置	实例文件 > 第 10 章 > 实战：创建材质库 .rvt
视频位置	多媒体教学 > 第 10 章 > 实战：创建材质库 .mp4
难易指数	★★★★★
技术掌握	材质库的创建与编辑

扫码看视频

01 打开学习资源包中的"场景文件 > 第 10 章 > 01.rvt"，切换到"管理"选项卡，单击"设置"面板中的"材质"按钮，如图 10-1 所示。

图 10-1

02 打开"材质浏览器"对话框，单击"库"按钮，在下拉列表中选择"创建新库"，如图 10-2 所示。

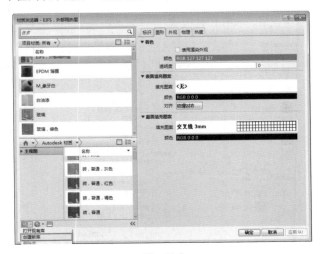

图 10-2

03 在打开的"选择文件"对话框中输入相应的文件名称，然后单击"保存"按钮，如图 10-3 所示。

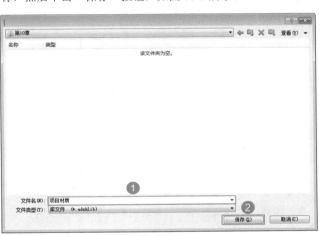

图 10-3

04 在检索框中输入"白油漆"，然后在检索结果列表中选择对应材质。右击，在右键菜单中选择"添加到"中的"项目材质"选项，如图 10-4 所示。

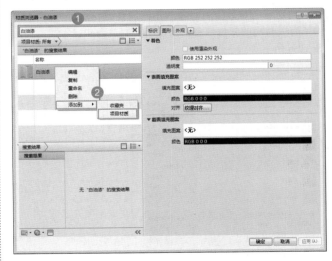

图 10-4

05 添加到项目材质库的材质都会显示在当前新建的材质库中，如图 10-5 所示。

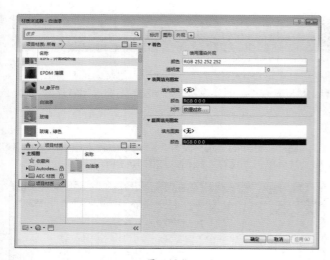

图　10-5

10.1.2　材质的属性

Revit 中所提供的材质都包含若干个属性，共分为 5 个类别，分别是"标识""图形""外观""物理"和"热度"，每个类别下的参数控制对象的不同属性。"标识"选项卡提供了有关材质的常规信息，如说明、制造商和成本数据，如图 10-6 所示。

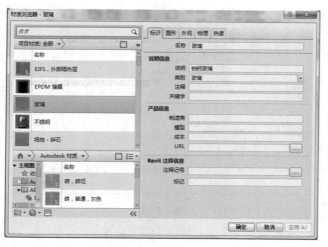

图　10-6

"图形"选项卡可以修改定义材质在着色视图中显示的

方式以及材质外表面和截面在其他视图中显示的方式，如图 10-7 所示。

图　10-7

"外观"选项卡信息用于控制材质在渲染中的显示方式，如图 10-8 所示。

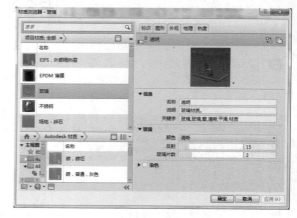

图　10-8

"物理"选项卡信息主要在建筑的结构分析和建筑能耗分析中使用，如图 10-9 所示。

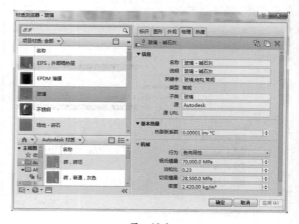

图　10-9

"热度"选项卡信息主要在建筑的热分析中使用，如图 10-10 所示。

图 10-10

重点 10.1.3 材质的添加与编辑

前面介绍了 Revit 材质库与材质属性的内容。本节我们主要学习如何添加新的材质并编辑相关的属性内容。

★ 重点 实战——创建外墙材质	
场景位置	场景文件 > 第 10 章 > 02.rvt
实例位置	实例文件 > 第 10 章 > 实战：创建外墙材质 .rvt
视频位置	多媒体教学 > 第 10 章 > 实战：创建外墙材质 .mp4
难易指数	★★★★★
技术掌握	添加材质并编辑显示样式

当前项目的外墙材质共有 3 种，分别为"白色涂料""蓝灰色涂料"和"浅灰色毛石"。

01 打开学习资源包中的"场景文件 > 第 10 章 > 02.rvt"文件，切换到"管理"选项卡，单击"材质"按钮 ，如图 10-11 所示。

图 10-11

02 在打开的"材质浏览器"对话框中搜索"涂料"。在搜索结果中选中"涂料 – 黄色"选项，并右击，在弹出菜单中选择"复制"选项，如图 10-12 所示。

03 将复制得到的材质名称修改为"外墙涂料 – 白色"，然后修改图形颜色为白色，如图 10-13 所示。

04 切换到"外观"选项卡，单击"复制"按钮复制出新的资源，然后修改对应的注释信息及颜色，如图 10-14 所示。

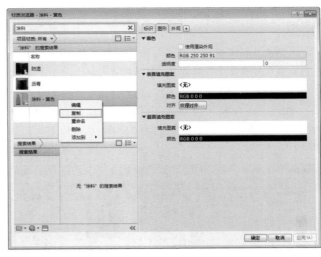

图 10-12

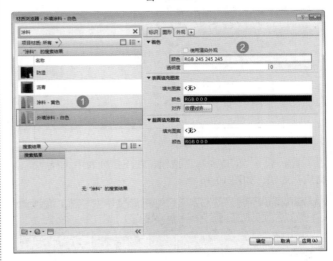

图 10-13

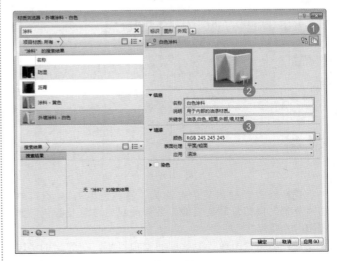

图 10-14

夹，选择"浅灰色毛石"图片，并单击"打开"按钮，如图 10-18 所示。

图 10-17

技巧提示

资源是指系统材质库，与项目材质没有直接关系。多个项目材质可以共用一个"材质资源"。

05 继续复制当前材质，按照同样的方法创建"外墙涂料 – 蓝灰色"材质，颜色为"RGB 100 150 170"，如图 10-15 所示。

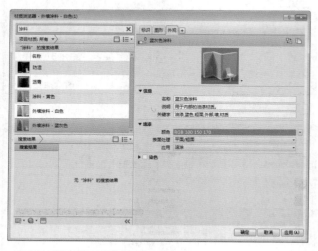

图 10-15

06 单击"创建材质"按钮，在下拉列表中选择"新建材质"选项，如图 10-16 所示。

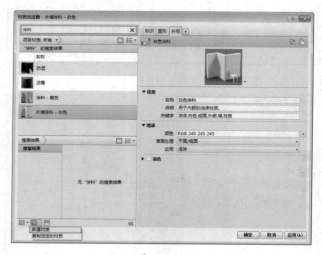

图 10-16

07 修改新建材质的名称为"浅灰色毛石"，然后单击"复制"按钮复制新资源，并修改材质信息及颜色，如图 10-17 所示。

08 单击"图像"参数后的空白区域，在弹出的"选择文件"对话框中依次进入"场景文件\第 10 章"文件

图 10-18

09 单击设置完成后的图像，弹出"材质浏览器"对话框，修改样例尺寸为 1200mm，最后单击"完成"按钮，如图 10-19 所示。

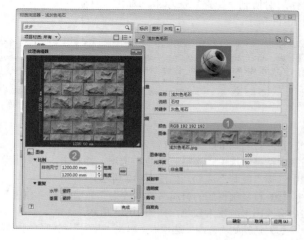

图 10-19

10 向下拖动滚动条，选中"凹凸"复选框，如图10-20所示。软件会自动弹出"选择文件"对话框，在其中选择"场景文件\第10章\浅灰色毛石 (bump).jpg"文件，并单击"打开"按钮，如图10-21所示。

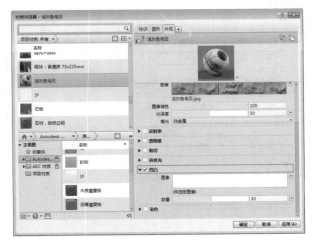

图　10-20

图　10-21

11 设置完成后单击凹凸图像，打开"纹理编辑器"对话框，设置"样例尺寸"数值为1200mm，与石材贴图保持一致，如图10-22所示。

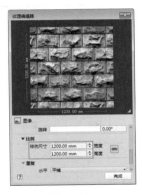

图　10-22

12 将创建好的材质全部放置到项目材质库中，如图10-23所示。

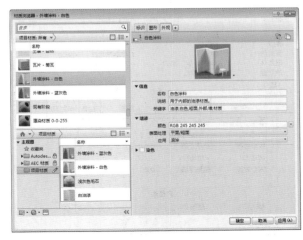

图　10-23

★ (重点) **实战——赋予模型材质**

场景位置	场景文件 > 第10章 > 03.rvt
实例位置	实例文件 > 第10章 > 实战：赋予模型材质.rvt
视频位置	多媒体教学 > 第10章 > 实战：赋予模型材质.mp4
难易指数	★★★★★
技术掌握	向不同模型构件添加材质

扫码看视频

材质创建成功后的下一步，便是将材质赋予对应的模型。

01 打开学习资源包中的"场景文件 > 第10章 > 03.rvt"文件，切换到三维视图，选中二层外墙，单击"编辑类型"按钮，打开"类型属性"对话框，然后单击"结构"参数后方的"编辑"按钮，如图10-24所示。

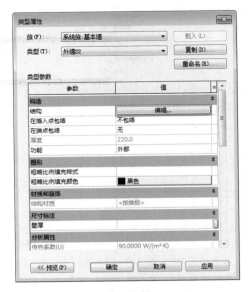

图　10-24

02 在"编辑部件"对话框中找到"面层"，单击"材质"参数后的⊡按钮，如图10-25所示，打开"材质浏览器"。

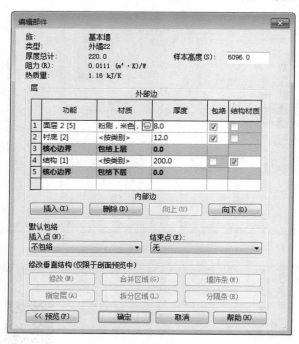

图 10-25

03 在"材质浏览器"中搜索"外墙涂料"，然后在搜索结果中选择"外墙涂料 – 白色"选项，如图10-26所示。最后单击"确定"按钮。

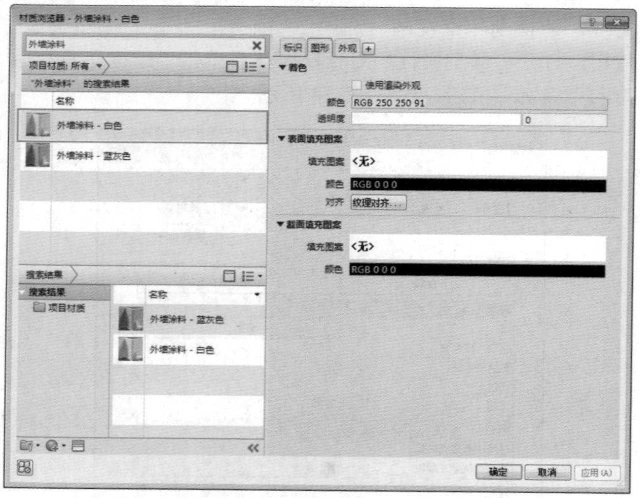

图 10-26

04 返回到"编辑部件"对话框，选择"外墙7"，将其"面层"的材质设置为"浅灰色毛石"，如图10-27所示。

05 选中项目中的墙饰条，同样单击"编辑类型"按钮，打开"类型属性"对话框，在其中找到"材质"参数，并单击后方的⊡按钮，如图10-28所示。

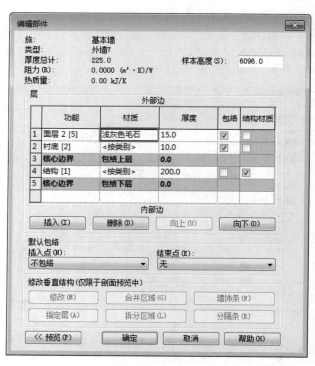

图 10-27

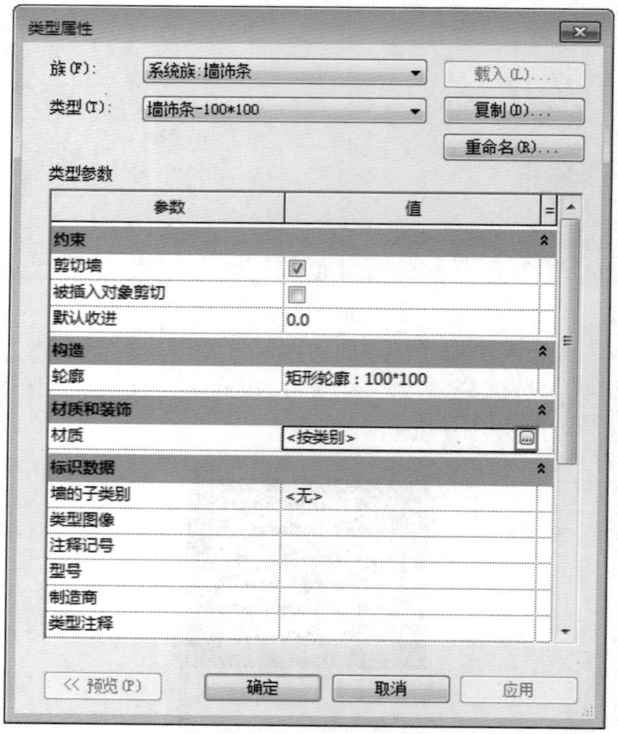

图 10-28

06 在"材质浏览器"中搜索"外墙"，然后在搜索结果中选择"外墙涂料 – 蓝灰色"，如图10-29所示。

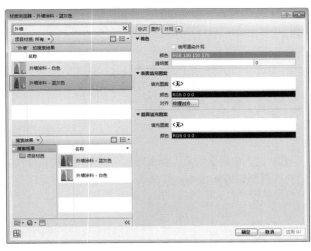

图　10-29

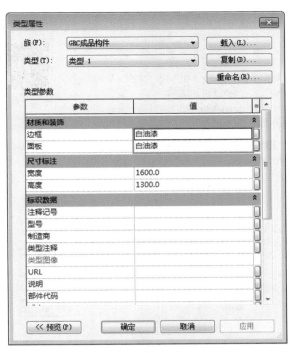

图　10-31

07 转换视图角度，选择 GRC 成品构件，再次单击"编辑类型"按钮，如图 10-30 所示，打开"类型属性"对话框。

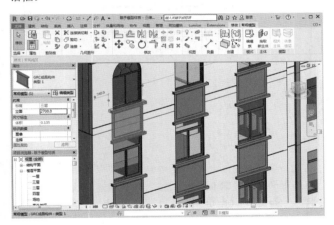

图　10-30

08 将"边框"与"面板"的材质全部设置为"白油漆"，如图 10-31 所示。对于其他部分模型的材质，读者可以自行设计添加。最终完成的效果如图 10-32 所示。

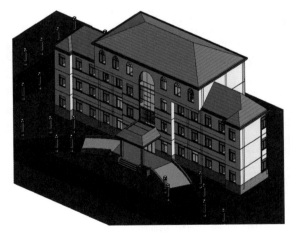

图　10-32

10.2　漫游

　　在使用 Revit 完成建筑设计的过程中，漫游工具体现了非常重要的作用。传统的方案设计都是在 SketchUp 中完成方案模型，然后配合效果图向业主汇报设计方案。使用 Revit 之后，前期的方案模型在 Revit 中完成，然后直接通过"漫游"工具制作一段建筑漫游动画向业主展示，期间不需要借助其他软件就可以完成此项工作。整个过程相对于传统的设计方式来说，其效率有了大幅度提高。延伸到后期，还可以基于 Revit 方案模型进行进一步深化，直接输出相应的建筑图纸。

　　Revit 中的漫游是指沿着定义的路径移动相机，此路径由帧和关键帧组成。关键帧是指可修改相机方向和位置的可修改帧。默认情况下，漫游将创建为一系列透视图，但也可以创建为正交三维视图。

★ 重点 实战——创建漫游动画

场景位置	场景文件 > 第 10 章 >04.rvt
实例位置	实例文件 > 第 10 章 > 实战：创建漫游路径 .rvt
视频位置	多媒体教学 > 第 10 章 > 实战：创建漫游路径 .mp4
难易指数	★★★★★
技术掌握	漫游路径和相机的创建与调整

扫码看视频

01 打开学习资源包中的"场景文件 > 第 10 章 >04.rvt"文件，切换到一层平面。然后切换到"视图"选项卡，单击"三维视图"按钮下方的小三角，在下拉菜单中选择"漫游"选项，如图 10-33 所示。

图 10-33

02 在工具选项栏中设置"偏移"量为 1750，"自"为"一层"，然后在视图中单击，放置关键帧，如图 10-34 所示。

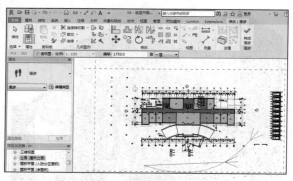

图 10-34

03 沿建筑主体依次单击放置关键帧，形成环形，最后单击"完成"按钮，如图 10-35 所示。

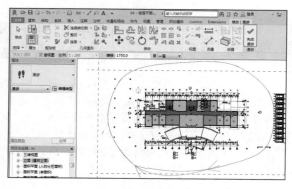

图 10-35

04 漫游路径绘制完成后，单击"编辑漫游"按钮 👣，如图 10-36 所示，进行路径编辑。

图 10-36

05 进入编辑状态后，拖曳粉色小圆点（相机角度控制点），可调整相机的角度，拖曳蓝色小圆圈（相机深度控制点），可以控制相机的可视范围，如图 10-37 所示。

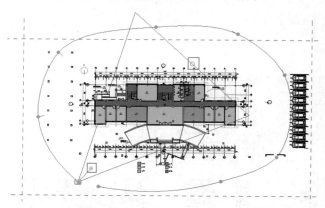

图 10-37

技巧提示

如果对当前相机的角度不满意，可以单击"漫游"面板中的"重设相机"按钮 📷，相机角度将恢复到默认状态，如图 10-38 所示。

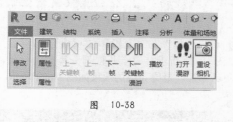

图 10-38

06 单击"上一关键帧"按钮 ◄◄，或者拖曳漫游路径中的相机至上一关键帧，继续调整相机的角度，如图 10-39 所示。直至所有关键帧的相机视角全部调整完成。

07 将视图切换到东立面，在工具选项栏中将"控制"参数调整为"路径"。然后在立面视图中依次拖动关键帧控制点，使其成为逐渐上升再到降落的路径形式，如图 10-40 所示。

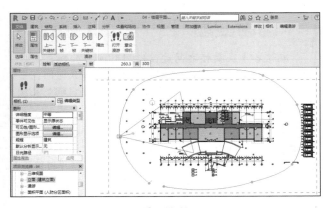

图 10-39

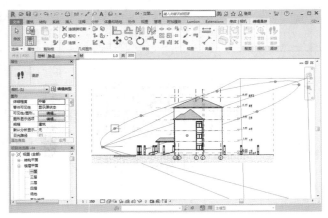

图 10-40

08 再次将"控制"参数修改为"活动相机",然后调整相机目标点的位置始终为建筑中心,如图10-41所示。

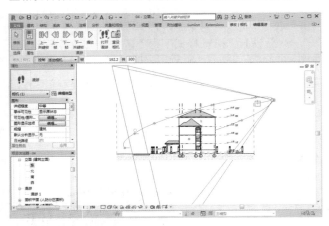

图 10-41

09 最终完成编辑后,单击"打开漫游"按钮,如图10-42所示,进入漫游视图中。

图 10-42

10 拖动视图范围框的4个控制点调整视图范围,并将视图视觉样式修改为"真实",最后单击"播放"按钮预览漫游效果,如图10-43所示。

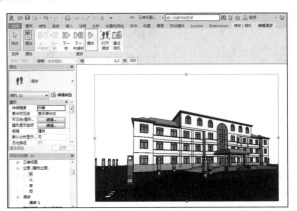

图 10-43

★ **(重点) 实战——编辑漫游并导出**

场景位置	场景文件>第10章>05.rvt
实例位置	实例文件>第10章>实战:编辑漫游并导出.rvt
视频位置	多媒体教学>第10章>实战:编辑漫游并导出.mp4
难易指数	★★★★★
技术掌握	调整漫游路径及导出视频设置

扫码看视频

01 打开学习资源包中的"场景文件>第10章>05.rvt"文件,然后在"项目浏览器"中双击"漫游1"进入漫游视图,选中视图裁切框,切换到一层平面,接着单击"编辑漫游"按钮,如图10-44所示。

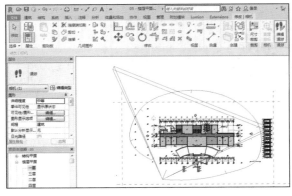

图 10-44

02 在工具选项栏中设置"控制"参数为"添加关键帧"，并在现有漫游路径上单击以添加关键帧，如图10-45所示。

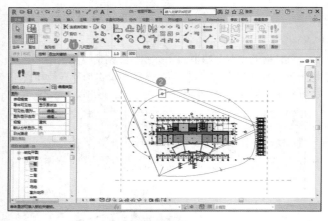

图　10-45

技巧提示

工具选项栏的控制选项共有4种，分别是"活动相机""路径""添加关键帧"和"删除关键帧"。可以根据需求选择不同选项，从而对不同对象进行编辑。

03 在工具选项栏中单击"共"后方的300，打开"漫游帧"对话框，然后设置"总帧数"为500，"帧/秒"参数为30，选中"指示器"复选框并设置"帧增量"为10，如图10-46所示。

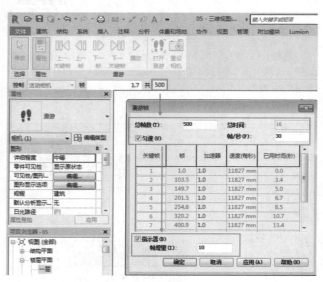

图　10-46

技巧提示

默认各个关键帧之间过渡所用时间由软件自动分配。如果需要自定义每个关键帧之间过渡所用时间，可以关闭"匀速"选项。在加速器一列中，可以调整关键帧之间过渡的速度。

04 单击"确定"按钮后，在平面视图中可以查看完成效果，如图10-47所示。图中红色的圆点代表自行设置的关键帧，蓝色的小方块代表系统自己添加的指示帧。

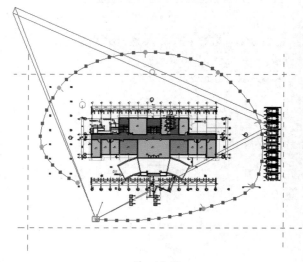

图　10-47

05 切换到漫游视图，单击"文件"菜单按钮，然后执行"导出→图像和动画→漫游"命令，如图10-48所示。打开"长度/格式"对话框，选择"输出长度"为"全部帧"，然后设置"视觉样式"为"真实"，"尺寸标注"为1280×924，最后单击"确定"按钮，如图10-49所示。

图　10-48

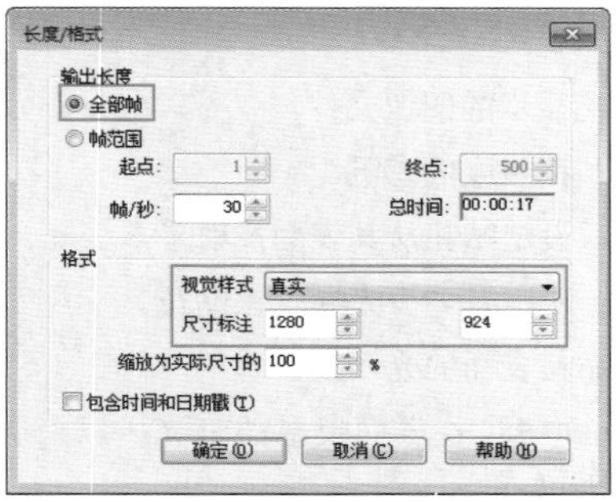

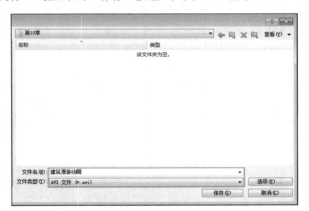

图　10-49

 疑难问答——可以只导出整段漫游中的一部分吗？

可以，选择输出长度为"帧范围"，再设置起始与终点的帧数值就可以了。

06 在"导出漫游"对话框中选择保存的路径，然后输入文件名为"建筑漫游动画"，选择"文件类型"为"AVI文件"，最后单击"保存"按钮，如图10-50所示。

图　10-50

07 在打开的"视频压缩"对话框中设置"压缩程序"

为"Intel IYUV 编码解码器"，然后单击"确定"按钮，即可完成视频导出，如图 10-51 所示。

图　10-51

08 视频导出后，打开视频进行播放，查看动画效果，如图 10-52 所示。

图　10-52

 疑难问答——为什么不选择"全帧（非压缩的）"压缩程度呢？

选择全帧方式导出，生成文件的体积非常大。且用市面上多数播放器播放时会出现分屏现象，无法正常播放。推荐使用Intel压缩方式，文件体积和画面清晰度都能比较好地被控制。

10.3 渲染

　　通常模型创建完成之后，就需要开始进行渲染工作了。以往，渲染这部分工作都是由效果图公司完成的，但使用了Revit 完成设计之后，可以直接在 Revit 中完成渲染的工作。

　　Revit 集成了 Autodesk Raytracer 渲染引擎，可以在三维视图中使用各种效果，创建出照片级真实的图像。目前 Revit 2018 提供两种渲染方式，分别是云渲染和本地渲染。云渲染可以使用 Autodesk 360 访问多个版本的渲染、将图像渲染为全景、更改渲染质量以及为渲染的场景应用背景环境。本地渲染相对于云渲染来说，其优势在于对计算机硬件要求不高，只要使能打开 Revit 的计算机连接互联网就可以进行渲染。并且，只要顺利完成模型的上传，就可以继续工作，渲染工作都在"云"上完成，一般十几分钟后就可以看到渲染结果。在渲染的过程中，也可以随时在网站上调整设置重新渲染。

重点 10.3.1 贴花

使用"放置贴花"工具可将图像放置到建筑模型的表面上以进行渲染。例如，可以将贴花用于标志、绘画和广告牌。对于每个贴花，可以指定一个图像及其反射率、亮度和纹理（凹凸贴图），并且可以将贴花放置到水平表面或圆筒形表面上。

1.贴花实例属性

若要修改实例属性，先选择图元，然后在"属性"面板中修改其参数，如图 10-53 所示。

图 10-53

贴花实例属性参数介绍

- 宽度：贴花的物理宽度。
- 高度：贴花的物理高度。
- 固定宽高比：确定是否保持高度和宽度之间的比例。取消选择此选项可单独修改"宽度"或"高度"，使二者互不影响。

2.贴花类型属性

要修改类型属性，可在"贴花类型"对话框中修改相应参数的值，如图 10-54 所示。

图 10-54

贴花设置属性参数介绍

- 源：贴花显示的图像文件。
- 亮度：贴花照度的感测。
- 反射率：设定贴花从其表面反射了多少光。
- 透明度：设定有多少光通过该贴花。
- 饰面：贴花表面的光泽度。
- 亮度（cd/m^2）：表面反射的灯光，以"坎德拉 / 平方米"为单位。
- 凹凸填充图案：要在贴花表面上使用凹凸填充图案（附加纹理）。
- 凹凸度：凹凸的相对幅度，最大值为 1.0。
- 剪切：剪切贴花表面的形状。

★ 重点 实战——创建灯箱广告

场景位置	场景文件 > 第 10 章 >06.rvt
实例位置	实例文件 > 第 10 章 > 实战：创建灯箱广告 .rvt
视频位置	多媒体教学 > 第 10 章 > 实战：创建灯箱广告 .mp4
难易指数	★★★★★
技术掌握	贴花类型与尺寸的编辑

扫码看视频

01 打开学习资源包中的"场景文件 > 第 10 章 >06.rvt"文件，切换到"插入"选项卡，单击"贴花"按钮，如图 10-55 所示，打开"贴花类型"对话框。

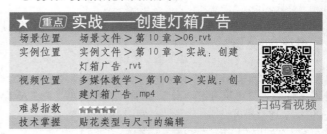

图 10-55

02 在"贴花类型"对话框中单击左下角的"新建贴花"按钮，然后在"新贴花"对话框中输入"名称"为"广告"，接着单击"确定"按钮，如图 10-56 所示。

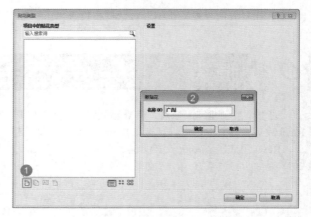

图 10-56

03 单击"源"后方的 `...` 按钮，如图 10-57 所示，打开"选择文件"对话框，选择"场景文件 \ 第 10 章 \LOGO.jpg"文件，并单击"打开"按钮，如图 10-58 所示。

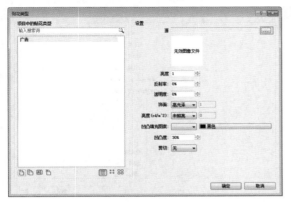

图　10-57

图　10-58

04 在"贴花类型"对话框中根据需要设置对应参数值，最后单击"确定"按钮，如图 10-59 所示。

图　10-59

05 将光标放置于门头广告灯箱的位置并单击，然后在"属性"面板中设置贴花的"宽度"为5800，"高度"为1500，并将贴花移动至与灯箱对齐的位置，如图 10-60 所示。

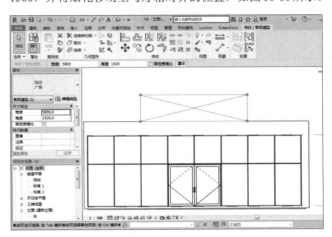

图　10-60

06 将视图的视觉样式调整为"精细"，然后查看贴花效果，如图 10-61 所示。

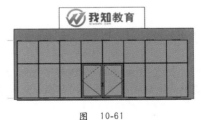

图　10-61

疑难问答——在立面视图中放置贴花时，是否只能在当前视图中显示呢？

贴花属于模型图元，在三维或其他视图都可以正常显示，但需在真实状态下才能显示。

技术专题 15：制作浮雕效果的贴花

在实际项目中，有时可能需要制作浮雕模型。但使用Revit或其他建模软件直接建立浮雕模型会花费大量时间与精力。下面介绍通过贴花功能实现浮雕效果的制作。

第1步：新建项目文件，创建一面墙体或其他建筑构件，如图10-62所示。

图　10-62

第2步：新建贴花类型，设置浮雕效果的图片，如图10-63所示。

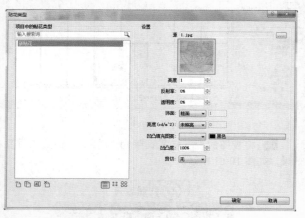

图　10-63

第3步：设置"凹凸填充图案"选项为"图像文件"，并选择与上述图像文件相同的黑白或彩色图像。设置"凹凸度"为80%，如图10-64所示。

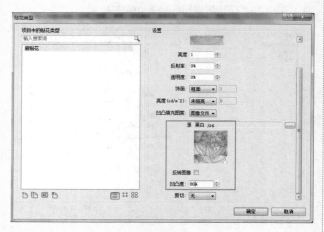

图　10-64

第4步：将贴花放置于模型上面，此时将显示图像的浮雕效果，如图10-65所示。

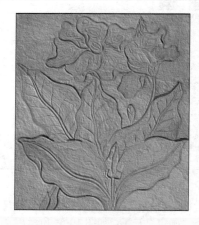

图　10-65

选择凹凸贴图时建议使用对比度强烈的黑白贴图，这样显示出的浮雕效果更加立体。如没有相对应的黑白贴图，可以用Photoshop将原图进行去色、增强对比度等方式进行处理。

重点 10.3.2　本地渲染功能详解

在前面的章节中已经介绍了贴花功能的使用方法。本节将着重介绍本地渲染如何操作。实现本地渲染的工作可分为如下5个步骤。

第1步：创建三维视图。

第2步：（可选）指定材质的渲染外观，并将材质应用到模型中。

第3步：定义照明。

第4步：调节渲染设置参数。

第5步：开始渲染并保存图像。

★ 重点 实战——渲染室内大厅效果图

场景位置	场景文件 > 第 10 章 >07.rvt
实例位置	实例文件 > 第 10 章 > 实战：渲染 室内大厅效果图 .rvt
视频位置	多媒体教学 > 第 10 章 > 实战：渲 染室内大厅效果图 .mp4
难易指数	★★★★★
技术掌握	材质填充与渲染参数的设置

扫码看视频

室内场景相较于室外场景来说，其光线会更暗一些。可以通过添加人造光源以及调整光照方案来改善。

01 打开学习资源包中的"场景文件 > 第 10 章 >07.rvt"文件，切换到"视图"选项卡，单击"三维视图"按钮下方的小三角，在下拉菜单中选择"相机"选项，如图 10-66 所示。

图 10-66

02 在工具选项栏中设置"偏移"为 1500，然后将光标移至视图大门的位置。单击第一个点确定相机起始位置，接着沿垂直方向移动光标，再次单击确定相机目标点的方向，如图 10-67 所示。

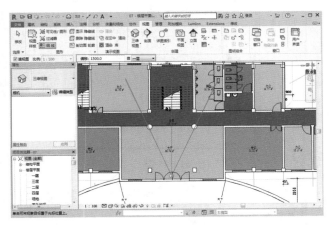

图 10-67

03 此时会进入相机视图，拖曳相机视图范围框直至合适的大小，然后设置视图"视觉样式"为"真实"，如图 10-68 所示。

04 切换到"修改"选项卡，然后单击"添色"按钮（快捷键为 PT），如图 10-69 所示。

05 在弹出的"材质浏览器"对话框中选择材质为"大理石"，然后拾取视图中的地面，将材质赋予它，如图 10-70所示。

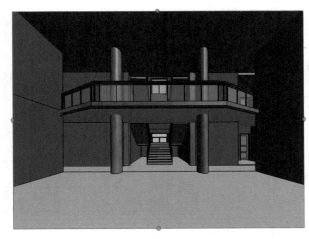

图 10-68

图 10-69

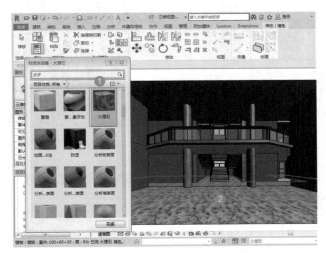

图 10-70

技巧提示

如需要更精细的渲染效果，可以将质量参数设置为"编辑"模式，这样就可以进一步调整渲染效果的相关参数了。

06 在"材质浏览器"对话框中选择"松散石膏板"材质，将其赋予所有墙面，如图 10-71 所示。

07 在"材质浏览器"对话框中选择"天花板 - 扣板"材质，将其赋予天花板，如图 10-72 所示。

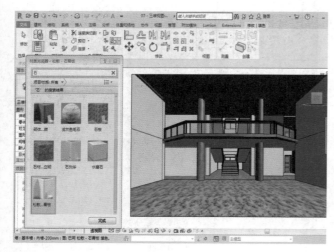

图　10-71

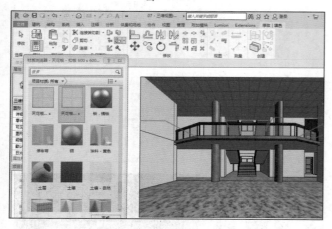

图　10-72

08 在"材质浏览器"对话框中选择"石灰华"材质，将其赋予圆柱，如图10-73所示。最后单击"完成"按钮。

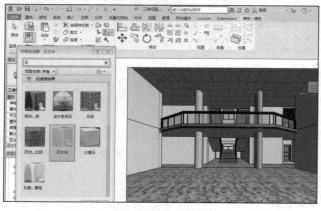

图　10-73

09 切换到"视图"选项卡，单击"渲染"按钮（快捷键为RR），如图10-74所示。

图　10-74

10 在"渲染"对话框中设置质量为"中"，"分辨率"为"打印机75 DPI"，然后设置照明"方案"为"室内：仅日光"，然后单击"渲染"按钮，如图10-75所示。当"渲染进度"对话框中显示为100%时，渲染任务完成，如图10-76所示。

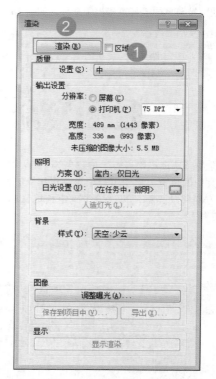

图　10-75

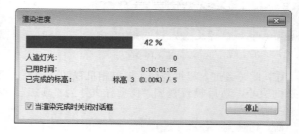

图　10-76

11 在"渲染"对话框中单击"保存到项目中"按钮，会弹出"保存到项目中"对话框，输入图像"名称"为"室内大厅"，然后单击"确定"按钮，将图像存储到项目中，如图10-77所示。

图 10-77

12 关闭"渲染"对话框，在"项目浏览器"中找到"渲染"节点，双击"室内大厅"即可查看渲染图像，如图 10-78 所示。

图 10-78

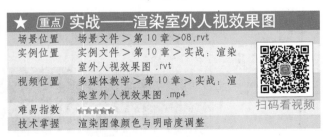

01 打开学习资源包中的"场景文件 > 第 10 章 >08.rvt"文件，切换到"室外地坪"平面，如图 10-79 所示。

02 切换到"视图"选项卡，然后在"创建"面板中单击"三维视图"按钮，在下拉菜单中选择" 相机"选项，如图 10-80 所示。

03 在建筑物下方中心位置单击，确定相机起始点，然后在垂直向上延伸一段距离处再次单击，确定相机目标点，如图 10-81 所示。

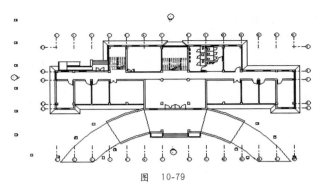

图 10-79

图 10-80

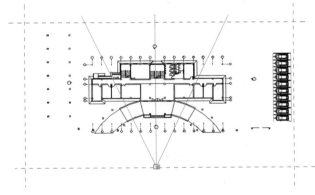

图 10-81

04 进入相机视图后，拖动视图裁剪框的 4 个控制点将视图调整到合适的尺寸，如图 10-82 所示。

图 10-82

技巧提示

Revit将按照创建的顺序为视图指定名称为"三维视图1""三维视图 2"等。在"项目浏览器"中的该视图上右击并选择"重命名"命令，即可重新命名该视图。如果对视图角度不满意，可以按住Shift键+鼠标中键转动视图。

05 使用快捷键RR打开"渲染"窗口，设置质量为"高"，然后选择"分辨率"为"打印机"并设置选项为150 DPI，接着设置"方案"为"室外：仅日光"，再设置"背景"类别中的"样式"为"天空：多云"，最后单击"渲染"按钮进行渲染，如图10-83所示。

图　10-83

技巧提示

如果只需要渲染当前视图的某部分区域，可以选择"渲染"对话框中的"区域"选项，然后在视图中选择需要渲染的区域即可。

06 如果对渲染结果不满意，还可以单击"渲染"对话框中的"调整曝光"按钮，打开"曝光控制"对话框。然后根据渲染结果分别调整"曝光值""饱和度""白点"等参数，每次调整完成之后都可以单击"应用"按钮查看效果，如图10-84所示。

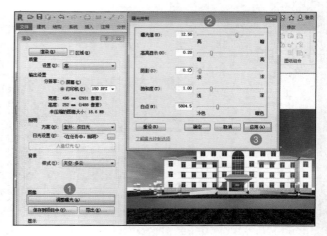

图　10-84

疑难问答——已将图像文件保存到项目中，但关闭了"渲染"对话框，在这种情况下还可以编辑曝光参数吗？

不可以，"调整曝光"只对当前渲染窗口有作用。不能对保存后的图像进行二次编辑。

07 确认效果后，单击"确定"按钮关闭"曝光控制"对话框。然后单击"保存到项目中"按钮，打开"保存到项目中"对话框输入"名称"为"室外人视"，接着单击"确定"按钮，将已渲染完成的图像保存至项目中，如图10-85所示。

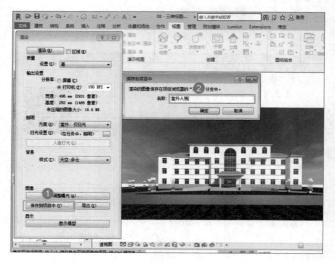

图　10-85

08 在"项目浏览器"中打开渲染图像，查看最终效果，如图10-86所示。

图 10-86

★ 重点 实战——导出渲染图像

场景位置	场景文件 > 第 10 章 > 09.rvt
实例位置	实例文件 > 第 10 章 > 实战：导出渲染图像 .JPG
视频位置	多媒体教学 > 第 10 章 > 实战：导出渲染图像 .mp4
难易指数	★★★★★ 扫码看视频
技术掌握	图像导出的方法与参数设置

01 打开学习资源包中的"场景文件 > 第 10 章 > 09.rvt"文件，双击打开"室外人视"渲染视图，如图 10-87 所示。

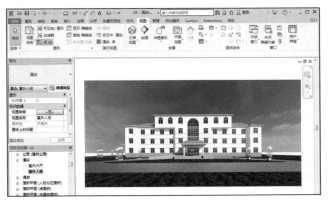

图 10-87

01 单击"文件"菜单按钮，执行"导出→图像和动画→图像"菜单命令，如图 10-88 所示。

图 10-88

03 在打开的"导出图像"对话框中单击"修改"按钮，修改图像保存路径，然后设置"图像尺寸"为 2000 像素，"格式"为"JPEG（无失真）"，最后单击"确定"按钮保存图像，如图 10-89 所示。

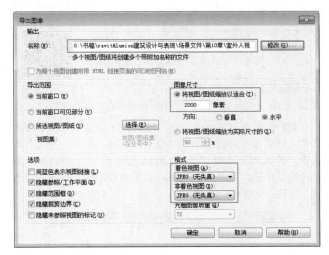

图 10-89

04 保存成功后，双击打开图片查看效果，如图 10-90 所示。

图 10-90

重点 **10.3.3 云渲染**

使用 Autodesk 360 中的渲染可从任何计算机上创建照片级真实的图像和全景。从联机渲染库中可以访问渲染的多个版本、渲染图像为全景图、更改渲染质量以及将背景环境应用到渲染场景。云渲染的优势在于方便、快捷以及完全不占用本地资源，整个渲染过程相对于本地渲染可节省大约 2/3 的时间。但目前使用 Autodesk 360 云渲染的全部功能需要用户付费成为速博用户。当渲染图像时，根据图像的不同要求扣除相应的云积分，云积分用完后需要再次向欧特克付费进行购买。

使用云渲染功能分为以下 3 个步骤。

第 1 步：登陆 Autodesk 360。

第 2 步：调节渲染设置参数（视图、输出类型和渲染质量等）。

第 3 步：查看渲染效果并做相应调整。

★ 重点 实战——静态图像的云渲染

场景位置	场景文件 > 第 10 章 >09.rvt
实例位置	实例文件 > 第 10 章 > 实战：静态图像的云渲染 .rvt
视频位置	多媒体教学 > 第 10 章 > 实战：静态图像的云渲染 .mp4
难易指数	★★★★★
技术掌握	固定视角效果图的云渲染流程与注意事项

扫码看视频

01 打开学习资源包中的"场景文件 > 第 10 章 >09.rvt"文件，然后单击标题栏中的"登录"按钮，打开"登录"对话框，输入电子邮件地址（Autodesk 账户），如图 10-91 所示。然后单击"下一步"按钮，输入账户密码，并单击"登录"按钮，如图 10-92 所示。

图 10-91

图 10-92

02 接下来可能会需要进行双重认证，输入发送到绑定手机上的验证码，并单击"输入代码"按钮进行登录，如图 10-93 所示。

图 10-93

技巧提示

如果没有Autodesk ID，可以单击"需要Autodesk ID"即可注册，注册之后会赠送一定数量的云积分用于云渲染与云端分析。

03 切换到"视图"选项卡，单击"演示视图"面板中的"在云中渲染"按钮（快捷键为 RD），如图 10-94 所示。

图 10-94

04 在打开的"在 Cloud 中渲染"对话框中显示了渲染步骤，单击"继续"按钮，如图 10-95 所示。

图 10-95

05 在"在 Cloud 中渲染"对话框中设置渲染条件。在"三维视图"中可以选择多个视图进行上传，然后设置"输出类型"为"静态图像"，"渲染质量"为"标准"，"图像尺寸"为"中（1兆像素）"，"曝光"为"高级"等，如图10-96所示。

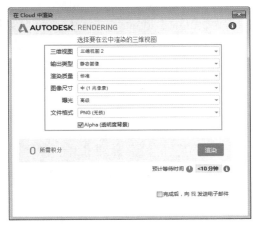

图 10-96

06 单击"开始渲染"后，开始上传渲染文件到云服务器。在等待的过程中，为了不影响其他工作，可单击"在后台继续"按钮，如图10-97所示。

图 10-97

07 在"视图"选项卡中单击"渲染库"按钮（快捷键为RG），如图10-98所示。可以联机查看和下载完成的图像。

图 10-98

08 在打开的网页中单击渲染完成的项目，如图10-99所示。进入之后，可以查看渲染完成的效果，还可以将其下载到本地，如图10-100所示。

图 10-99

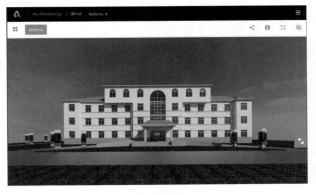

图 10-100

读书笔记

第 11 章

明细表

本章学习要点

- 构建明细表
- 材料统计

11.1 构件明细表

明细表可以帮助用户统计模型中的任意构件。如门、窗和墙体。明细表所统计的内容由构件本身的参数提供。用户在创建明细表时，可以选择需要统计的关键字即可。

Revit 中的明细表共分为 6 种类别，分别是"明细表 / 数量" 囲、"图形柱明细表" 囲、"材质提取" 囲、"图纸列表" 囲、"注释块" 囲 和"视图列表" 囲。在实际项目中，经常用到"明细表 / 数量"明细表，通过"明细表 / 数量"明细表所统计的数值可以作为项目"概预算"的工程量使用。

明细表可以包含多个具有相同特征的项目，例如，房间明细表中可能包含 150 个房间，这些房间的地板、天花板和基面面层均相同。读者不必在明细表中手动输入这 150 个房间的信息，只需定义关键字就可自动填充信息。如果房间有已定义的关键字，那么当将这个房间添加到明细表中时，明细表中的相关字段将自动更新，以减少生成明细表所需的时间。

可以使用关键字明细表定义关键字，除了按照规范定义关键字之外，关键字明细表看起来类似于构件明细表。创建关键字时，关键字会作为图元的实例属性列出。当应用关键字的值时，关键字的属性将应用到图元中。

★ 重点 实战——统计房间数量

场景位置	场景文件 > 第 11 章 > 01.rvt
实例位置	实例文件 > 第 11 章 > 实战：统计房间数量 .rvt
视频位置	多媒体教学 > 第 11 章 > 实战：统计房间数量 .mp4
难易指数	★★★★★
技术掌握	明细表关键字的添加与编辑

扫码看视频

01 打开学习资源包中的"场景文件 > 第 11 章 > 01.rvt"文件，切换到"视图"选项卡，单击"明细表"按钮，如图 11-1 所示，打开"新建明细表"对话框。

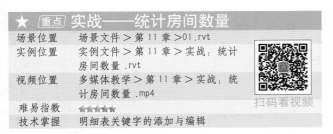

图　11-1

02 在"新建明细表"对话框中选择"房间"类别，然后单击"确定"按钮，如图 11-2 所示。

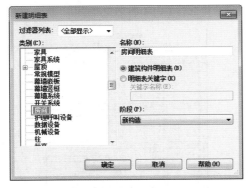

图　11-2

03 在弹出的"明细表属性"对话框的左侧"可用的字段"面板中依次双击"标高""名称""面积""合计"字段，分别将其添加到右侧"明细表字段"中，如图 11-3 所示。

图　11-3

技巧提示

如果需要统计链接文件中的图元，选择"包含链接中的图元"选项即可。

04 切换到"排序 / 成组"选项卡中，将"排序方式"修改为"标高"，然后单击"确定"按钮，如图 11-4 所示。

图　11-4

05 这时明细表视图将依次按照不同标高统计出各层房间的数量及面积，如图11-5所示。

〈房间明细表〉

A 标高	B 名称	C 面积	D 合计
未放置	房间	未放置	1
未放置	房间	未放置	1
未放置	房间	未放置	1
一层	办公	15.17	1
一层	办公	18.44	1
一层	办公	15.17	1
一层	会议	31.22	1
一层	办公	33.78	1
一层	男卫	16.36	1
一层	办公	15.17	1
一层	会议	31.22	1
一层	女卫	9.57	1
一层	办公	15.17	1
一层	办公	18.44	1
一层	走廊	119.80	1
一层	办公	16.77	1
一层	大厅	68.74	1
二层	办公	7.13	1
二层	办公	15.17	1
二层	办公	18.44	1
二层	会议	31.22	1
二层	办公	33.78	1
二层	男卫	16.36	1
二层	办公	15.16	1
二层	女卫	9.56	1
二层	办公	15.17	1

图　11-5

06 选中未放置的4个房间，右击，在弹出的菜单中选择"删除行"选项，将其删除，如图11-6所示。

〈房间明细表〉

A 标高	B 名称	C 面积	D 合计

（右键菜单：编辑字体、编辑边框、编辑着色、在上方插入行、在下方插入行、插入数据行、插入列、隐藏列、取消隐藏全部列、删除行、删除列、合并/取消合并、使页眉成组、使页眉解组、清除单元格、重置替换）

图　11-6

07 由于现阶段只需要统计各层各类型房间的总数即可，所以在"属性"面板中单击"排序/成组"参数后方的"编辑"按钮，如图11-7所示。再次打开"明细表属性"对话框。

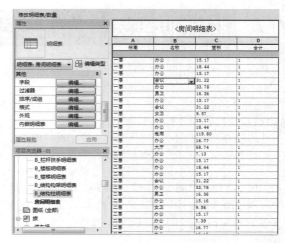

图　11-7

08 在"排序/组成"选项卡中选中"标高"下方的"页脚"复选框，并设置页脚显示内容为"标题、合计和总数"。然后选中"总计"复选框，取消选中"逐项列举每个实例"复选框，如图11-8所示。最后单击"确定"按钮。

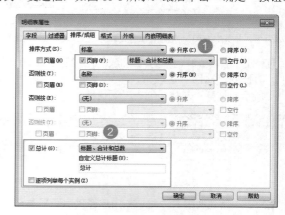

图　11-8

09 最终完成的效果如图11-9所示。

〈房间明细表〉

A 标高	B 名称	C 面积	D 合计
一层	会议	31.22	2
一层	办公		8
一层	大厅	68.74	1
一层	女卫	9.57	1
一层	男卫	16.36	1
一层	走廊	119.80	1
一层: 14			
二层	会议	31.22	1
二层	办公		11
二层	女卫	9.56	1
二层	房间	188.54	1
二层	男卫	16.36	1
二层: 15			
三层	中会议室	66.69	1
三层	休息间		2
三层	办公		9
三层	女卫	9.56	1
三层	房间		3
三层	男卫	16.36	1
三层: 17			
四层	休息厅	41.46	1
四层	大会议室	233.88	1
四层	房间	22.19	1
四层	设备室	18.75	1
四层: 4			
总计: 50			

图　11-9

★ 实战——创建门窗表

场景位置 　场景文件 > 第 11 章 > 02.rvt
实例位置 　实例文件 > 第 11 章 > 实战：创建门窗表 .rvt
视频位置 　多媒体教学 > 第 11 章 > 实战：创建门窗表 .mp4
难易指数 　★★★★★
技术掌握 　明细表格式调整与外观样式设置

01 打开学习资源包中的"场景文件 > 第 11 章 >02.rvt"文件，切换到"视图"选项卡，单击"明细表"按钮，如图 11-10 所示，打开"新建明细表"对话框。

图　11-10

02 在"新建明细表"对话框中选择"门"类别，然后单击"确定"按钮，如图 11-11 所示。

图　11-11

03 在弹出的"明细表属性"对话框中依次添加"类型""类型标记""合计""说明""注释"字段，然后单击"合并参数"按钮，如图 11-12 所示。

图　11-12

04 在弹出的"合并参数"对话框中输入"合并参数名称"为"洞口尺寸（WxH）"，然后分别添加"宽度"和"高度"参数，并将分隔符删除。将"宽度"参数的后缀修改为 x，如图 11-13 所示。最后单击"确定"按钮。

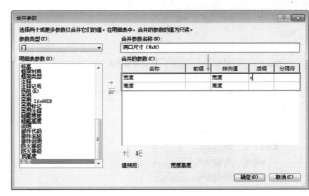

图　11-13

05 返回到"明细表属性"对话框，选中"洞口尺寸（WxH）"参数，然后单击"上移参数"按钮，将其移动至"类型标记"参数的下方，如图 11-14 所示。

图　11-14

06 切换到"格式"选项卡，选中所有明细表字段，设置"对齐"方式为"中心线"，如图 11-15 所示。

图　11-15

07 切换到"外观"选项卡，将"轮廓"设置为"中粗线"，然后取消选中"数据前的空行"复选框，如图11-16所示。最后单击"确定"按钮。

图 11-16

08 返回明细表视图，发现部门编号没有修改，而且门编号格式不正确，如图11-17所示。

图 11-17

09 选中编号不正确的门，直接修改类型标记为M-4，然后按Enter键确定。随即弹出Revit对话框，单击"确定"按钮，如图11-18所示。

10 修改完成后的效果如图11-19所示。但门窗表格式依然不符合规范，所以在"属性"面板中单击"排序/成组"参数后方的"编辑"按钮，如图11-20所示，打开"明细表属性"对话框。

图 11-18

图 11-19

图 11-20

⑪ 在"明细表属性"对话框中将"排序方式"修改为"类型标记",然后取消选中"逐项列举每个实例"选项,如图 11-21 所示,最后单击"确定"按钮。

图　11-21

⑫ 在门明细表中,因为"类型"参数主要是为了修改门编号参照使用,所以要选中"类型"一列,然后单击"删除"按钮将其删除,如图 11-22 所示。

图　11-22

⑬ 依次将表头名称修改为符合门窗表的名称,并根据实际情况填充图集名称以及备注信息,如图 11-23 所示。按照相同的方法制作窗明细表。

＜门明细表＞				
A	B	C	D	E
编号	洞口尺寸（WxH）	数量	选用标准图集	备注
M-1	1000x2400	27	98ZJ681-GJM-304	夹板门
M-2	1200x2400	9	98ZJ681-GJM-323a	夹板门
M-3	1500x2400	1		
M-4	3800x2700	1		
M-5	800x2100	7		
M-6	1600x2400	2		

图　11-23

11.2 材料统计

材质提取明细表列出了所有 Revit 族的子构件或材质,并且该表具有其他明细表视图的所有功能和特征,可用其更详细地显示构件部件的信息。Revit 构件的任何材质都可以显示在明细表中。

★ 实战——统计装饰材料

场景位置	场景文件＞第 11 章＞03.rvt
实例位置	实例文件＞第 11 章＞实战：统计装饰材料.rvt
视频位置	多媒体教学＞第 11 章＞实战：统计装饰材料.mp4
难易指数	★★★★★
技术掌握	材料提取明细表使用方法

扫码看视频

⓪① 打开学习资源包中的"场景文件＞第 11 章＞03.rvt"文件,切换到"视图"选项卡,单击"明细表"按钮,在下拉菜单中选择"　材质提取"选项,如图 11-24 所示。

图　11-24

⓪② 在打开的"新建材质提取"对话框中选择"多类别"类别,然后单击"确定"按钮,如图 11-25 所示。

⓪③ 在打开的"材质提取属性"对话框中分别添加"材质：名称""材质：面积"和"类别"字段,如图 11-26 所示。

图　11-25

图　11-26

04 切换到"排序 / 成组"选项卡中，设置排序方式为"材质：名称"，并取消选中"逐项列举每个实例"复选框，如图 11-27 所示。最后单击"确定"按钮。

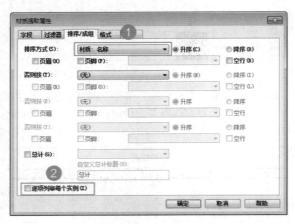

图 11-27

05 当前明细表中列出了各类材质的面积以及应用部位，如图 11-28 所示。

〈多类别材质提取〉		
A	B	C
材质：名称	材质：面积	类别
义_象牙白	2.29	卫浴装置
不锈钢，抛光	0.07	卫浴装置
地面砖(500X500浅	0.00	卫浴装置
塑料，不透明红	0.10	场地
塑料，不透明黑		场地
塑料，黄色	0.59	场地
塑料，黑色	0.59	场地
外墙涂料 - 白色		墙
大理石		
天花板 - 扣板 60		
抛光不锈钢	0.04	卫浴装置
松散 - 石膏板		
水泥砂浆		屋顶
水磨石		楼板
浅灰色毛石		墙
混凝土 - 现场浇		
混凝土，现场浇注		楼板
玻璃		
玻璃，磨砂，白色	1.16	场地
玻璃，绿色	3.00	场地
瓦片 - 筒瓦		屋顶
瓷，象牙白	1.52	卫浴装置
白油漆		
石板	1.82	场地
石灰华		
金属，油漆面层，	3.16	场地
砖 5052	1.60	窗
默认		天花板

图 11-28

 读书笔记

第 12 章

施工图设计

本章学习要点

- 视图基本设置
- 不同类型视图的创建方法
- 注释族及详图族的使用
- 图纸分类与归档

12.1 视图基本设置

在开始正式绘制施工图之前，首先要根据实际施工图纸的规范要求，设置各个对象在视图中的线型图案及颜色。在传统的 AutoCAD 平台中绘制，都是通过"图层"的方式对不同图元进行归类及显示样式的设定。而 Revit 取消了图层的概念，将图层转换为"对象类型"与"子类别"，从而对不同构件进行颜色、线型等设置，如图 12-1 所示。

设置图元样式的方法共有两种，分别是通过"对象样式"和通过"可见性 / 图形替换"工具来实现。但这两种工具的设置不能同时使用，默认状态下，在各个视图中均按照"对象样式"中的设置执行。如果在视图中启用了"可见性 / 图形替换"设置，那么"对象样式"在当前视图将不起作用。

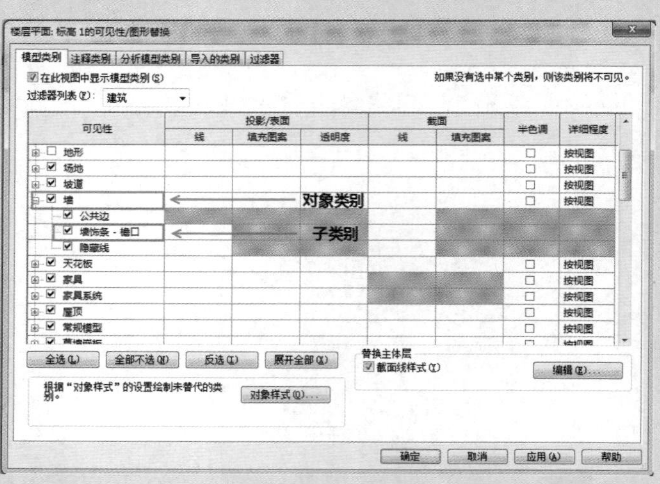

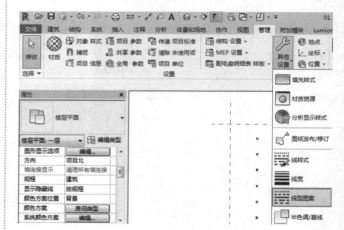

图　12-1

重点 12.1.1　对象样式管理

本节将主要学习对象样式的管理。目前国内各家设计院都有各自的制图规范与标准。这就需要根据各家设计院内部的一些制图标准来设定 Revit 中的对象样式，以满足现有的国家标准，同时满足内部设计的制图标准。但目前设计院中存在的制图标准，还是针对 CAD 平台所制定的。所以，当需要出图时还得根据 CAD 的制图标准来设定 Revit 中对象的颜色、线型和线宽等。下面通过两个实例来详细介绍在视图中设定对象样式的方法。

★ 重点 **实战——设置线型与线宽**

场景位置	场景文件 > 第 12 章 >01.rvt
实例位置	实例文件 > 第 12 章 > 实战：设置线型与线宽 .rvt
视频位置	多媒体教学 > 第 12 章 > 实战：设置线型与线宽 .mp4
难易指数	★★★★★
技术掌握	线型图案及宽度的设置方法与技巧

扫码看视频

01 打开学习资源包中的"场景文件 > 第 12 章 >01.rvt"文件，切换到"管理"选项卡，单击"其他设置"按钮，在下拉菜单中选择"线型图案"，如图 12-2 所示。

02 在"线型图案"对话框中单击"新建"按钮，如图 12-3 所示。

03 在"线型图案属性"对话框中输入"名称"为"GB 轴网"，接着设置第一行"类型"为"画线[①]"，"值"为 10mm；第二行"类型"为"空间"，"值"为 2mm；第三行"类型"为"画线"，"值"为 1mm；第四行"类型"为"空间"，"值"为 2mm，最后单击"确定"按钮，如图 12-4 所示。

图　12-2

图　12-3

---

① 注：文中的"画线"与软件中的"划线"为同一内容，后文不再赘述。

Revit+Lumion中文版从入门到精通（建筑设计与表现）

220

图 12-4

04 在视图中选择任意轴线,然后设置"轴线末段宽度"为2,"轴线末段填充图案"为"红色","轴线末段填充图案"为"GB 轴网",最后单击"确定"按钮,如图12-5所示。

图 12-5

05 再次单击"其他设置"按钮,在下拉菜单中选择"线宽",如图12-6所示。

图 12-6

06 在"线宽"对话框中可以看到 Revit 提供了不同视图比例的 16 种类型,每种类型值的前方都有序号,即该类型线宽的代号,如图12-7所示。切换到"注释线宽"选项卡,分别设置1、2序号的线宽数值分别为0.1与0.18,如图12-8所示。

图 12-7

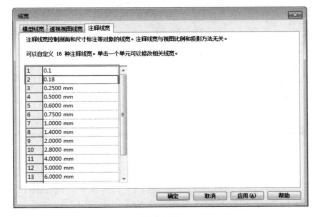

图 12-8

07 单击"确定"按钮关闭对话框。然后按下快捷键 TL 关闭细线模式。在平面视图中查看轴线修改后的最终效果,如图12-9所示。

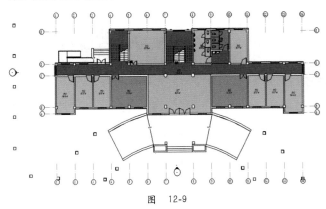

图 12-9

★ (重点) **实战——控制平面填充颜色**

场景位置	场景文件＞第12章＞02.rvt
实例位置	实例文件＞第12章＞实战：控制平面填充颜色.rvt
视频位置	多媒体教学＞第12章＞实战：控制平面填充颜色.mp4
难易指数	★★★★☆
技术掌握	颜色图例的修改与删除

扫码看视频

01 打开学习资源包中的"场景文件＞第12章＞02.rvt"文件，选中一层平面，右击并选择"复制视图"中的"带细节复制"选项，如图12-10所示。

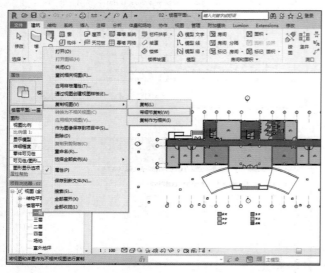

图 12-10

02 选中下方的图例，然后单击"编辑方案"按钮，如图12-11所示。在打开的"编辑颜色方案"对话框中将方案修改为"（无）"，并单击"确定"按钮，如图12-12所示。

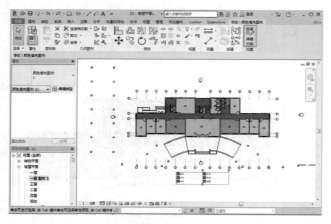

图 12-11

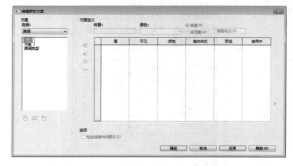

图 12-12

03 此时一层平面将恢复正常状态，如图12-13所示。

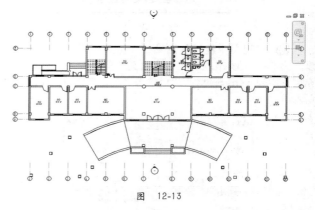

图 12-13

技巧提示

除了修改现有的线宽数值以外，还可以在"模型线宽"选项卡中添加新的比例线宽。

★ (重点) **实战——设置对象样式**

场景位置	场景文件＞第12章＞03.rvt
实例位置	实例文件＞第12章＞实战：设置对象样式.rvt
视频位置	多媒体教学＞第12章＞实战：设置对象样式.mp4
难易指数	★★★★★
技术掌握	对象样式的设置方法及注意事项

扫码看视频

01 打开学习资源包中的"场景文件＞第12章＞03.rvt"文件，然后切换到"管理"选项卡，单击"对象 样式"按钮，如图12-14所示。

图 12-14

02 在"对象样式"对话框中设置"卫浴装置"的投影线宽为2，"线颜色"为"紫色"，然后设置"门"及"窗"的"投影"和"截面"均为2，"线颜色"为"黄色"，如图12-15和12-16所示。

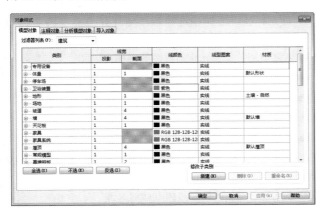

图　12-15

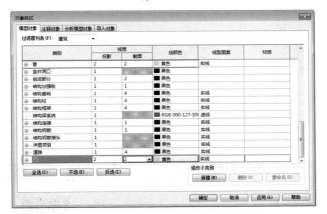

图　12-16

03 展开"楼梯"卷展栏，设置"楼梯"及其子类别的"截面"为2，然后将除"隐藏线"以外的其他属性设置为"黄色"，如图12-17所示。

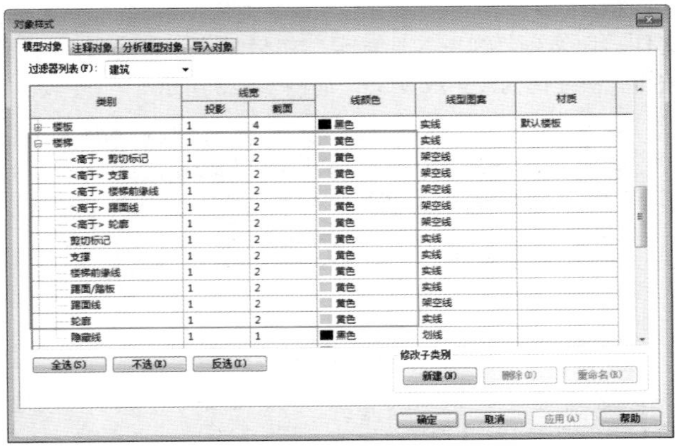

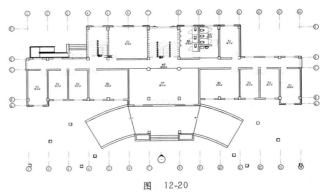

图　12-17

04 切换到"注释对象"选项卡，设置"剖面标头"的"投影"为2，"线颜色"为"绿色"，如图12-18所示。

图　12-18

05 展开"楼梯路径"卷展栏，设置"楼梯路径"及其子类别的"投影"为1，"线颜色"为"绿色"，文字为"蓝色"，如图12-19所示。

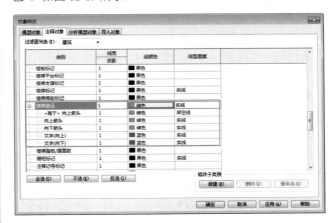

图　12-19

06 单击"确定"按钮，关闭当前对话框，查看最终修改效果，如图12-20所示。

图　12-20

重点 12.1.2 视图控制管理

视图控制的主要设置分为两个方面，一方面是在视图"属性"面板中设置关于当前视图的比例、"视图范围"等相关的内容；另一方面是关于图元在视图中的显示样式及各构件是否需要在当前视图中显示。其中，在实际项目中经常用的工具是"视图范围"与"图形可见性替换"。掌握好这两个工具，在多数项目中就可以达到基本的出图要求了。

若要更改实例属性，则先切换至平面视图，然后修改"属性"选项板上的参数值，如图12-21所示。

图 12-21

楼层平面实例属性参数介绍

- 视图比例：修改视图在图纸上显示的比例，从列表中选择比例值。

- 比例值 1：自定义比例值，选择"自定义"作为"视图比例"后，即启用此属性。

- 显示模型：在详图视图中隐藏模型。通常情况下，"标准"设置显示所有图元。

- 详细程度：包含"粗略""中等"和"精细"3个选项。

- 零件可见性：指定零件、衍生零件的原始图元，或者零件和原始图元在视图中是否可见。

- 可见性/图形替换：单击"编辑"按钮可访问"可见性/图形"对话框。

- 图形显示选项：单击"编辑"按钮，可以访问"图形显示选项"对话框，该对话框可以控制阴影和侧轮廓线。

- 基线：在当前平面视图下显示另一个模型切面。

- 基线方向：控制显示楼层平面或天花板平面视图。

- 方向：在"项目北"和"正北"之间切换视图中项目的方向。

- 墙连接显示：设置清理墙连接的默认行为。

- 规程：确定图元在视图中的显示方式。

- 颜色方案位置：在平面视图或剖面视图中，选择"背景"将颜色方案应用于视图的背景，选择"前景"将

颜色方案应用于视图中的所有模型图元。

- 颜色方案：在平面视图或剖面视图中用于各项的颜色方案。

- 默认分析显示样式：选择视图的默认分析显示样式。

- 日光路径：选择该选项后，可打开当前视图的日光路径。

- 视图样板：标识指定给视图的视图样板。

- 视图名称：活动视图的名称。

- 图纸上的标题：出现在图纸上的视图的名称。

- 参照图纸：请参阅随后的"参照详图"说明。

- 参照详图：该值来自放置在图纸上的参照视图。

- 裁剪视图：选择"裁剪视图"复选框可启用模型周围的裁剪边界。

- 裁剪区域可见：显示或隐藏裁剪区域。

- 注释裁剪：注释图元的裁剪范围框。

- 视图范围：在任何平面视图的视图属性中都可以设置"视图范围"。

- 相关标高：与平面视图关联的标高。

- 范围框：如果在视图中绘制范围框，则可以将视图的裁剪区域与该范围框关联，这样裁剪区域可见，并可与范围框的范围相匹配。

- 截裁剪：设置不同方式的裁剪效果。

- 阶段过滤器：应用于视图的特定阶段过滤器。

★ 重点 实战——创建视图样板		
场景位置	场景文件>第12章>04.rvt	
实例位置	实例文件>第12章>实战：创建视图样板.rvt	
视频位置	多媒体教学>第12章>实战：创建视图样板.mp4	
难易指数	★★★★★	
技术掌握	视图范围及可见性\图形工具的使用方法	扫码看视频

01 打开学习资源包中的"场景文件>第12章>04.rvt"文件，切换到"视图"选项卡，然后单击"可见性/图形"按钮（快捷键为 VV 或 VG），如图12-22所示。

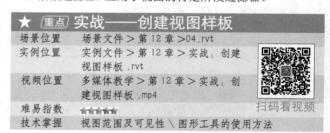

图 12-22

02 在"可见性/图形替换"对话框中取消选中"场地"复选框，如图12-23所示。

图 12-23

03 展开"楼梯"卷展栏,取消选中"<高于>"一系列子类别,如图 12-24 所示。按照同样的方法,关闭"栏杆扶手"的"<高于>"一系列子类别,如图 12-25 所示。

图 12-24

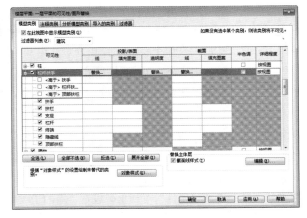

图 12-25

04 切换到"注释类别"选项卡,取消选中"参照平面""参照点"和"参照线"类别,然后单击"确定"按钮,如图 12-26 所示。

图 12-26

05 在"视图"选项卡中单击"视图样板"按钮,在下拉菜单中选择"从当前视图创建样板"选项,如图 12-27 所示。

图 12-27

06 在打开的"新视图样板"对话框中输入"名称"为"首层平面",并单击"确定"按钮,如图 12-28 所示。

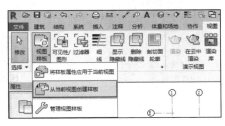

图 12-28

07 随后弹出"视图样板"对话框,选择"首层平面",然后单击"确定"按钮,如图 12-29 所示。

图 12-29

同样可以在"视图属性"面板中添加视图样板。

08 最终完成的效果如图 12-30 所示。

图　12-30

★ 重点 实战——修改视图属性

场景位置	场景文件＞第 12 章＞05.rvt
实例位置	实例文件＞第 12 章＞实战：修改视图属性 .rvt
视频位置	多媒体教学＞第 12 章＞实战：修改视图属性 .mp4
难易指数	★★★★★
技术掌握	视图范围及图元可见性的设置方法

扫码看视频

01 打开学习资源包中的"场景文件＞第 12 章＞05.rvt"文件，在"属性"面板中选择"楼层平面：一层平面"，接着单击"视图范围"后面的"编辑"按钮，如图 12-31 所示。

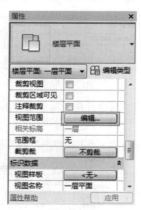

图　12-31

02 在打开的"视图范围"对话框中设置"底部"与"标高"参数均为"标高之下（室外地坪）"，然后单击"确定"按钮，如图 12-32 示。

03 此时视图中将显示散水轮廓线，如图 12-33 所示。

04 切换到"管理"选项卡，单击"对象样式"按钮，打开"对象样式"对话框。然后选中墙体类型，单击"新建"按钮，如图 12-34 所示。

图　12-32

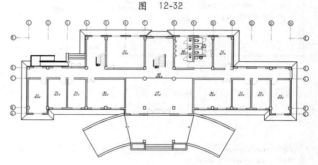

图　12-33

图　12-34

05 在弹出的对话框中输入"名称"为"散水"并单击"确定"按钮，如图 12-35 所示。

图　12-35

06 选中散水模型，在"属性"面板中单击"编辑类型"按钮，打开"类型属性"对话框。设置"墙的子类别"参数为"散水"，然后单击"确定"按钮，如图 12-36 所示。

07 按下快捷键 VV 或 VG 打开"可见性 / 图形替换"对话框，找到墙类型并单击墙子类别"散水"后方的"替换"按钮，如图 12-37 所示。

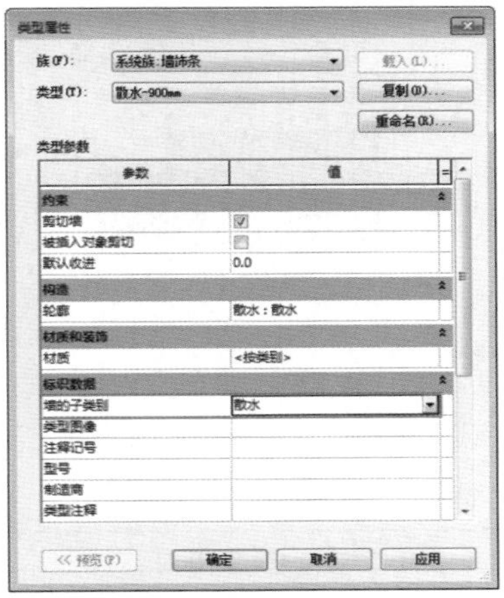

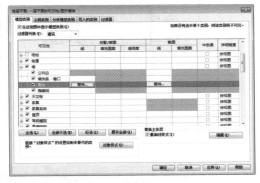

图 12-36

图 12-37

08 在"线图形"对话框中设置"宽度"为2,"颜色"为"黄色",然后单击"确定"按钮,如图 12-38 所示。

图 12-38

09 此时散水的轮廓线颜色也被成功修改为黄色,如图 12-39 所示。

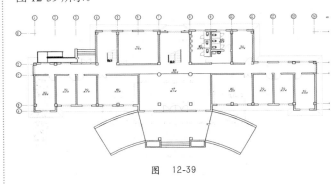

图 12-39

12.2 图纸深化

建筑施工图简称"建施",它一般由设计部门的建筑专业人员进行设计绘图。建筑施工图主要反映一个工程的总体布局,表明建筑物的外部形状、内部布置情况以及建筑构造、装修、材料和施工要求等,用来作为施工定位放线、内外装饰做法的依据,同时也是结构施工图和设备施工图的依据。建筑施工图包括设备说明、建筑总平面图、建筑平面图、立体图和剖面图等基本图纸,另外还有墙身剖面图、楼梯、门窗、台阶、散水和浴厕等详图以及材料做法说明等。

本节共分为 5 个部分,分别是绘制总平面图、绘制平面图、绘制立面图、绘制剖面图以及绘制大样图、详图和门窗表。通过这 5 部分的详细解析,读者可以掌握使用 Revit 进行出图的一些操作方法及技巧。

12.2.1 绘制总平面图

建筑总平面图是表明一项建设工程总体布置情况的图纸,它是在建设基地的地形图上,把已有的、新建的以及拟建的建筑物、构筑物、道路和绿化等,按与地形图同样比例绘制出来的平面图。其主要表明新建平面形状、层数、室内外地面标高、新建道路、绿化、场地排水和管线的布置情况,并表明原有建筑、道路、绿化和新建筑的相互关系以及环境保护方面的要求等。由于建设工程的性质、规模以及所在基地的地形、地貌的不同,建筑总平面图包括的内容有的较为简单,有的则比较复杂,必要时还可分项绘出竖向布置图、管线综合布置图和绿化布置图等。下面将通过简单的实例来介绍在 Revit 中如何绘制总平面图。

★ 重点 实战——绘制建筑红线

场景位置	DVD>场景文件>第12章>06.rvt
实例位置	DVD>实例文件>第12章>实战：绘制建筑红线.rvt
视频位置	DVD>多媒体教学>第12章>实战：绘制建筑红线.flv
难易指数	★★★★★
技术掌握	建筑红线的绘制方法

扫码看视频

建筑红线的绘制方法有两种，一种是手动绘制，另一种是通过绘制"距离和方位角"精确绘制。本实例将介绍第一种绘制方式。

01 打开学习资源包中的"场景文件>第12章>06.rvt"文件，切换到"场地"平面，如图12-40所示。

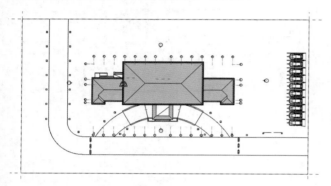

图 12-40

02 切换到"体量和场地"选项卡，然后单击"建筑红线"按钮，如图12-41所示。

图 12-41

03 在弹出的对话框中选择"通过绘制来创建"选项，如图12-42所示。

图 12-42

04 使用直线工具沿地形左上角点单击确定起点，然后垂直向下绘制。在转角绘制一个斜角，沿地形边界绘制，如图12-43所示。最后单击"完成"按钮。

05 将视图比例切换为1：200，查看完成效果，如图12-44所示。

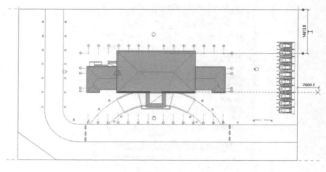

图 12-43

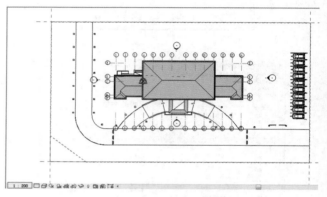

图 12-44

★ 重点 实战——总平图标注

场景位置	DVD>场景文件>第12章>07.rvt
实例位置	DVD>实例文件>第12章>实战：总平图标注.rvt
视频位置	DVD>多媒体教学>第12章>实战：总平图标注.flv
难易指数	★★★★★
技术掌握	高程点及高程点坐标的使用方法

扫码看视频

01 打开学习资源包中的"场景文件>第12章>07.rvt"文件，切换到"场地"平面，如图12-45所示。

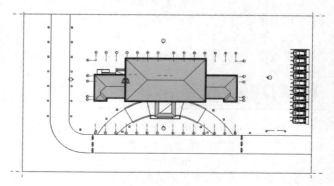

图 12-45

02 切换到"注释"选项卡，单击"尺寸标注"选项板中的"高程点坐标"按钮，如图12-46所示。

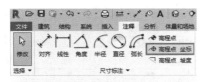

图 12-46

03 在“属性”面板中单击“编辑属性”按钮，打开“类型属性”对话框。复制新类型为“总图坐标”，接着设置“引线箭头”为“无”，“符号”为“无”，“颜色”为“绿色”，如图 12-47 所示。

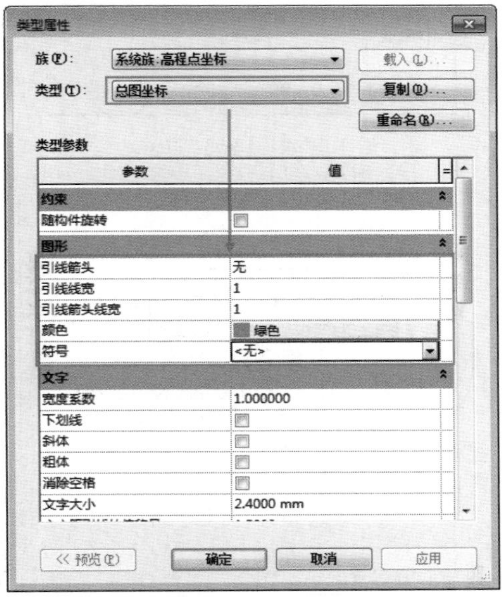

图 12-47

技巧提示

修改类型属性参数时，最好复制出一个新的类型，以免修改类型参数时，将之后的参数覆盖。如果项目存在多种高程点坐标格式时，强烈建议建立多种类型，防止修改参数时互相覆盖。

04 向下拖曳滑竿，设置“文字大小”为 3mm，“文字背景”为“透明”,“北 / 南指示器”为“X=”,“东 / 西指示器”为“Y=”，然后单击“确定”按钮，如图 12-48 所示。

05 在视图中建筑红线的各交点位置单击并拖曳进行标注，如图 12-49 所示。标注完成后，拖曳标注的文字坐标点至引线的中心位置，如图 12-50 所示。然后依次完成其他角度的坐标标注。

06 切换到“注释”选项卡，然后单击“尺寸标注”面板中的“高程点”按钮（快捷键为 EL），如图 12-51 所示。接着在工具选项栏中取消选中“引线”复选框，如图 12-52 所示。

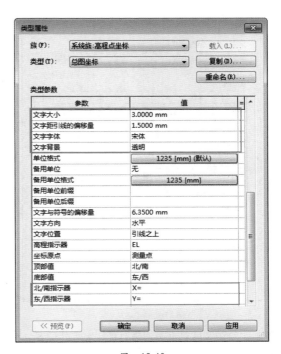

图 12-48

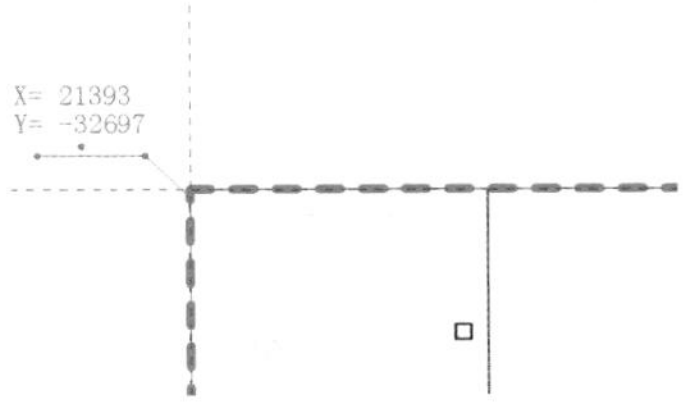

图 12-49

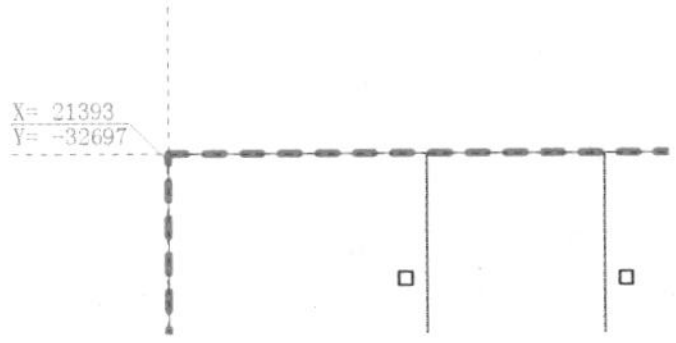

图 12-50

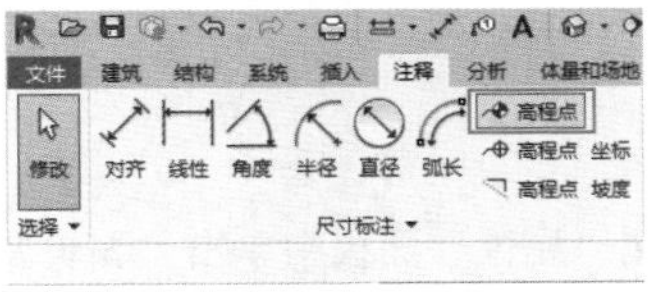

图 12-51

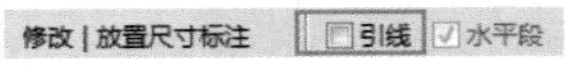

图 12-52

07 单击“编辑属性”按钮，打开“类型属性”对话框，复制新类型为“三角形（总图）”，然后在类型参数中设置“引线箭头”为“无”，“颜色”为“绿色”，“符号”为“高程点 – 外部填充”，最后单击“确定”按钮，如图 12-53 所示。

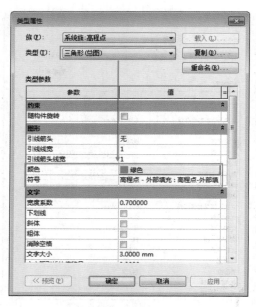

图　12-53

08 在绘图区域单击确定需要标注高程的位置，再次单击确定标高符号的方向。放置完成后，拖曳高程点数值至符号上方，如图 12-54 所示。

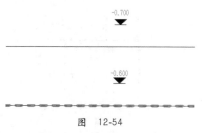

图　12-54

09 在"注释"选项卡中单击"文字"按钮（快捷键为TX），如图 12-55 所示。

图　12-55

10 在实例"属性"面板中单击"编辑属性"按钮，打开"类型属性"对话框。复制新的类型为"总图文字"，然后设置"文字字体"为"黑体"，"文字大小"为 15mm，最后单击"确定"按钮，如图 12-56 所示。

11 在绘制图区域中单击，输入相应的道路名称说明，如图 12-57 所示。

12 将除边缘的四根定位轴线以外的轴线全部选中，然后右击选择"在视图中隐藏"中的"图图元"选项（快捷键为 EH），如图 12-58 所示。

图　12-56

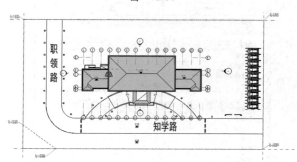

图　12-57

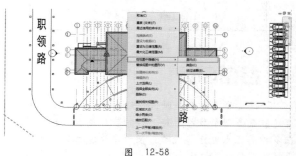

图　12-58

13 最终完成的效果如图 12-59 所示。

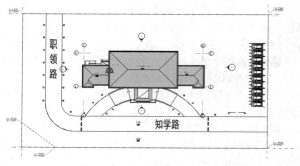

图　12-59

重点 12.2.2 绘制平面图

建筑平面图表示建筑的平面形式、大小尺寸、房间布置、建筑人口、门厅和楼梯布置等情况，表明墙、柱的位置、厚度和所用材料以及门窗的类型、位置等情况。主要图纸有首层平面图、二层（或标准层）平面图、顶层平面图和屋顶平面图等。其中屋顶平面图是指在房屋的上方向下做屋顶外形的水平正投影而得到的平面图。

Revit 中的平面图分为两种，一种是楼层平面；另一种是天花板平面。不论是哪种平面视图，在 Revit 中都是基于标高所创建的。当删除标高后，相对应的平面视图也会被删除。

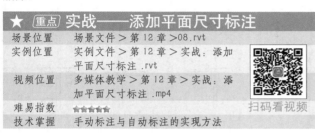

★ 重点 实战——添加平面尺寸标注	
场景位置	场景文件 > 第 12 章 > 08.rvt
实例位置	实例文件 > 第 12 章 > 实战：添加平面尺寸标注 .rvt
视频位置	多媒体教学 > 第 12 章 > 实战：添加平面尺寸标注 .mp4
难易指数	★★★★★
技术掌握	手动标注与自动标注的实现方法

扫码看视频

01 打开学习资源包中的"场景文件 > 第 12 章 > 08.rvt"文件，切换到一层平面，然后选择停车场构件，使用快捷键 EH 将其永久隐藏，如图 12-60 所示。

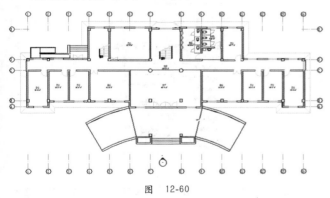

图 12-60

02 切换到"注释"选项卡，然后单击"对齐"按钮（快捷键为 DI），如图 12-61 所示。

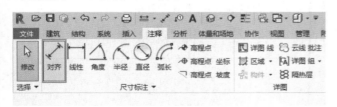

图 12-61

03 单击"编辑类型"按钮，打开"类型属性"对话框。复制新类型为"尺寸标注 - 宋体 3mm"，然后设置"线宽"为 2，"记号线宽"为 5，"颜色"为"绿色"，如

图 12-62 所示。

图 12-62

04 在工具选项栏中设置"拾取"为"整个墙"，然后单击后方的"选项"按钮，在打开的"自动尺寸标注选项"对话框中选中"洞口"和"相交轴网"复选框，并设置"洞口"选项为"宽度"，如图 12-63 所示。

图 12-63

05 在绘制图域中单击拾取轴线 1。然后依次向右拾取各面不连续的墙，软件将自动生成尺寸标注，然后拖曳光标至视图上方合适的位置并再次单击，完成尺寸标注的放置，如图 12-64 所示。

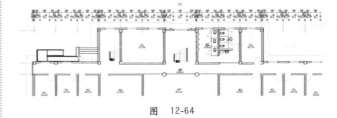

图 12-64

06 由于自动标注的结果并没有完全达到实际效果，需要再次选择尺寸标注，然后单击"编辑尺寸界线"按钮，如图12-65所示。

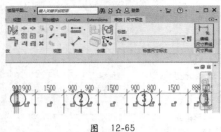

图 12-65

07 进入编辑模式后，分别拾取多余标注所标注的对象，将其删除，同时将部分标注补齐，如图12-66所示。

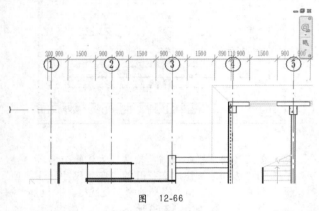

图 12-66

08 进行第二层轴网标注。在工具选项栏中设置"首选参照"为"参照核心层表面"，"拾取"方式为"单个参照点"。然后在视图中首先捕捉墙体表面，然后依次单击各个轴线进行标注，如图12-67所示。如果捕捉对象时没有捕捉到合适的捕捉点，可以按Tab键进行切换。

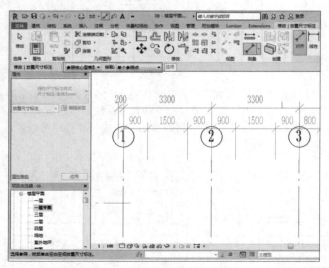

图 12-67

技巧提示

如果对标注所参照的对象不满意，或捕捉错误，可以再次单击标注捕捉点取消标注。选择标注后，从右向左方向拖曳第一个控制点可以控制尺寸界线的长度，拖曳第二个控制可以重新捕捉标注点。

09 按照相同的方法完成第三层总标，如图12-68所示，并按上述步骤完成其他区域的标注。

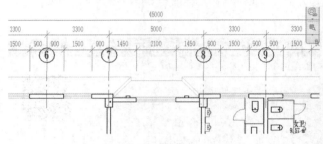

图 12-68

10 标注完成后，在视图"属性"面板中选中"裁剪视图"和"裁剪区域可见"复选框，如图12-69所示。

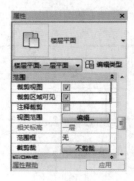

图 12-69

11 选中全部轴线，按快捷键UG进行解组。然后选中轴线将其拖曳至裁剪框外并松开鼠标，如图12-70所示，接着选中轴线，将其拖曳至裁剪框内合适的位置，如图12-71所示，此时轴线状态已经更改为2D。

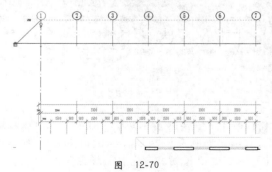

图 12-70

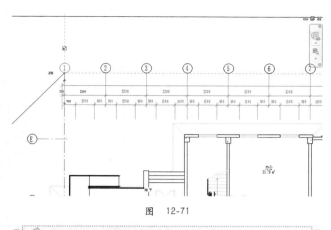

图 12-71

技巧提示

除了文中所介绍的方法外，用户也可选择依次单击3D字符，轴线将由3D状态转换为2D状态。但此方法仅适用于少量轴线的情况下，如项目体量较大，推荐使用文中所介绍的方法。

12 按照上述方法，完成其他方向的尺寸标注。在视图"属性"面板中取消选中"裁剪视图"和"裁剪区域可见"复选框，查看最终完成的效果，如图12-72所示。按照同样的方法完成其他平面的尺寸标注。

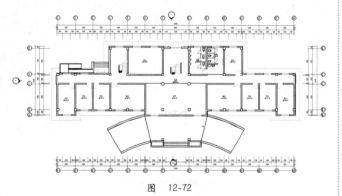

图 12-72

技术专题 16：2D 与 3D 模式的区别

上文提到批量将轴线的3D模式转换为2D，接下来将详细讲解3D与2D的区别，及其在实际项目中的应用。

3D模式：当轴线或标高处于3D状态时，在任一视图更改其长度，会影响其他视图同步更新。例如，在F1平面拖曳轴线改变其长度，在F2平面将同步进行更改，如图12-73所示。

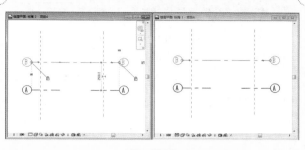

图 12-73

2D模式：当轴线或标高处于2D状态时，在任一视图更改其长度，不会影响其他视图。例如，在F1平面拖曳轴线改变其长度，在F2平面将不做任何更改，如图12-74所示。

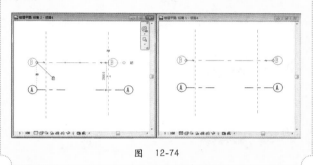

图 12-74

★ 重点 实战——添加高程点与指北针

场景位置	场景文件 > 第 12 章 >09.rvt
实例位置	实例文件 > 第 12 章 > 实战：添加高程点与指北针 .rvt
视频位置	多媒体教学 > 第 12 章 > 实战：添加高程点与指北针 .mp4
难易指数	★★★★★
技术掌握	符号与高程点工具的使用方法

扫码看视频

01 打开学习资源包中的"场景文件 > 第 12 章 >09.rvt"文件，切换到"注释"选项卡，单击"符号"按钮，如图12-75所示。

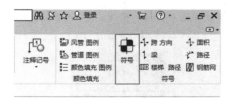

图 12-75

02 在"属性"面板中选择"标高_卫生间"符号，然后在大厅位置单击进行放置，如图12-76所示。

03 选择刚刚放置的高程点符号，然后在实例"属性"面板中设置"标高"为±0.000，如图12-77所示。

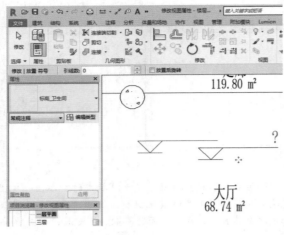

图   12-76

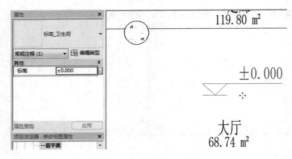

图   12-77

04 选中高程点符号，按快捷键CS，继续在其他位置放置高程点，并修改标高数值，如图12-78所示。

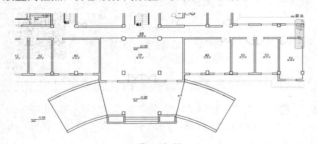

图   12-78

05 再次单击"符号"按钮，然后在"属性"面板中选择"符号_指北针"，如图12-79所示。

图   12-79

06 在视图右上角位置单击，确定放置指北针，最终完成的效果如图12-80所示。

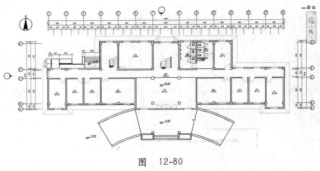

图   12-80

★ **[重点]实战——添加门窗标记与文字注释**

场景位置	场景文件 > 第12章 > 10.rvt
实例位置	实例文件 > 第12章 > 实战：添加门窗标记与文字注释.rvt
视频位置	多媒体教学 > 第12章 > 实战：添加门窗标记与文字注释.mp4
难易指数	★★★★★
技术掌握	标记族及文字工具的使用方法

扫码看视频

01 打开学习资源包中的"场景文件 > 第12章 > 10.rvt"文件，切换到"注释"选项卡，单击"全部标记"按钮，如图12-81所示。

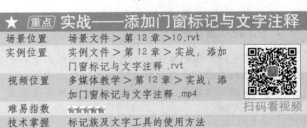

图   12-81

02 在打开的"标记所有未标记的对象"对话框中选中"当前视图中的所有对象"单选按钮，然后选中"窗标记"与"门标记"两个类型，最后单击"确定"按钮，如图12-82所示。

图   12-82

03 当前视图中的大部分门窗均自动生成标记，如图 12-83 所示。选择部分发生遮挡的标记，将其进行移动。

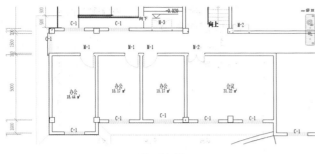

图　12-83

04 切换到"注释"选项卡，单击"标记"面板中的"按类别标记"按钮，对未生成标记的门窗进行手动标记，如图 12-84 所示。

图　12-84

05 在"注释"选项卡中单击"文字"按钮（快捷键为 TX），如图 12-85 所示。

图　12-85

06 将光标移动至最左侧的楼梯位置，在楼梯下方单击输入文字"1# 楼梯"，然后在空白处左击完成输入，接着拖曳文字左上角的移动符号，将文字拖曳至合适的位置，如图 12-86 所示。

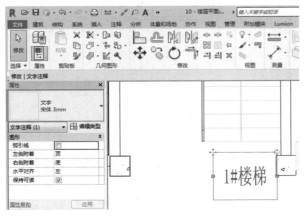

图　12-86

07 选中放置完成的文字，复制并将其放在另外一个楼梯的位置，修改文字为"2# 楼梯"，如图 12-87 所示。按照相同的方法完成其他层平面标记的添加。

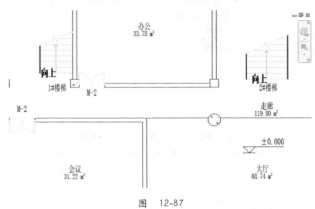

图　12-87

★ 重点 实战——视图过滤器的应用

场景位置	场景文件 > 第 12 章 > 11.rvt
实例位置	实例文件 > 第 12 章 > 实战：视图过滤器的应用 .rvt
视频位置	多媒体教学 > 第 12 章 > 实战：视图过滤器的应用 .mp4
难易指数	★★★★★
技术掌握	视图过滤器的使用方法

扫码看视频

01 打开学习资源包中的"场景文件 > 第 12 章 > 11.rvt"文件，按快捷键 VV 或者 VG 打开"可见性 / 图形替换"对话框，接着切换到"过滤器"选项卡，并单击"添加"按钮，如图 12-88 所示。

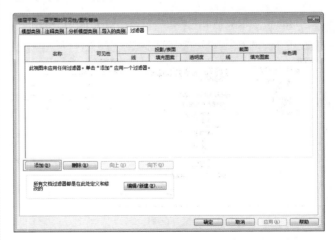

图　12-88

02 在打开的"添加过滤器"对话框中单击"编辑 / 新建"按钮，如图 12-89 所示。

03 单击"过滤器"对话框中的"新建"按钮，然后在"过滤器名称"对话框中输入"名称"为"矮墙"，最后单击"确定"按钮，如图 12-90 所示。

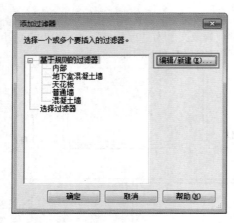

图　12-89

图　12-90

04 在"过滤器"列表中选择"矮墙"选项，然后在"类别"列表中选择"墙"选项，接着在"过滤器规则"参数中设置"过滤条件"为"类型名称""等于"和"花池 –180mm"，最后单击"确定"按钮，如图 12-91 所示。

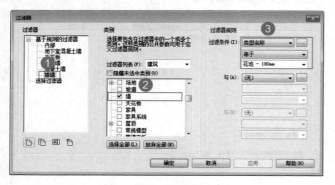

图　12-91

05 返回到"添加过滤器"对话框，然后选择"矮墙"类别，最后单击"确定"按钮，如图 12-92 所示。

06 "矮墙"过滤器成功添加后，单击"线"下方的"替换"按钮，在打开的"线图形"对话框中设置"宽度"为 5，颜色为"青色"，如图 12-93 所示。

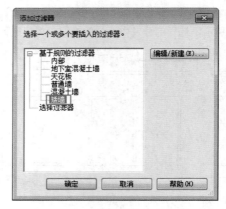

图　12-92

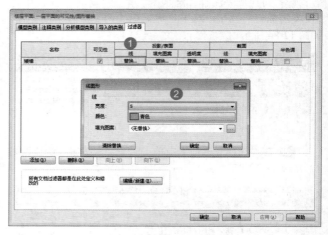

图　12-93

07 依次单击"确定"按钮，关闭各个对话框。可以观察到花池部分的墙已经被替换为青色，如图 12-94 所示。

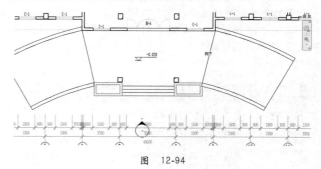

图　12-94

技巧提示

　　视图过滤器除了可以替换颜色以外，还可以控制所过滤对象的可见性。当需要在视图中取消类别构件显示时，可以通过过滤器进行筛选，然后取消选中相应过滤器的可见性选项，即可达到取消显示的目的。

重点 12.2.3 绘制立面图

一座建筑物是否美观，在很大程度上取决于它在主要立面上的艺术处理，包括造型与装修。在设计阶段，立面图主要是用来研究这种艺术处理的。在施工图中，主要反映房屋的外貌和立面装修的做法。在与房屋立面平行的投影面上所做房屋的正投影图称为建筑立面图，简称立面图。

在 Revit 中，立面视图是默认样板的一部分。当使用默认样板创建项目时，项目将包含东、西、南和北 4 个立面视图。除了使用样板提供的立面以外，用户也可以通过新建的方法自行创建立面。样板中提供了两种立面视图类型，一种是建筑立面，另一种是内部立面。建筑立面是指建筑施工图中的外立面图纸，而内部立面则是指装饰图的内墙装饰立面图纸。

★ 重点 实战——创建立面图

场景位置	场景文件 > 第 12 章 > 12.rvt
实例位置	实例文件 > 第 12 章 > 实战：创建立面图 .rvt
视频位置	多媒体教学 > 第 12 章 > 实战：创建立面图 .mp4
难易指数	★★★★★
技术掌握	立面工具的使用方法及技巧

扫码看视频

由于默认样板中已经存在对应的立面符号与立面视图，本例只作创建立面图的方法参考，不作为后期深化模型使用。

01 打开学习资源包中的"场景文件 > 第 12 章 >12.rvt"文件，切换到"视图"选项卡，接着单击"立面"按钮，如图 12-95 所示。

图 12-95

02 在"属性"面板中选择"立面"类型为"建筑立面"，如图 12-96 所示。

图 12-96

03 在视图中正南面方向单击放置立面符号。选择立面符号，然后勾选向北方向的复选框，并取消选择其他方向复选框，如图 12-97 所示。

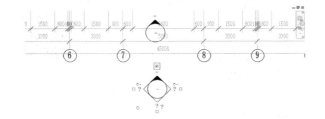

图 12-97

技巧提示

Revit 的立面符号共由两部分组成，分别是"立面"（圆圈）与"视图"（箭头）。"立面"负责生成不同方向的立面图，而"视图"则是控制立面视图的投影深度。

立面符号共有 4 个方向的复选框，当选择任意方向时，将生成对应方向的立面视图。黑色箭头所指方向是看线方向，即在平面图南向下方创建立面符号。选择立面符号向北方向的复选框，则是指以立面符号所在的位置为看点，向北方向形成看线，从而形成南立面的正投影图。

04 选中立面符号箭头部分，会出现立面剖面范围框。可通过手动拖曳的方法控制立面视图范围，如图 12-98 所示。

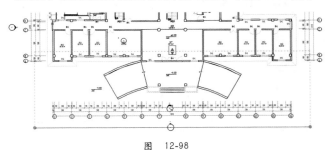

图 12-98

05 通过双击立面符号箭头即可跳转到对应的立面视图，如图 12-99 所示。在"项目浏览器"中也可找到相应的视图。

图 12-99

★ 重点 实战——深化立面视图

场景位置	场景文件 > 第 12 章 >13.rvt
实例位置	实例文件 > 第 12 章 > 实战：深化 立面视图 .rvt
视频位置	多媒体教学 > 第 12 章 > 实战：深 化立面视图 .mp4
难易指数	★★★★★
技术掌握	裁剪框及标高工具的设置方法与使用技巧

扫码看视频

01 打开学习资源包中的"场景文件 > 第 12 章 >13.rvt"文件，在"项目浏览器"中依次将"东""南""西"和"北"4 个外立面名称分别修改为"A-E 立面图""1-14 立面图""E-A 立面图"和"14-1 立面图"，如图 12-100 所示。

图 12-100

02 切换到"插入"选项卡，单击"载入族"按钮。在"载入族"对话框中，进入"场景文件"下的"第 12 章"文件夹，然后选择"上标头（无层标）"族文件并载入项目中，如图 12-101 所示。

图 12-101

03 切换到任意立面视图，选中所有标高，使用快捷键UG 进行解组。然后选中任意一根标高线，单击"编辑类型"按钮，打开"类型属性"对话框。在"类型属性"对话框中，将"颜色"修改为"绿色"，将"符号"替换为"上标头（无层标）"，并选中"端点 1 处的默认符号"复选框，如图 12-102 所示。最后单击"确定"按钮。

04 替换完成之后，效果如图 12-103 所示。然后将标高线段的另外一端面拖曳到合适的位置。

05 只保留两侧的轴线，将其余轴线选中，然后使用快捷键 EH 将其永久隐藏，如图 12-104 所示。

06 在视图"属性"面板中选中"裁剪视图"和"裁剪区域可见"两个复选框。然后在视图中拖动裁剪框范围，将与当前立面无关的内容全部裁剪掉，如图 12-105 所示。

图 12-102

图 12-103

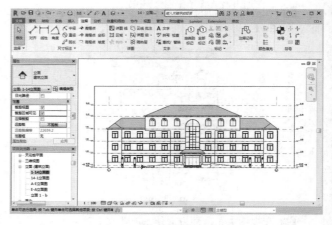

图 12-104

图 12-105

07 取消选中"裁剪区域可见"复选框，查看最终效果，如图 12-106 所示。按照同样的操作方法，完成其他立面图的编辑，可以使用"可见性/图形替换"工具将多余的构件隐藏。

图　12-106

★ 重点 **实战——绘制立面轮廓**

场景位置	场景文件＞第 12 章＞14.rvt
实例位置	实例文件＞第 12 章＞实战：绘制立面轮廓 .rvt
视频位置	多媒体教学＞第 12 章＞实战：绘制立面轮廓 .mp4
难易指数	★★★★★
技术掌握	添加线样式的方法及详图线的使用方法

01 打开学习资源包中的"场景文件＞第 12 章＞14.rvt"文件，切换到"管理"选项卡，单击"其他设置"按钮，在下拉菜单中选择"线样式"，如图 12-107 所示。

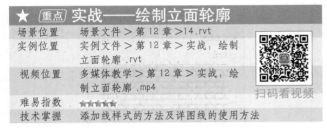

图　12-107

02 在"线样式"对话框中单击"新建"按钮，然后在"新建子类别"对话框中输入"名称"为"立面轮廓"，如图 12-108 所示。

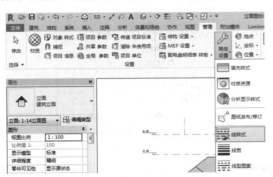

图　12-108

03 单击"确定"按钮，返回到"线样式"对话框，然后设置"立面轮廓"类别的投影线宽为 6，"线颜色"为"青色"，最后单击"确定"按钮，如图 12-109 所示。

图　12-109

04 切换到"注释"选项卡，单击"详图线"按钮（快捷键为 DL），如图 12-110 所示。

图　12-110

05 选择直线绘制方式，然后设置"线样式"为"立面轮廓"，如图 12-111 所示。

图　12-111

06 沿着立面外轮廓绘制立面轮廓线，如图 12-112 所示。按照同样的方法完成其他立面轮廓线的绘制。

图　12-112

★ 重点 **实战——自定义填充图案的设定**

场景位置	场景文件＞第 12 章＞15.rvt
实例位置	实例文件＞第 12 章＞实战：自定义填充图案的设定 .rvt
视频位置	多媒体教学＞第 12 章＞实战：自定义填充图案的设定 .mp4
难易指数	★★★★★
技术掌握	导入外部填充图案的方法

01 打开学习资源包中的"场景文件 > 第 12 章 >15.rvt"文件，切换到"管理"选项卡，单击"其他设置"按钮，在下拉菜单中选择"填充样式"，如图 12-113 所示。

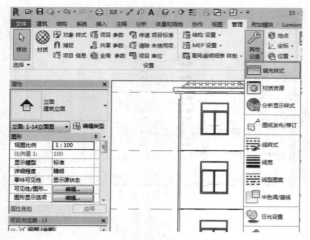

图 12-113

02 在"填充样式"对话框中单击"新建"按钮，在打开的"新填充图案"对话框中设置"类型"为"自定义"，并单击"浏览"按钮，如图 12-114 所示。

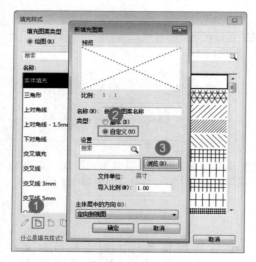

图 12-114

03 在弹出的"导入填充样式"对话框中依次进入"场景文件"下的"第 12 章"文件夹，然后选择 acad 文件，并单击"打开"按钮，如图 12-115 所示。

04 在"新填充图案"对话框中选择填充图案为"AR-BRELM"，并设置"导入比例"为 0.05，如图 12-116 所示。最后单击"确定"按钮关闭各个对话框。

05 在"管理"选项卡中单击"材质"按钮，打开"材质浏览器"。在其中选择"浅灰色毛石"材质，然后在"图形"选项卡中单击"填充图案"后方的"<无>"，如图 12-117 所示。

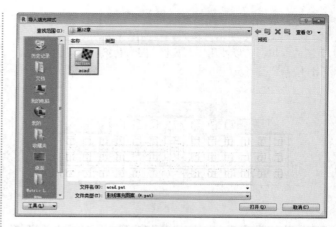

图 12-115

图 12-116

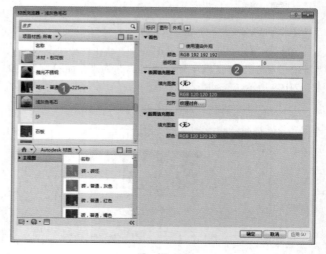

图 12-117

06 在"填充样式"对话框中选择"AR-BRELM"并单击"确定"按钮，如图 12-118 所示。

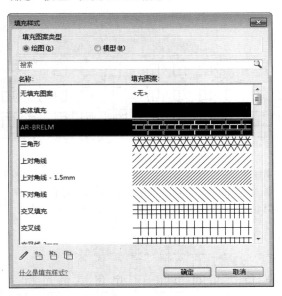

图 12-118

07 填充图案替换成功后，首层墙体表面填充样式发生了变化，如图 12-119 所示。

①

图 12-119

★ (重点) **实战——立面图标注**		
场景位置	场景文件 > 第 12 章 >16.rvt	
实例位置	实例文件 > 第 12 章 > 实战：立面图标注 .rvt	
视频位置	多媒体教学 > 第 12 章 > 实战：立面图标注 .mp4	扫码看视频
难易指数	★★★★★	
技术掌握	尺寸标注的创建方法	

01 打开学习资源包中的"场景文件 > 第 12 章 >16.rvt"文件，切换到"注释"选项卡，单击"对齐"按钮（快捷键为 DI），如图 12-120 所示。

图 12-120

02 选择标注样式为"尺寸标注 – 实体 3mm"，然后沿立面右侧开始进行标注，主要将窗的高度如实标注，如图 12-121 所示。

图 12-121

03 进行第二层标注，标注各层层高，如图 12-122 所示。

图 12-122

疑难问答——为什么项目中同样的标高类型，标头却显示不同颜色呢？

图中蓝色的标头代表此标高关联了平面视图，双击标头可以自动跳转到相应平面。而绿色标头则代表当前标高在项目中没有对应的平面视图（参见源文件）。

04 在"注释"选项卡中单击"高程点"按钮，如图 12-123 所示。然后在"属性"面板中选择高程点类型为"三角形（项目）"，如图 12-124 所示。

图 12-123

图 12-124

05 捕捉屋顶顶面，单击放置高程点，如图12-125所示。随后选中屋顶，然后修改高程点数值为12.9000，如图12-126所示。

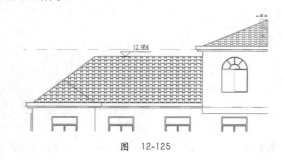

图 12-125

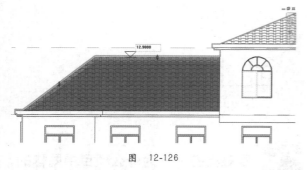

图 12-126

06 在"注释"选项卡中单击"材质 标记"按钮，如图12-127所示。

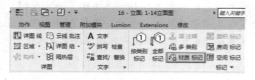

图 12-127

07 在"属性"面板中单击"编辑类型"按钮，打开"类型属性"对话框，修改"引线箭头"参数为"实心点3mm"，如图12-128所示。最后单击"确定"按钮。

图 12-128

08 依次在视图中拾取不同位置的构件，然后移动光标单击放置材质，如图12-129所示。

图 12-129

09 继续添加剩余部分的尺寸标注、高程点和材料标注，添加完成后的效果如图12-130所示。按照同样的方法完成其他立面图的标注。

图 12-130

★ 重点 **实战——调整楼梯间窗**

场景位置	场景文件 > 第12章 >17.rvt
实例位置	实例文件 > 第12章 > 实战：调整楼梯间窗 .rvt
视频位置	多媒体教学 > 第12章 > 实战：调整楼梯间窗 .mp4
难易指数	★★★★☆
技术掌握	墙体连接的方法与作用

扫码看视频

01 打开学习资源包中的"场景文件 > 第12章 >17.rvt"文件，切换到"14-1立面图"，如图12-131所示。由于放置窗时，全部是在平面放置完成，导致楼梯窗的立面高度与实际不符。

图 12-131

02 选中楼梯间首层窗"C-6"，在"属性"面板中将其"标高"修改为"二层"，"底高度"修改为 –750，如图12-132所示。

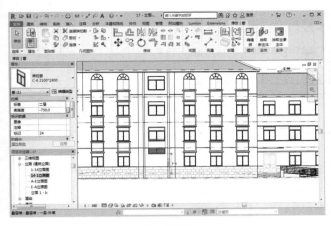

图　12-132

03　但此时"C-6"窗并未与二层墙体自动发生剪切关系。所以需要在"修改"选项卡中单击"连接"按钮，如图12-133所示。然后在视图中依次拾取首层墙体和二层墙体，此时两面墙之间将发生连接关系。窗跨越两个标高的窗，也可以正常地剪切两面墙体。

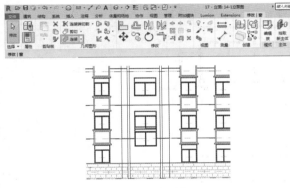

图　12-133

04　将发生冲突的二层窗删除。按同样的方法连接二层与三层的墙体，同时调整三层窗的标高偏移量为－750，最终完成后的效果如图12-134所示。

图　12-134

重点 12.2.4　绘制剖面图

用一个或多个垂直于外墙轴线的铅垂剖切面将房屋剖开所得的投影图称为建筑剖面图，简称剖面图。剖面图用以表示房屋内部的结构或构造形式、分层情况和各部位的联系、材料和其高度等，是与平、立面图相互配合的不可缺少的重要图样之一。

按照传统方式在CAD图中绘制剖面图，通常需要在平面图中确定要剖切的位置。然后根据平面图剖切位置作引线，以保证准确地绘制相对应的剖面图。整个绘制过程非常烦琐，并且不能完全保证与平面图的吻合性。尤其在平面视图中，剖切位置发生更改，相应的剖面图就必须重新绘制或更改。但使用Revit生成剖面图相对而言会方便很多，例如，用户只需要在绘制好的平面视图中放置剖切符号即可生成相应的剖面图，只需要适当做一些二维修饰，即可满足施工图的要求。最重要的是，当平面视图发生更改或剖切位置改变后，剖切图会自动更新，而不需要重新绘制或更改。真正意义上达到了一处更改，处处更新的效果。

★ 重点 实战——创建并深化剖面图

场景位置	场景文件＞第12章＞18.rvt
实例位置	实例文件＞第12章＞实战：创建并深化剖面图.rvt
视频位置	多媒体教学＞第12章＞实战：创建并深化剖面图.mp4
难易指数	★★★★★
技术掌握	剖面符号的使用方法及技巧

扫码看视频

01　打开学习资源包中的"场景文件＞第12章＞18.rvt"文件，切换到一层平面视图。然后切换到"视图"选项卡，单击"剖面"按钮，如图12-135所示。

图　12-135

02　在"属性"面板中选择"建筑剖面"类型，如图12-136所示。将光标定位于7轴与8轴之间，单击以确定起点，然后向下方移动光标，再次单击确定终点，剖面符号生成，如图12-137所示。

图　12-136

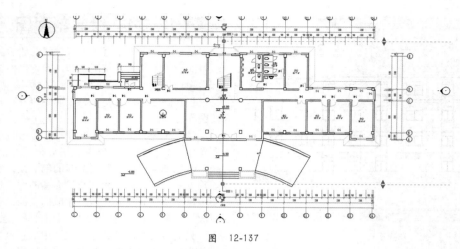

图　12-137

03 选中剖面符号，可以向左侧拖动视图范围控制柄来控制剖面视图的剖切范围，如图12-138所示。

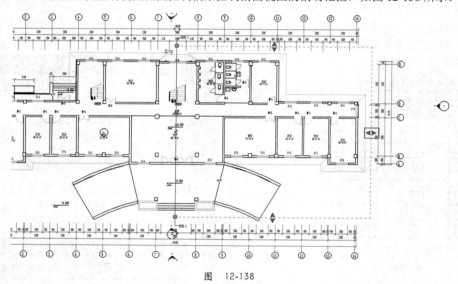

图　12-138

04 单击剖切线上的"线段间隙"符号，并分别拖动剖切线两端的控制点至剖切标头的位置，如图12-139所示。

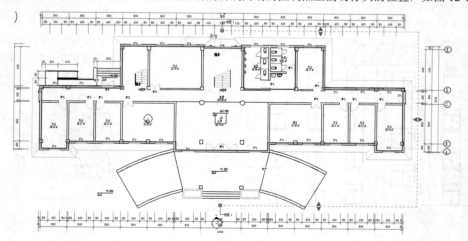

图　12-139

05 双击剖面符号蓝色的标头，进入相应的剖面视图，如图 12-140 所示。

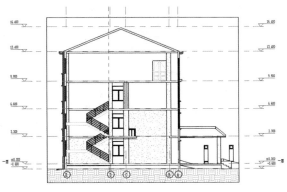

图 12-140

06 按快捷键 VV，打开"可见性 / 图形替换"对话框，分别设置"楼板""屋顶"的截面"填充图案"为"灰色 – 实体填充"，如图 12-141 所示。同时取消选中"地形"与"场地"两个类别，最后单击"确定"按钮，如图 12-142 所示。

图 12-141

图 12-142

07 返回到剖面视图，调整视图裁剪框的范围，然后关闭裁剪框的显示，如图 12-143 所示。

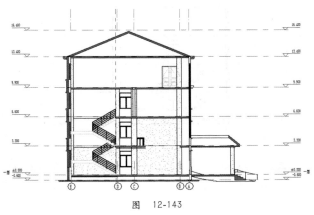

图 12-143

08 切换到"建筑"选项卡，单击"标记房间"按钮（快捷键为 RT）。然后在视图中依次单击标记房间，如图 12-144 所示。

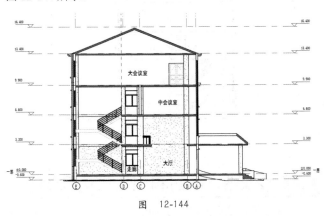

图 12-144

09 切换到"注释"选项卡，单击"高程点"按钮（快捷键为 EL），在视图中添加高程点，如图 12-145 所示。

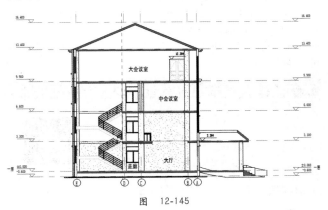

图 12-145

10 切换到"注释"选项卡，使用对齐尺寸标注（快捷键为 DI）进行剖面视图的尺寸标注，如图 12-146 所示。

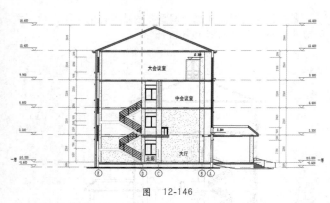

图 12-146

11 调整轴线长度，并隐藏多余的轴线，同时将剖面视图名称修改为"1-1剖面图"。最终完成的效果如图12-147所示。

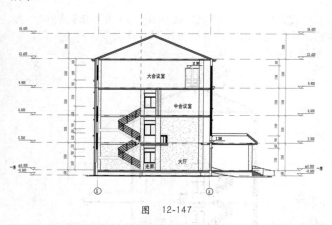

图 12-147

重点 12.2.5 详图和门窗表的绘制

由于在原图纸上无法进行表述而进行详细制作的图纸称为详图，也叫节点大样等。门窗表是指门窗的编号以及门窗的尺寸及做法，这在结构中计算荷载是必不可少的。

本节主要介绍上述所提到的两部分内容。在实际建筑设计过程中，这两部分内容也是必不可少的。希望通过对下面内容的学习，能够使读者对使用Revit绘制施工图的方法有进一步的了解。

★ 重点 实战——创建墙身详图

场景位置	场景文件＞第12章＞19.rvt
实例位置	实例文件＞第12章＞实战：创建墙身详图.rvt
视频位置	多媒体教学＞第12章＞实战：创建墙身详图.mp4
难易指数	★★★★★
技术掌握	填充区域工具的使用方法

扫码看视频

01 打开学习资源包中的"场景文件＞第12章＞19.rvt"文件，切换到三层平面视图。然后切换到"视图"选项卡，

单击"剖面"按钮，接着在"属性"面板中选择剖面类型为"详图"，如图12-148所示。

图 12-148

02 在视图中C-3幕墙上方单击，以确定剖切标头位置，然后移动光标至墙体，再次单击确定剖切线的位置。完成后拖曳显示范围框至合适的位置，如图12-149所示。

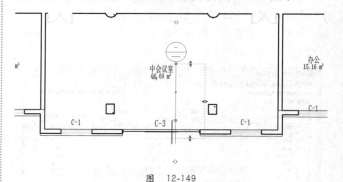

图 12-149

03 双击标头进入剖面视图，将视图显示模型调整为"精细"，然后拖曳裁剪框至合适的大小，接着单击"水平截断符号"，如图12-150所示。

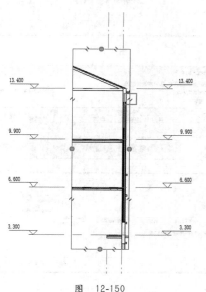

图 12-150

04 此时裁剪框将被分为两部分，拖曳下方裁剪框的控制点至6.6米的位置，如图12-151所示。

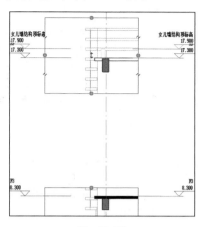

图 12-151

05 选择裁剪框，单击并拖曳"移动视图区域"符号，向上移动视图，如图12-152所示。然后在视图属性面板中取消勾选"裁剪区域可见"选项。

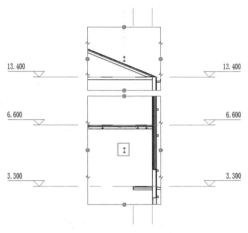

图 12-152

06 切换到"注释"选项卡，单击"符号"按钮，接着在"属性"面板中选择"符号_剖断线"，如图12-153所示。

图 12-153

07 分别在视图中不同截断位置处单击放置剖断线符号，对于不同方向的剖断线，可以使用空格键进行方向切换，如图12-154所示。

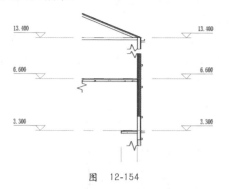

图 12-154

08 选中上部的两段剖断线，在"属性"面板中设置"虚线长度"参数为20，如图12-155所示。其余两个剖断线可以根据实际情况自行设置参数。

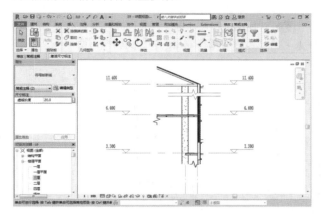

图 12-155

09 切换到"注释"选项卡，单击"区域"按钮后方的小三角，在下拉菜单中选择"填充区域"，如图12-156所示。

图 12-156

10 在"属性"面板中选择填充区域类型为"混凝土_钢砼"，然后在屋顶区域使用直线工具绘制填充区域轮廓，如图12-157所示。最后单击"完成"按钮。

图 12-157

技巧提示

注意，填充轮廓线必须为完全封闭的状态，不然无法完成应用。

11 按照相同的操作方法完成其余部分的填充，完成后的效果如图12-158所示。

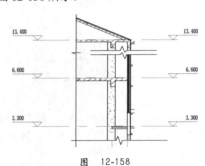

图 12-158

12 对视图进行尺寸标注，并修改视图名称为"墙身大样1"，完成后查看最终效果，如图12-159所示。

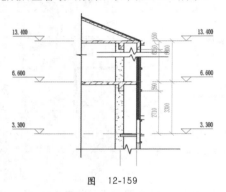

图 12-159

★ **[重点]** **实战——创建楼梯平面详图**

场景位置	场景文件＞第12章＞20.rvt
实例位置	实例文件＞第12章＞实战：创建楼梯平面详图.rvt
视频位置	多媒体教学＞第12章＞实战：创建楼梯平面详图.mp4
难易指数	★★★★★
技术掌握	详图工具的使用方法

扫码看视频

01 打开学习资源包中的"场景文件＞第12章＞20.rvt"文件，切换到二层平面视图。然后切换到"视图"选项卡，单击"详图索引"按钮，如图12-160所示。

图 12-160

02 在平面视图中找到"1#楼梯"所在位置，然后单击并拖曳光标，创建详图索引范围框，如图12-161所示。

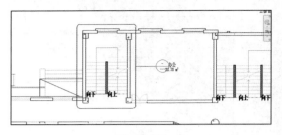

图 12-161

03 双击索引标头进入楼梯详图，调整视图范围，然后关闭"注释裁剪"和"裁剪区域可见"选项。然后切换到"注释"选项卡，单击"符号"按钮，放置剖断线并调整剖断线长度，如图12-162所示。

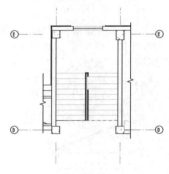

图 12-162

04 在当前视图中添加尺寸标注。然后单击"符号"按钮，选择"标高_多重标高"，添加到视图中并修改标高数值，如图12-163所示

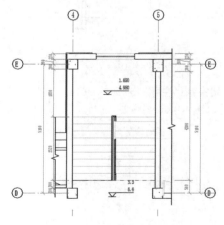

图 12-163

05 双击楼梯标注梯段数值，在打开的"尺寸标注文字"对话框中选择"尺寸标注值"选项为"以文字替换"，然后输入280×9=2520，最后单击"确定"按钮，如图12-164所示。

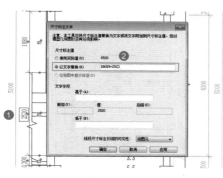

图 12-164

06 使用同样的方法修改另一侧梯段数值。修改完成后查看最终效果，如图 12-165 所示。根据以上操作完成其他层以及其他楼梯详图。

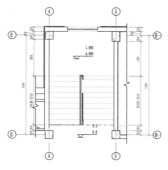

图 12-165

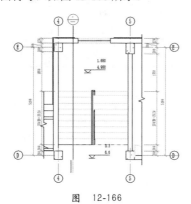

★ 重点 实战——创建楼梯剖面详图

场景位置	场景文件 > 第 12 章 >21.rvt
实例位置	实例文件 > 第 12 章 > 实战：创建楼梯剖面详图 .rvt
视频位置	多媒体教学 > 第 12 章 > 实战：创建楼梯剖面详图 .mp4
难易指数	★★★★★
技术掌握	剖切面轮廓工具的使用方法

扫码看视频

01 打开学习资源包中的"场景文件 > 第 12 章 >21.rvt"文件，切换到"视图"选项卡，单击"剖面"按钮，在楼梯左侧绘制剖面符号，如图 12-166 所示。

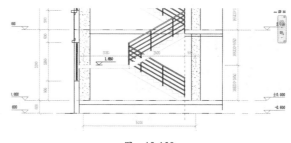

图 12-166

02 双击剖面符号标头，进入楼梯剖面图，拖曳裁剪框至合适的大小，如图 12-167 所示。

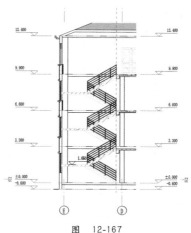

图 12-167

03 使用"符号"工具添加剖断线，然后分别添加高程点与尺寸标注，并关闭"裁剪区域可见"选项，如图 12-168 所示。

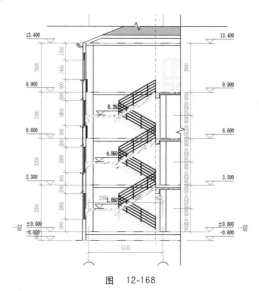

图 12-168

04 双击右侧梯段标注数值，根据实际踢面数进行修改，设置标注数值为 165×10=1650，如图 12-169 所示。

图 12-169

05 切换到"视图"选项卡，单击"图形"面板中的"剖切面轮廓"按钮，如图 12-170 所示。

图 12-170

06 拾取楼梯歇脚平面，进入绘制草图模式，然后使用"直线"工具以逆时针方向绘制梯梁轮廓，接着单击"完成"按钮，如图 12-171 所示。

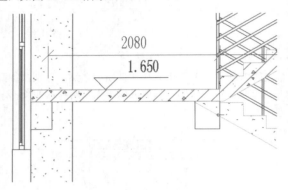

图 12-171

07 对于楼层板部分的梯梁，可以使用填充区域进行绘制，如图 12-172 所示。

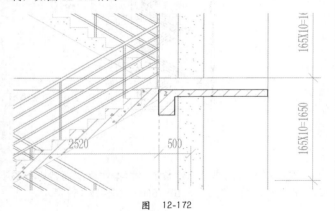

图 12-172

技巧提示

绘制剖切面轮廓线时，最好以顺时针方向绘制。如果是逆时针方向，绘制的轮廓填充将无法正常显示。在这种状态下，可以单击轮廓线编辑草图状态下的"翻转箭头"，使其箭头方向朝内侧方可正常显示轮廓填充。

08 按照同样的方法添加其他标高的梯梁，完成后的最终效果如图 12-173 所示。

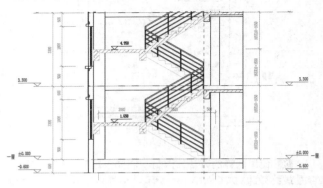

图 12-173

★ 重点 实战——创建屋面节点详图

场景位置	场景文件 > 第 12 章 >22.rvt
实例位置	实例文件 > 第 12 章 > 实战：创建屋面节点详图 .rvt
视频位置	多媒体教学 > 第 12 章 > 实战：创建屋面节点详图 .mp4
难易指数	★★★★★
技术掌握	绘制视图的创建方法

扫码看视频

01 打开学习资源包中的"场景文件 > 第 12 章 >22.rvt"文件，切换到"视图"选项卡，单击"绘制 视图"按钮，如图 12-174 所示。

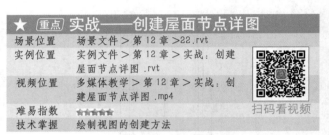

图 12-174

02 在"新绘图视图"对话框中输入"名称"为"屋面节点"，"比例"为 1：20，如图 12-175 所示。最后单击"确定"按钮。

图 12-175

03 切换到"插入"选项卡，单击"导入 CAD"按钮。在"链接 CAD 格式"对话框中依次进入"场景文件"下的"第 12 章"文件夹，选择"屋檐节点"文件并单击"打开"按钮，如图 12-176 所示。

04 文件导入后，选择 CAD 文件，在"修改"选项卡中单击"分解"按钮，如图 12-177 所示。

Revit+Lumion中文版从入门到精通（建筑设计与表现）

图　12-176

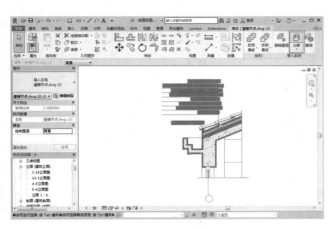

图　12-177

05 分解成功后，将部分填充区域的填充样式进行修改，并添加尺寸标注，如图 12-178 所示。

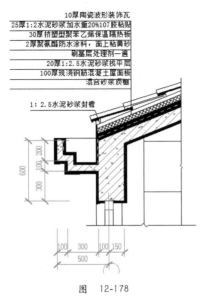

图　12-178

06 切换到"1-14 立面图"，再切换到"视图"选项卡，单击"剖面"按钮，选择剖面类型为"详图"。选中"参照其他视图"选项，设置参照视图为"绘制视图：屋面节点"，如图 12-179 所示。最后在视图屋顶位置绘制剖面符号，如图 12-180 所示。

图　12-179

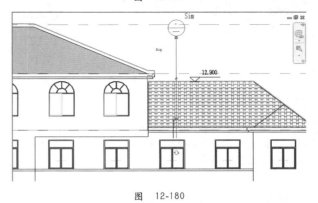

图　12-180

07 通过双击剖面标头即可进入参照的绘制视图中，如图 12-181 所示。

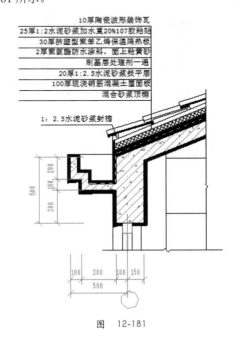

图　12-181

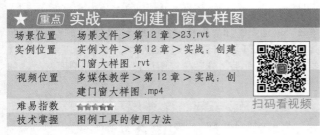

★ [重点] 实战——创建门窗大样图

场景位置	场景文件 > 第 12 章 >23.rvt
实例位置	实例文件 > 第 12 章 > 实战：创建门窗大样图 .rvt
视频位置	多媒体教学 > 第 12 章 > 实战：创建门窗大样图 .mp4
难易指数	★★★★★
技术掌握	图例工具的使用方法

扫码看视频

01 打开学习资源包中的"场景文件 > 第 12 章 >23.rvt"文件，切换到"视图"选项卡，单击"图例"按钮，在下拉菜单中选择"图例"，如图 12-182 所示。

图　12-182

 技巧提示

为了方便后期出图，一般一个图例视图只放置一个门窗图例。这样方便后期在Revit图框中放置门窗图例时生成独立的门窗编号。

02 在打开的"新图例视图"对话框中输入"名称"为"门窗大样"，设置"比例"为 1：50，然后单击"确定"按钮，如图 12-183 所示。

图　12-183

03 切换到"注释"选项卡，单击"构件"按钮后方的小三角，在下拉菜单中选择"图例构件"，如图 12-184 所示。

图　12-184

04 在工具选项栏中设置"族"为"窗：弧形窗：C-5"，"视图"为"立面：前"，然后在视图中单击进行放置，如图 12-185 所示。

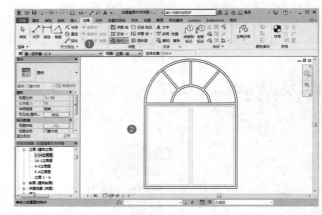

图　12-185

05 放置完成后进行尺寸标注，如图 12-186 所示。按照相同的步骤添加其他门窗图例。

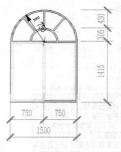

图　12-186

第 13 章

布图与打印

本章学习要点
· 图纸布图
· 图纸打印与导出

13.1 图纸布图

图纸布置已经是设计过程中的最后一个阶段。需将比例不同的图纸放置到图框内并填写必要信息，最终打印出图。

布置图纸的方式大致分为3种，第1种是在设计打印图纸时，将事先准备好的标准图框放在CAD软件模型空间中并按照视图需要的比例进行缩放，直至视图的内容可以完全放置到图框中；第2种是通常需要使用加长图框（因为视图表达建筑长度方向较长）；第3种是设计师将图框放置在CAD布局空间，然后通过视口的方式进行视图比例缩放，最终确定图纸的比例。目前国内设计师常采用后两种布置图的方式，而国外的设计师经常使用第3种方式。

重点 13.1.1 图纸布置

在Revit中布置图纸与在AutoCAD平台布置图纸略有不同。Revit中的视图都有不同的视图比例，布置图纸时，只需要选择合适大小的图框即可。在Revit中所使用的图框被称为标题栏族。

★ 重点 实战——布置图纸

场景位置	场景文件 > 第13章 > 01.rvt
实例位置	实例文件 > 第13章 > 实战：布置图纸.rvt
视频位置	多媒体教学 > 第13章 > 实战：布置图纸.mp4
难易指数	★★★★★
技术掌握	导向轴网工具的使用

扫码看视频

01 打开学习资源包中的"场景文件 > 第13章 > 01.rvt"文件，打开"一层平面图"图纸。然后切换到"视图"选项卡，单击"图纸"按钮，如图13-1所示。

图 13-1

02 在打开的"新建图纸"对话框中选择"A2 公制：A2 L"，然后单击"确定"按钮，如图13-2所示。

图 13-2

03 切换到"视图"选项卡，单击"图纸组合"面板中的"视图"按钮，如图13-3所示。

图 13-3

04 在打开的"视图"对话框中选择"楼层平面：一层平面"，然后单击"在图纸中添加视图"按钮，如图13-4所示。

图 13-4

05 将光标移动到合适的位置，然后单击鼠标放置视图，如图13-5所示。如果对放置的位置不满意，还可以选中视图继续拖曳。

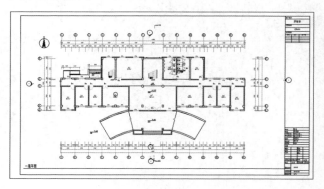

图 13-5

06 切换到"插入"选项卡，单击"载入族"按钮。在"载入族"对话框中依次进入"场景文件"下的"第13章"文件夹，选择"出图－标题栏"并将其载入项目中，如图13-6所示。

图　13-6

07 选中视图标题，然后单击"编辑类型"按钮。打开"类型属性"对话框，复制新类型为"出图－标题栏"，并设置"标题"为"出图－标题栏"，取消选中"显示延伸线"选项，如图13-7所示。最后单击"确定"按钮。

图　13-7

08 将标题栏移动至图纸下方中心位置，然后在"属性"面板中修改"图纸编号""图纸名称"等参数，如图13-8所示。最后单击"确定"按钮。

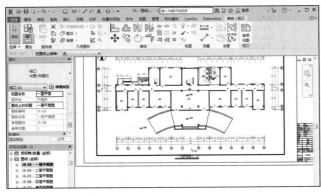

图　13-8

09 切换到"视图"选项卡，单击"导向轴网"按钮，如图13-9所示。

图　13-9

10 在打开的"指定导向轴网"对话框中选择"创建新轴网"选项，然后输入"名称"为"平面布图"，最后单击"确定"按钮，如图13-10所示。

图　13-10

技巧提示

可以在未添加图纸的状态下事先生成导向轴网。这样方便放置图纸时能够以共同的基准点准确定位。

11 拖动导向轴网的4个控制点，使导向轴网的边界与各方向的轴线对齐，如图13-11所示。

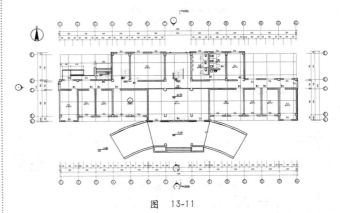

图　13-11

12 按照上述步骤，新建一张图纸。然后单击"导向轴网"按钮，在打开的"指定导向轴网"对话框中选择"选择现有轴网"选项，接着选中之前创建好的"平面布图"，并单击"确定"按钮，如图13-12所示。

13 直接将二层平面拖曳到图纸中，然后使用移动工具将视图轴线交叉点与导向轴线角点对齐，如图13-13所示。

图　13-12

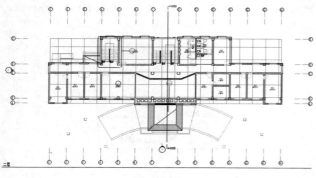

图　13-13

14 修改对应图纸的编号与名称，然后在"属性"面板中将"导向轴网"选项修改为"<无>"，如图 13-14 所示。最终完成的效果如图 13-15 所示。继续完成其他图纸的布置，同时完善图纸内容。

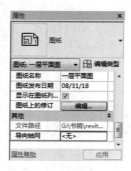

图　13-14

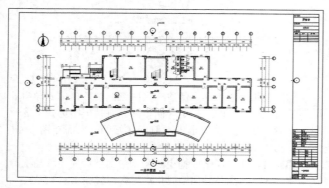

图　13-15

13.1.2　项目信息设置

项目专有信息是在项目的所有图纸上都保持相同的数据。项目特定的数据包括项目发布日期和状态、客户名称以及项目的地址、名称和编号。通过设置项目信息，可以将这些参数更新到图框中。

★ 重点 实战——设置项目信息

场景位置	场景文件＞第 13 章＞02.rvt
实例位置	实例文件＞第 13 章＞实战：设置项目信息 .rvt
视频位置	多媒体教学＞第 13 章＞实战：设置项目信息 .mp4
难易指数	★★★★★
技术掌握	关联修改项目信息与图框参数

扫码看视频

01 打开学习资源包中的"场景文件＞第 13 章＞02.rvt"文件，切换到"管理"选项卡，单击"项目 信息"按钮，如图 13-16 所示。

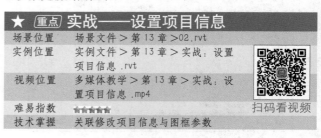

图　13-16

02 在打开的"项目信息"对话框中，根据实际项目情况输入相关信息，如图 13-17 所示。

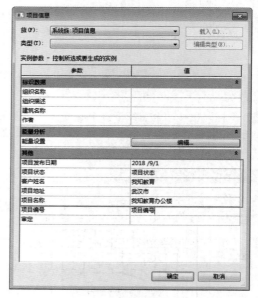

图　13-17

03 单击"确定"按钮后，在"项目属性"对话框中输入的参数会自动更新显示到图框中，如图 13-18 所示。对于剩余的信息，可以选中图框，在实例与类型参数中进行添加。

图 13-18

重点 13.1.3 图纸的修订及版本控制

绘制完所有图纸后，通常都会对图纸进行审核，以满足客户或规定的要求，同时也需要追踪这些修订以供将来参考。例如，可能要检查修订历史记录以确定进行修改的时间、原因和执行者。Revit 就提供了一些工具，以用于追踪修订并将这些修订信息反映在施工图文档集中的图纸上。

修订追踪是在发布图纸之后记录对建筑模型所做的修改的过程。可以使用云线批注、标记和明细表追踪修订，并可以把这些修订信息发布到图纸上。

★ 重点 实战——修订图纸

场景位置	场景文件＞第 13 章＞03.rvt
实例位置	实例文件＞第 13 章＞实战：修订图纸 .rvt
视频位置	多媒体教学＞第 13 章＞实战：修订图纸 .mp4
难易指数	★★★★★
技术掌握	图纸修改添加与标记

扫码看视频

01 打开学习资源包中的"场景文件＞第 13 章＞03.rvt"文件，切换到"视图"选项卡，在"图纸组合"面板中单击"修订"按钮，如图 13-19 所示。

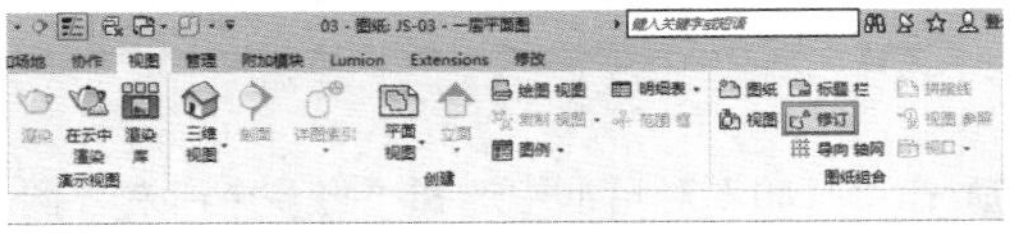

图 13-19

02 在打开的"图纸发布/修订"对话框中单击"添加"按钮，输入相关信息，如图 13-20 所示。

图 13-20

03 切换到"注释"选项卡，单击"云线 批注"按钮，如图 13-21 所示。

图 13-21

04 在实例"属性"面板中设置"修订"为"序号 2-修订 2"，如图 13-22 所示。

图 13-22

05 选择绘制工具为"样式曲线"，在视图中绘制云线，然后单击"完成"按钮，如图 13-23 所示。

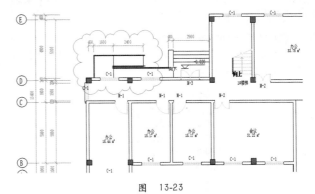

图 13-23

06 当选中云线后，在"属性"面板中可以显示当前云线的相关信息，如图 13-24 所示。

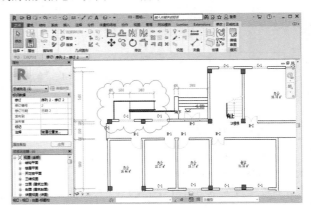

图 13-24

13.2 图纸打印与导出

完成图纸布置后，一般就可以进入图纸打印或导出 CAD（或其他文件格式）的阶段，方便各方交换设计成果。下面将以两部分内容分别向读者介绍 Revit 打印与导出的操作步骤及相关注意事项。

重点 13.2.1 打印

使用"打印"工具可打印当前窗口的可见部分或所选的视图和图纸。可以将所需的图形发送到打印机，生成 PRN 文件、PLT 文件或 PDF 文件。一般情况下，会将图纸先生成 PDF 文件，PDF 文件体积较小，非常便于存储与传送。在实际项目中，经常以 PDF 文件进行文件传递。目前 Revit 没有提供直接创建 PDF 文件的工具，需要用户自行安装第三方 PDF 虚拟打印机。

★ 重点 实战——打印 PDF 图纸	
场景位置	场景文件 > 第 13 章 >04.rvt
实例位置	实例文件 > 第 13 章 > 实战：打印 PDF 图纸 .pdf
视频位置	多媒体教学 > 第 13 章 > 实战：打印 PDF 图纸 .mp4
难易指数	★★★★★
技术掌握	图纸打印的方法及参数设置

扫码看视频

01 打开学习资源包中的"场景文件 > 第 13 章 >04.rvt"文件，单击"文件"菜单，接着执行"打印"中的"打印"命令，如图 13-25 所示。

图 13-25

02 在"打印"对话框中选择相应的打印机，然后单击后方的"属性"按钮，如图 13-26 所示。

 技巧提示

如果需要生成PLT文件进行打印，可以选择"打印到文件"选项，然后选择PLT文件。之后选择文件的保存路径，即可使用PLT文件进行打印了。

图 13-26

03 在打印机的"Adobe PDF 文档 属性"对话框中设置方向为横向，纸张大小（Adobe PDF Page Size）为 A2，然后单击"确定"按钮，如图 13-27 所示。

图 13-27

04 在"打印"对话框中选择"将多个所选视图 / 图纸合并到一个文件"选项，然后选择"打印范围"为"所选视图 / 图纸"，最后单击"选择"按钮，如图 13-28 所示。

图 13-28

05 在"视图/图纸集"对话框中取消选中"视图"选项，然后单击"选择全部"按钮，将项目中所有图纸选中，如图13-29所示。弹出"是否保存打印设置"对话框时，单击"否"。

图 13-29

06 返回"打印"对话框，单击"设置"面板中的"设置"按钮，如图13-30所示。

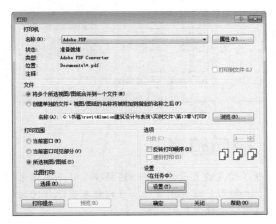

图 13-30

07 在"打印设置"对话框中设置纸张"尺寸"为A2，然后单击"确定"按钮，如图13-31所示。

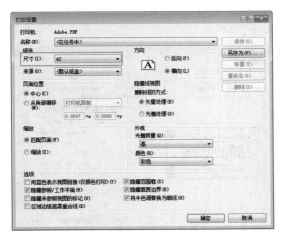

图 13-31

08 返回"打印设置"对话框，再次单击"确定"按钮。在弹出的对话框中选择文件的保存路径，并设置文件名，最后单击"保存"按钮，如图13-32所示。

图 13-32

09 文件导出成功后，打开PDF文件，如图13-33所示。

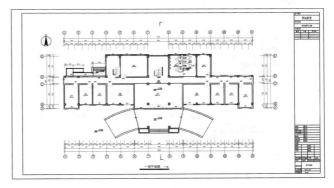

图 13-33

重点 13.2.2 导出与设置

在建筑设计过程中，需要多个专业的互相配合。所以当建筑专业人员使用Revit完成设计后，将要求其他专业人员同时也使用Revit进行资料传递与共享。但现有情况是，其他专业（如结构、电气、暖通、给排水等）人员还无法掌握使用Revit进行设计出图的方法。因此只能由建筑专业人员导出CAD文件，然后与其他专业人员进行配合。下面学习如何使用Revit导出与设计院现有CAD标准相符的DWG文件。

★ 重点 实战——导出DWG文件

场景位置	场景文件>第13章>04.rvt
实例位置	实例文件>第13章>实战：导出 DWG文件.rvt
视频位置	多媒体教学>第13章>实战：导出DWG文件.mp4
难易指数	★★★★★
技术掌握	导出CAD图纸的参数设置

扫码看视频

01 打开学习资源包中的"场景文件 > 第 13 章 >04.rvt"文件，单击"文件"菜单，执行"导出"下"CAD 格式"中的"DWG"命令，如图 13-34 所示。

图 13-34

02 在打开的"DWG 导出"对话框中单击"任务中的导出设置"后面的 ⋯ 按钮，如图 13-35 所示。

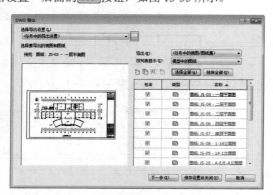

图 13-35

03 在打开的"修改 DWG/DXF 导出设置"对话框中设置"根据标准加载图层"为"从以下文件加载设置"，如图 13-36 所示，然后在弹出的对话框中单击"是"按钮。

图 13-36

04 新建一个 TXT 文件或选择现有文件，然后单击"打开"按钮，如图 13-37 所示，接着按照设计院图层规范要求，

分别设置各个构件所属的 CAD 图层及颜色信息，如图 13-38 所示

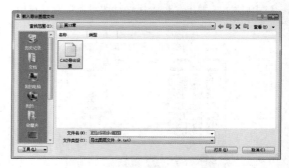

图 13-37

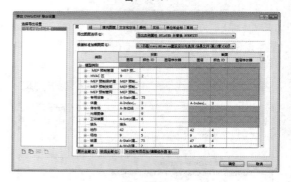

图 13-38

 **技巧提示**

除了图层设置以外，Revit还提供了许多其他选项的设定，如线段、填充图案等。可以根据实际情况切换到不同选项卡进行设置。

05 在"DWG 导出"对话框中设置"导出"为"任务中的视图 / 图纸集"，设置"按列表显示"为"模型中的图纸"，并单击"选择全部"按钮，最后单击"下一步"按钮，如图 13-39 所示。

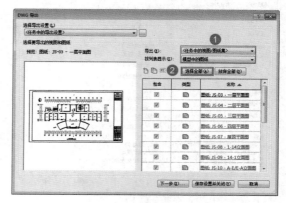

图 13-39

06 在打开的对话框中，取消选中"将图纸上的视图和链接作为外部参照导出"选项，然后设置导出格式以及命名方式，如图 13-40 所示。

图　13-40

07 导出完成后，打开导出的 CAD 图纸，查看最终效果，如图 13-41 所示。

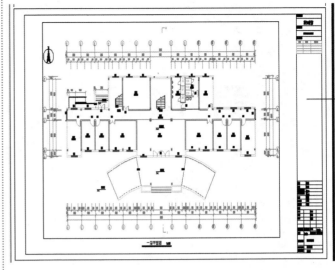

图　13-41

 疑难问答——为什么导出之后的线型图案与Revit中显示的不一致？例如，轴网应该是点画线，而导出后变成了直线。

　　Revit中的视图比例是1：100，而导出CAD文件后，在模型空间的显示比例为1：1。所以轴线会由点画线变成了虚线。解决方法是：在CAD图纸空间绘制与所套图框大小一致的视口，使用"视口缩放"工具将视图比例调整为1：100，所有线型图案均与Revit中的显示状态一致。或者是在模型空间选中所有的CAD线段，将线型比例值调为100，也可显示为正常状态。

 **读书笔记**

第 14 章

协同工作

本章学习要点

· 链接模型的方法
· 复制／监视工具的应用
· 工作集的创建与使用
· 设计选项的设置

14.1 链接

在 Revit 中实现设计协同的方式有两种，一种是使用链接，另一种是使用工作集。本节主要介绍如何使用链接方式实现多专业之间的协同工作。Revit 中的链接类似于 CAD 中的外部参照功能，但两者在使用方法上有一定的差别。Revit 可以链接 Revit 模型，也可以链接 CAD 图纸。在实际项目中，一般使用链接模型方式检测设计过程中各专业之间的碰撞。

重点 14.1.1 使用链接

Revit 中可以链接的对象共有 6 种，分别是 Revit、IFC、CAD、DWF 标记、点云和协调模型文件，如图 14-1 所示。其中最常用的是"链接 Revit"与"链接 CAD"两种选项。使用"链接 Revit"可以实现多专业协同，也可以完成单专业协同。使用链接进行协同时，最方便的地方在于，当所链接的对象发生更改时，只需要更新链接，或下一次打开文件时就可看到所链接对象的最新状态，避免了人为因素造成消息传递不及时而导致的设计错误。

图 14-1

Revit 共提供 7 种链接或导入文件定位的方式，如图 14-2 所示。

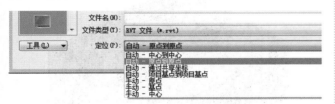

图 14-2

定位选项参数介绍

- 自动 – 中心到中心：Revit 将导入项的中心放置在 Revit 模型的中心。模型的中心是通过查找模型周围的边界框的中心来计算的。
- 自动 – 原点到原点：Revit 将导入项的全局原点放置在 Revit 项目的内部原点上。
- 自动 – 通过共享坐标：Revit 会根据导入的几何图形相对于两个文件之间共享坐标的位置，放置此导入的几何图形。
- 自动 – 项目基点到项目基点：可将链接的 Revit 模型的项目基点与主体 Revit 模型的项目基点对齐。
- 手动 – 原点：导入的文件的原点位于光标的中心。
- 手动 – 基点：导入的文档的基点位于光标的中心。该选

项只用于带有已定义基点的 AutoCAD 文件。

- 手动 – 中心：将光标设置在导入的几何图形的中心。

★ 重点 实战——链接 Revit 模型		
场景位置	场景文件 > 第 14 章 >01.rvt	
实例位置	实例文件 > 第 14 章 > 实战：链接 Revit 模型 .rvt	
视频位置	多媒体教学 > 第 14 章 > 实战：链接 Revit 模型 .mp4	
难易指数	★★★★★	
技术掌握	链接 Revit 模型时对坐标的设置	

01 打开学习资源包中的"场景文件 > 第 14 章 >01.rvt"文件，切换到"插入"选项卡，然后单击"链接 Revit"按钮，如图 14-3 所示。

图 14-3

02 在打开的"导入 / 链接 RVT"对话框中选择本章场景文件中的"机电模型 .rvt"文件，然后设置"定位"为"自动 - 原点到原点"，最后单击"打开"按钮，如图 14-4 所示。

图 14-4

03 链接文件载入成功后，在三维视图中查看链接效果，如图 14-5 所示。

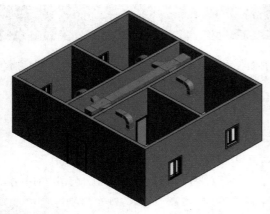

图 14-5

04 按快捷键 VV 打开"可见性 / 图形替换"对话框。切换到"Revit 链接"选项卡，单击"机电模型"后方的"按主体视图"按钮，如图 14-6 所示。

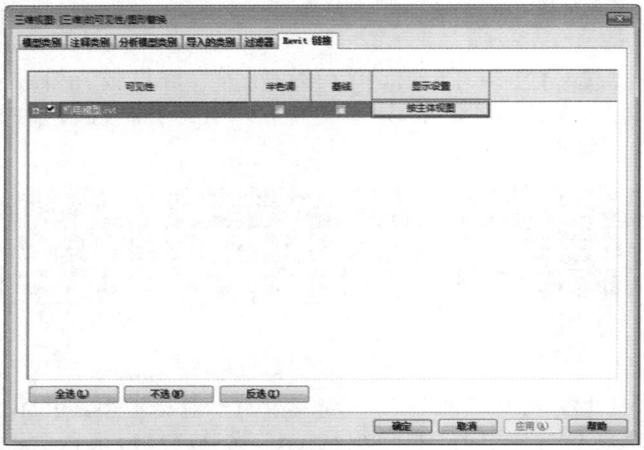

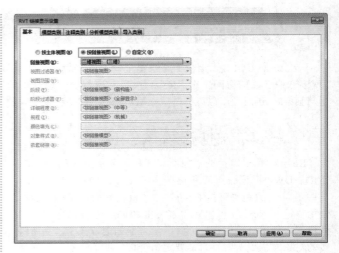

图 14-7

Revit 链接模型后，链接文件显示状态将由当前视图显示设置所替换。如果需要以源文件状态显示，可以在"可见性/图形替换"对话框中设置"按链接视图"显示。

图 14-6

05 在打开的"RVT 链接显示设置"对话框中选择"按链接视图"选项，然后设置"链接视图"为"三维视图：{三维}"，最后单击"确定"按钮，如图 14-7 所示。

06 回到三维视图，此时链接的 Revit 模型将以源文件状态显示，如图 14-8 所示。

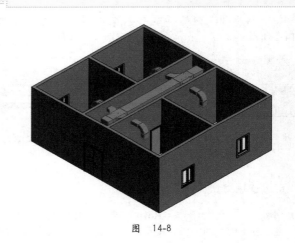

图 14-8

重点 14.1.2 管理链接模型

在"管理链接"对话框中可以设置链接文件的各项属性，以及控制链接文件的显示状态。Revit 中支持"附着"和"覆盖"两种参照方式。"附着"是指当链接模型的主体链接到另一个模型时，将显示该链接模型；"覆盖"是指当链接模型的主体链接到另一个模型时，将不载入该链接模型，默认设置为"覆盖"。选择"覆盖"选项后，如果导入包含嵌套链接的模型，将显示一条消息，说明导入的模型包含嵌套链接，并且这些模型在主体模型中将不可见。

Revit 可以记录链接文件的路径类型为相对路径或绝对路径。如果使用相对路径，当项目和链接文件一起移动至新目录时，链接关系保持不变，Revit 将尝试按照链接模型相对于工作目录的位置来查找链接模型。如果使用绝对路径，将项目和链接文件一起移动至新目录时链接将被破坏，Revit 将尝试在指定目录查找链接模型。

在"插入"选项卡中单击"链接"面板中的"管理链接"按钮，可打开"管理链接"对话框，如图 14-9 所示。

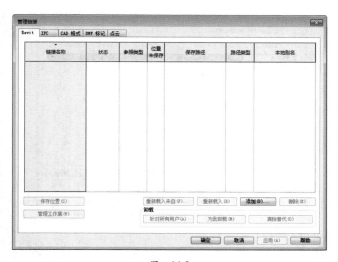

图　14-9

图　14-11

★ (重点) 实战——删除与更新链接模型

场景位置	场景文件 > 第 14 章 >02.rvt
实例位置	实例文件 > 第 14 章 > 实战：删除与更新链接模型 .rvt
视频位置	多媒体教学 > 第 14 章 > 实战：删除与更新链接模型 .mp4
难易指数	★★★★★
技术掌握	对链接模型的删除与更新

01 打开学习资源包中的"场景文件 > 第 14 章 >02.rvt"文件，切换到"插入"选项卡，单击"管理链接"按钮，如图 14-10 所示。

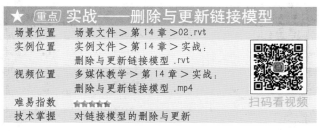

图　14-10

02 在打开的"管理链接"对话框中选择已经链接到项目中的文件，然后单击"删除"按钮，如图 14-11 所示。

03 在打开的"删除链接"对话框中单击"确定"按钮，如图 14-12 所示。

04 在"管理链接"对话框中单击"添加"按钮，如图 14-13 所示。

05 在"导入 / 链接 RVT"对话框中选择需要链接的模型，并单击"打开"按钮，如图 18-14 所示。

06 如果模型在被链接以后进行了修改，还可以选中链接的模型，单击"重新载入"按钮将修改后的模型载入项目中，如图 14-15 所示。

图　14-12

📖 技巧提示

当所链接的文件被删除后，将无法通过撤销[①]工具来恢复，因此当删除链接文件时，一定要确定所删除的文件是否正确。

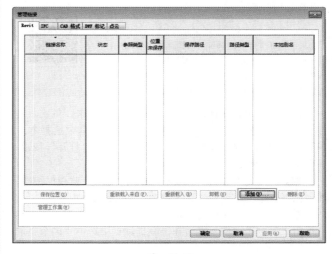

图　14-13

---

① 注："撤销"同图中的"撤消"。

图　14-14

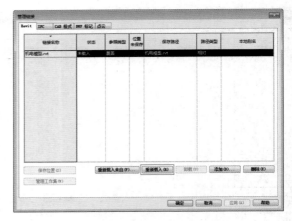

图　14-15

重点 14.1.3　复制与监视

多个团队针对一个项目进行协作时，有效监视和协调工作可以减少过失和损失导致的返工。使用"复制／监视"工具可确保在各个团队之间针对设计修改进行交流。在启动"复制／监视"工具时，可选择"使用当前项目"或"选择链接"命令，然后可选择"复制"或"监视"命令。

复制的作用是创建选定项的副本，并在复制的图元和原始图元之间建立监视关系。如果原始图元发生修改，那么会在打开项目或重新载入链接模型时显示一条警告（该"复制"工具不同于其他用于复制和粘贴的复制工具）。

监视的作用是在相同类型的两个图元之间建立监视关系。如果某一图元发生修改，那么会在打开项目或重新载入链接模型时显示一条警告。

★ 重点 实战——复制／监视标高与轴网		
场景位置	无	
实例位置	实例文件＞第 14 章＞实战：复制／监视标高与轴网 .rvt	
视频位置	多媒体教学＞第 14 章＞实战：复制／监视标高与轴网 .mp4	扫码看视频
难易指数	★★★★★	
技术掌握	复制链接模型中的图元并监视	

01 新建项目文件，切换到"插入"选项卡，单击"链接 Revit"按钮。在"导入／链接 RVT"对话框中选择本章场景文件中的"建筑模型 .rvt"文件，并单击"打开"按钮，如图 14-16 所示。

02 切换到"协作"选项卡，单击"复制／监视"按钮，然后在下拉菜单中选择"选择链接"，如图 14-17 所示。

03 拾取视图中的链接模型，切换到任意立面视图，然后单击"复制"按钮，接着在工具选项栏中选中"多个"选项，如图 14-18 所示。

04 框选当前视图中的所有轴网，然后单击工具选项栏中的"完成"按钮，如图 14-19 所示。

图　14-16

图　14-17

图　14-18

05 返回平面视图，再次单击"复制"按钮，并且选中"多个"选项。然后框选视图中的所有轴线，并依次单击工具选项栏中的"完成"按钮与功能区中的"完成"按钮，如图 14-20 所示。

06 选择任意一根轴网，使用"移动"工具进行移动，这时视图将弹出"警告"对话框，如图 14-21 所示。

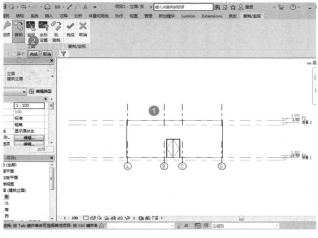

图　　14-19

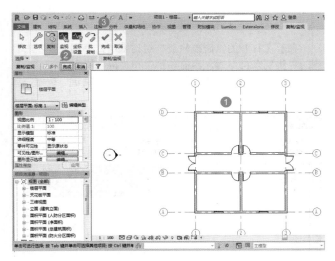

图　　14-20

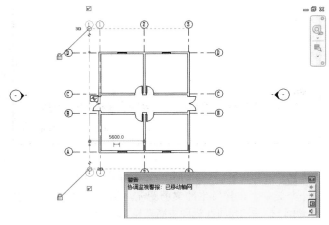

图　　14-21

07 选择链接模型，然后单击"协调查阅"按钮，如

图 14-22 所示，接着在"协调查阅"对话框中依次展开卷展栏，可以看到相关问题，选中任意一个问题图元类目，将会在视图中相应地选中对应图元，如图 14-23 所示。

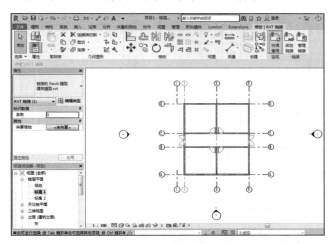

图　　14-22

图　　14-23

> **PROMPT 技巧提示**
>
> 当链接文件中被监视的图元发生变更后，在"协调查阅"对话框中同样会显示问题。

08 在"已移动轴网"消息后方选择操作行为"接受差值"，并可以单击"添加注释"按钮添加相应注释，如图 14-24 所示，最后依次单击"确定"按钮，关闭各个对话框。此时再次单击"协调查阅"按钮，"协调查阅"对话框中将不显示任何问题。

09 按快捷键 VV 打开"可见性 / 图形替换"对话框，切换到"Revit 链接"选项卡，取消选中"建筑模型 .rvt"的可见性，最后单击"确定"按钮，如图 14-25 所示。

10 视图中将只显示已复制到当前项目中的轴网，如图 14-26 所示。

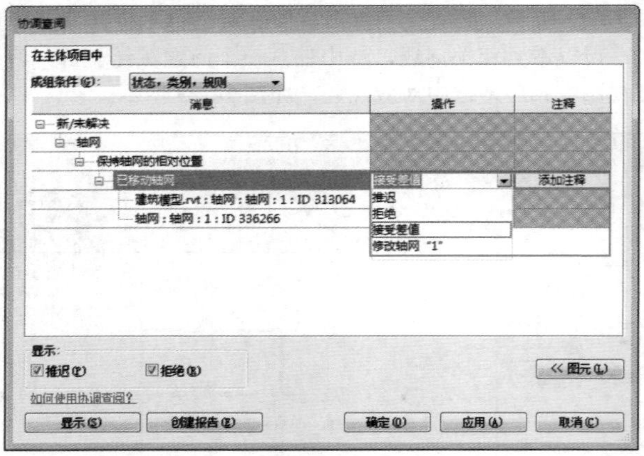

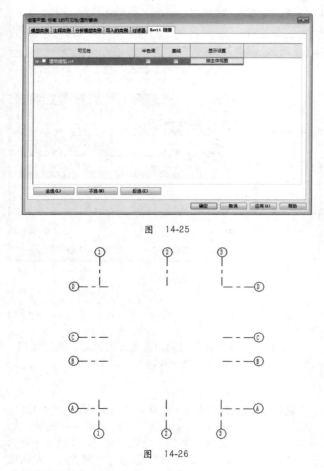

图　14-24

图　14-25

图　14-26

如果不希望复制到当前项目中的图元被监视，可以选中相应的图元，单击"停止监视"按钮即可。如将链接文件直接删除，"监视"功能同样会也随之消失。

★ 重点 实战——碰撞检查

场景位置	场景文件＞第 14 章＞03.rvt
实例位置	实例文件＞第 14 章＞实战：碰撞检查 .rvt
视频位置	多媒体教学＞第 14 章＞实战：碰撞检查 .mp4
难易指数	★★★★★
技术掌握	使用链接模型实现多专业碰撞检查

扫码看视频

01 打开学习资源包中的"场景文件＞第 14 章＞03.rvt"文件，切换到"协作"选项卡，然后单击"碰撞检查"按钮，在下拉菜单中选择"运行碰撞检查"，如图 14-27 所示。

图　14-27

02 在打开的"碰撞检查"对话框中，分别设置左右两侧的"类别来自"为"当前项目"和"机电模型 .rvt"，然后全部选择相应文件下的子类别，最后单击"确定"按钮，如图 14-28 所示。

图　14-28

03 运行结束后，会打开"冲突报告"对话框。展开其中一个类别，选择发生冲突的图元，然后单击"显示"按钮，所选择的图元将在视图中高亮显示，如图 14-29 所示。

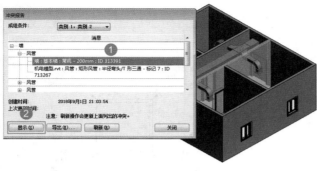

图 14-29

技巧提示

如果发生冲突的图元已经完成修改，可单击“刷新”按钮重新运行碰撞检查。

04 在“冲突报告”对话框中单击“导出”按钮，然后在“将冲突报告导出为文件”对话框中输入文件名称，最后单击“保存”按钮，如图 14-30 所示。

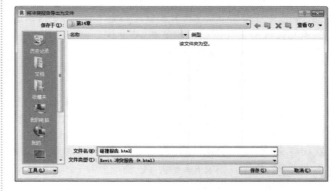

图 14-30

05 打开保存完成的冲突报告，在报告中显示项目中发生碰撞的图元名称及 ID 号，复制第一个图元的 ID，如图 14-31 所示。

06 回到项目中，单击“关闭”按钮关闭“冲突报告”对话框，然后切换到“管理”选项卡，单击“查询”面板中的“按 ID 选择”按钮，如图 14-32 所示。

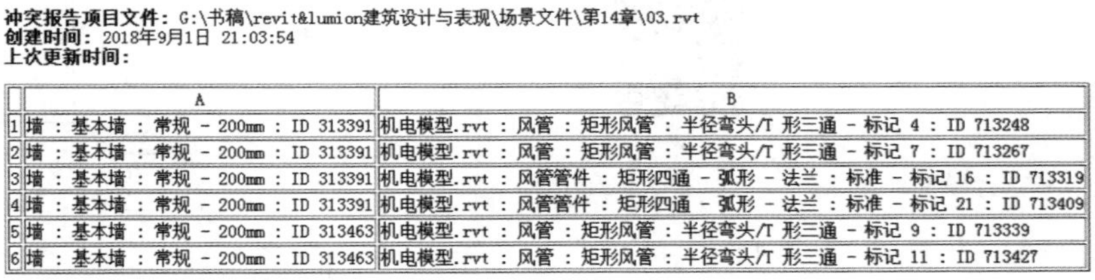

冲突报告

冲突报告项目文件： G:\书稿\revit&lumion建筑设计与表现\场景文件\第14章\03.rvt
创建时间： 2018年9月1日 21:03:54
上次更新时间：

	A	B
1	墙 : 基本墙 : 常规 - 200mm : ID 313391	机电模型.rvt : 风管 : 矩形风管 : 半径弯头/T 形三通 - 标记 4 : ID 713248
2	墙 : 基本墙 : 常规 - 200mm : ID 313391	机电模型.rvt : 风管 : 矩形风管 : 半径弯头/T 形三通 - 标记 7 : ID 713267
3	墙 : 基本墙 : 常规 - 200mm : ID 313391	机电模型.rvt : 风管管件 : 矩形四通 - 弧形 - 法兰 : 标准 - 标记 16 : ID 713319
4	墙 : 基本墙 : 常规 - 200mm : ID 313391	机电模型.rvt : 风管管件 : 矩形四通 - 弧形 - 法兰 : 标准 - 标记 21 : ID 713409
5	墙 : 基本墙 : 常规 - 200mm : ID 313463	机电模型.rvt : 风管 : 矩形风管 : 半径弯头/T 形三通 - 标记 9 : ID 713339
6	墙 : 基本墙 : 常规 - 200mm : ID 313463	机电模型.rvt : 风管 : 矩形风管 : 半径弯头/T 形三通 - 标记 11 : ID 713427

冲突报告结尾

图 14-31

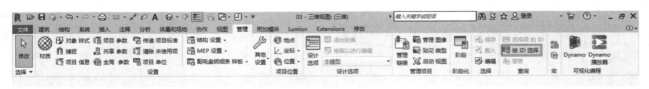

图 14-32

07 在打开的“按 ID 号选择图元”对话框中输入图元 ID 号，然后单击“显示”按钮，对应 ID 号的图元将在视图中被选中，如图 14-33 所示。

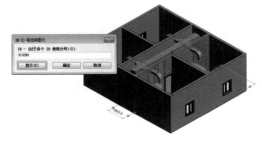

图 14-33

共享坐标用于记录多个互相链接的文件的相互位置，这些相互链接的文件可以全部是 Revit 文件，也可以是 Revit 文件、DWG 文件和 DXF 文件的组合。

Revit 项目具有构成项目中模型的所有图元的内部坐标，这些坐标只能被此项目识别。如果具有独立模型（其位置与其他模型或场地无关），则可以识别。但是，如果希望模型位置可被其他链接模型识别，则需要共享坐标。Revit 项目可以有命名位置，命名位置是 Revit 项目中模型实例的位置。默认情况下，每个 Revit 项目都包含至少一个命名位置，称为"内部"位置。如果 Revit 项目包含一个唯一的结构或一个场地模型，则通常只有一个命名位置。如果 Revit 项目包含多座相同的建筑，则将有多个位置。

有时，需要用一个建筑的多个位置来创建一个建筑群。例如，几个相同的宿舍建筑位于同一场地，需要为唯一的建筑设定多个位置。在这种情况下，可以将建筑导入场地模型中，然后通过选择不同的位置在场地上移动该建筑。在项目中，可以删除、重命名和新建位置，也可以在各位置之间切换。

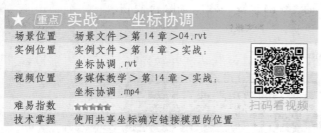

★ 重点 实战——坐标协调

场景位置	场景文件 > 第 14 章 >04.rvt
实例位置	实例文件 > 第 14 章 > 实战：坐标协调 .rvt
视频位置	多媒体教学 > 第 14 章 > 实战：坐标协调 .mp4
难易指数	★★★★★
技术掌握	使用共享坐标确定链接模型的位置

01 打开学习资源包中的"场景文件 > 第 14 章 >04.rvt"文件，切换到"插入"选项卡，单击"链接 Revit"按钮，在"导入 / 链接 RVT"对话框中选择"协调 -A"文件，最后单击"打开"按钮，如图 14-34 所示。

图 14-34

02 由于所链接的模型与主体模型坐标完全一致，所以位置发生了重叠。按 Tab 键选择链接文件，然后使用"移动"工具将其移动至左上方的坐标点，如图 14-35 所示。

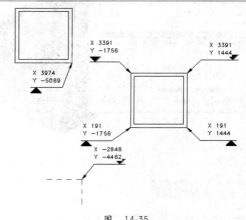

图 14-35

03 选择链接文件"协调 -A"，使用快捷键 CC 将其复制并移动至另一个坐标点，如图 14-36 所示。

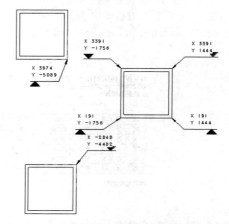

图 14-36

04 切换到"管理"选项卡，单击"坐标"按钮，在下拉菜单中选择"发布坐标"，如图 14-37 所示。

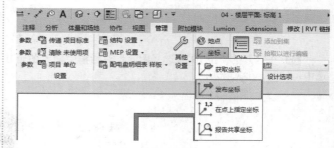

图 14-37

05 拾取当前视图中左上角链接的模型，然后在"位置、气候和场地"对话框中单击"复制"按钮，接着在打开的"名称"对话框中输入"名称"为"协调 -A"，最后单击"确定"按钮，如图 14-38 所示。

图　14-38

06 使用同样的方法，拾取左下角的链接模型，复制一个场地名称为"协调-B"的坐标位置，如图14-39所示。最后单击"确定"按钮。

图　14-39

07 切换到"插入"选项卡，单击"管理链接"按钮，接着在"管理链接"对话框中选择"协调-A.rvt"文件，最后单击"保存位置"按钮，如图14-40所示。

图　14-40

08 在打开的"位置定位已修改"对话框中单击"保存"选项，如图14-41所示，此时链接文件修改后的坐标位置被保存回原文件中。

09 删除链接文件，然后进行重新链接。在"导入/链接RVT"对话框中选择"协调-A.rvt"文件，设置"定位"

方式为"自动-通过共享坐标"，最后单击"打开"按钮，如图14-42所示。

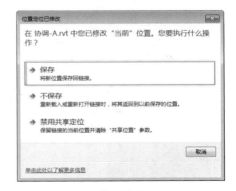

图　14-41

图　14-42

10 在"位置、气候和场地"对话框中选择"协调-A"，然后单击"确定"按钮，如图14-43所示。此时，软件将获取链接文件中"协调-A"的坐标，并自动定位到视图相应位置，如图14-44所示。

11 再次链接同一文件，在"位置、气候和场地"对话框中选择"协调-B"，然后单击"确定"按钮。此时，软件将再次获取链接文件中"协调-B"的坐标，并自动定位到视图相应位置，如图14-45所示。

图　14-43

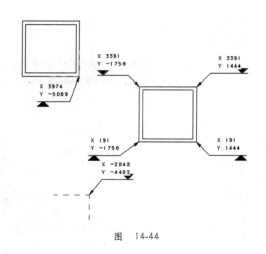

图 14-44

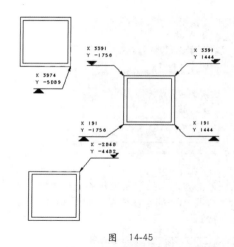

图 14-45

14.2 使用工作集

除了链接以外，Revit 还提供了"工作集"协同方式。通过"工作集"，可以允许多名团队成员同时处理同一个项目模型，如图 14-46 所示。在许多项目中，会为团队成员分配一个让其负责的特定功能领域。

可以将 Revit 项目细分为工作集以适应这样的环境，启用工作集创建一个中心模型，以便团队成员可以对中心模型的本地副本同时进行设计更改。

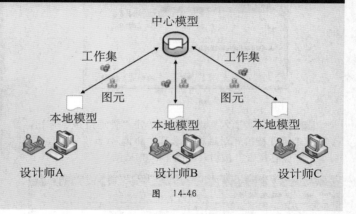

图 14-46

重点 14.2.1 工作集设置

在项目开始时，应由项目经理或项目负责人创建工作集，然后划分好相应的权限，并将创建好的中心模型放置到服务器中，供项目组人员使用。对于轴网、标高等比较重要的图元，应将权限保留到项目经理和项目负责人手中，以免绘图过程中出现误操作。

★ 重点 实战——创建中心模型

场景位置	场景文件＞第 14 章＞05.rvt
实例位置	实例文件＞第 14 章＞实战：创建中心模型.rvt
视频位置	多媒体教学＞第 14 章＞实战：创建中心模型.mp4
难易指数	★★★★★
技术掌握	工作集的建立与权限设定

扫码看视频

01 新建项目文件，切换到"协作"选项卡，单击"协作"按钮，如图 14-47 所示。

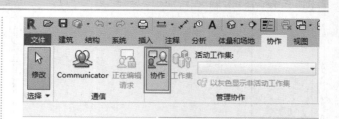

图 14-47

02 这时会弹出"协作"对话框，在其中选择"在网络中"选项，并单击"确定"按钮，如图 14-48 所示。

03 在"协作"选项卡中再次单击"工作集"按钮，如图 14-49 所示。

04 在打开的"工作集"对话框中单击"新建"按钮，打开"新建工作集"对话框，然后输入工作集名称为"外墙"，接着单击"确定"按钮，如图 14-50 所示。

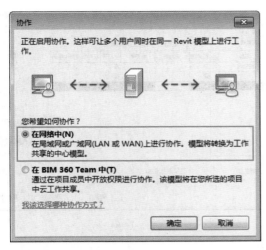

图　14-48

图　14-49

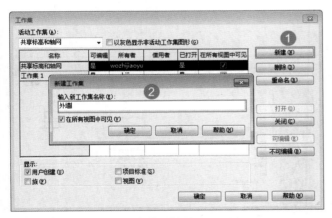

图　14-50

技巧提示

如果在项目中建立了轴网与标高，将自动将其划分到一个独立的工作集中。

05 选择"工作集 1"，单击"重命名"按钮，在打开的"重命名"对话框中输入"新名称"为"内墙"，然后依次单击"确定"按钮，关闭所有对话框，如图 14-51 所示。

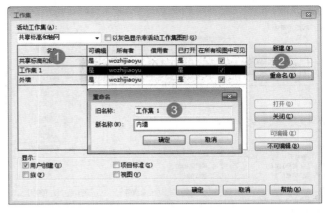

图　14-51

技巧提示

工作集划分的原则根据实际情况而定，可以按照楼层划分，也可以按照功能区划分，或者也可以按照专业进行划分，如幕墙、室内等。

06 工作集建立完成后，将中心模型保存至服务器或网络路径中，如图 14-52 所示。

图　14-52

技巧提示

保存中心文件时，一定要选择网络路径进行保存，否则他人将无法创建本地模型。网络路径格式如：\\BIM\项目。

07 在"协作"选项卡中再次单击"工作集"按钮，在"工作集"对话框中选择全部工作集，然后单击"不可编辑"按钮，如图 14-53 所示。此时，工作集的权限将被释放。

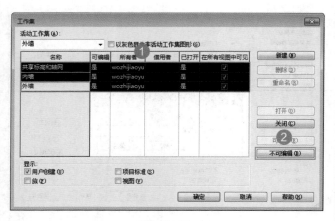

图 14-53

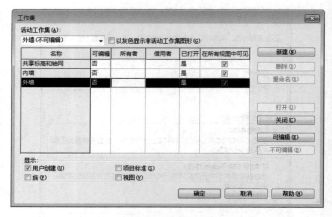

图 14-54

08 工作集权限释放后，任何项目组成员都有权获取工作集权限。在"工作集"对话框中，"所有者"一列将变成空白状态，如图 14-54 所示。

09 建立中心模型后，"保存"按钮将呈禁用状态。若要保存所做更改，需要单击"同步并修改设置"按钮，如图 14-55 所示。

技巧提示

不建议直接打开编辑中心文件。编辑文件时，应该选择中心文件，并新建本地副本文件，编辑本地文件后可以进行保存，并将修改内容同步到文件中。

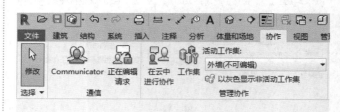

图 14-55

重点 14.2.2 编辑与共享

中心模型建立完成后，后续工作便是由项目组成员基于中心模型进行开展。为了进行很好的协同设计，项目组各成员应对各工作集进行权限获取，以避免工作中出现不必要的麻烦。

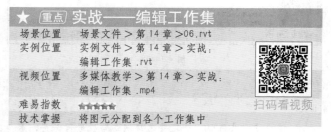

★ 重点 实战——编辑工作集	
场景位置	场景文件 > 第 14 章 > 06.rvt
实例位置	实例文件 > 第 14 章 > 实战：编辑工作集 .rvt
视频位置	多媒体教学 > 第 14 章 > 实战：编辑工作集 .mp4
难易指数	★★★★★
技术掌握	将图元分配到各个工作集中

在正常项目中，中心文件建立完成后，各个专业人员就需要按照各自工作内容在不同工作集中开展工作了。但因篇幅有限，本节将介绍另外一种方式，即将已建立好的模型进行工作集分配。

01 执行"打开"命令，在"打开"对话框中选择"场景文件 > 第 14 章 > 06.rvt"，然后选中"新建本地文件"选项，最后单击"打开"按钮，如图 14-56 所示。

图 14-56

02 选中外墙部分模型，在"属性"面板中将"工作集"参数设置为"外墙"，如图 14-57 所示。

03 切换到"协作"选项卡，单击"工作集"按钮，在"工作集"对话框中取消选中"外墙"的"在所有视图中可见"选项，最后单击"确定"按钮，如图 14-58 所示。

除了用前面所介绍的方法创建本地模型外，还可以直接将中心模型复制到本地进行编辑。新建本地文件后，软件默认会将本地模型放置到"我的文档"中。笔者建议建立本地文件后，将其他文件移动至其他工作目录中，以保证模型使用的稳定性。

在实际项目中，如果暂时不需要编辑某一部分工作集，那么可以选择相应的工作集，单击"关闭"按钮。在进行同步更新或模型计算时，处于关闭状态的工作集中的内容将不参与更新或计算，这样可以在一定程度上提高计算机性能。

04 此时"外墙"工作集中包含的所有内容将在任何视图中都不可见，如图14-59所示。

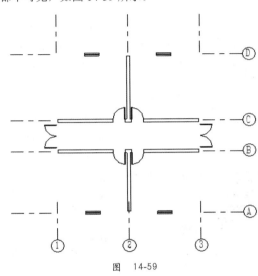

图 14-59

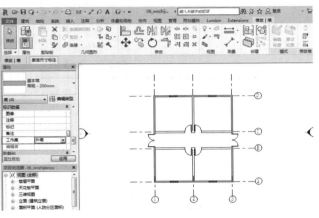

图 14-57

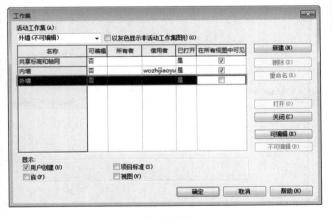

图 14-58

14.3 重点 设计选项

通过设计选项，项目组可以在单一项目文件中开发、计算以及重新设计建筑构件和房间。某些项目组成员可以处理特定选项（如门厅变化），而其他工作组成员则可继续处理主模型。设计选项的复杂程度可以各不相同，例如，设计人员可能要探索入口设计的备用方案，或屋顶的结构系统。随着项目不断推进，设计选项的集中化程度越来越高，这些设计选项也越来越简单。

★ 重点 实战——设计选项的应用

场景位置	场景文件 > 第 14 章 >07.rvt
实例位置	实例文件 > 第 14 章 > 实战： 设计选项的应用 .rvt
视频位置	多媒体教学 > 第 14 章 > 实战： 设计选项的应用 .mp4
难易指数	★★★★★
技术掌握	设计选项的设定与方案的对比

扫码看视频

01 打开学习资源包中的"场景文件 > 第 14 章 >07.rvt"文件，切换到"管理"选项卡，单击"设计选项"按钮，如图 14-60 所示。

图 14-60

02 在"设计选项"对话框中单击"选项集"类别中的"新建"按钮，此时将显示一个新建的"选项集 1"，如图 14-61 所示。

图 14-61

03 单击"选项"类别中的"新建"按钮，此时将再次新建一个选项，如图 14-62 所示。最后单击"关闭"按钮，关闭当前对话框。

04 在状态栏中选择设计选项为"选项 1（主选项）"，然后绘制内墙并添加门，如图 14-63 所示。

05 在状态栏中选择设计选项为"选项 2"，然后绘制另外一种内墙分隔并添加门，如图 14-64 所示。通过切换状态栏中的设计选项，可以查看不同的空间分隔方案。

06 经过对比后，选择"选项 2"的空间分隔方案。单击"设计选项"按钮，在"设计选项"对话框中选择"选项 2"，并单击"设为主选项"按钮，将"选项 2"设计为主选项，如图 14-65 所示。

图 14-62

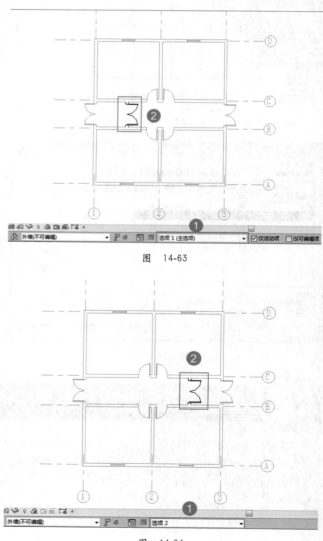

图 14-63

图 14-64

技巧提示

当选择不同的设计选项时，相对应的明细表也会根据当前设计选项中的内容进行同步更新。方便用户在进行方案比对时，对不同设计方案所用的材料做进一步比较。

07 选择"选项集1"，然后单击"选项集"中的"接受主选项"按钮，如图14-66所示，在打开的"删除选项集"警告对话框中单击"是"按钮，如图14-67所示。

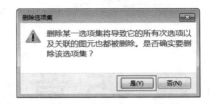

图 14-67

08 此时软件将删除其他设计选项，主选项将与原始模型合并。切换到三维视图中，查看最终效果，如图14-68所示。

图 14-65

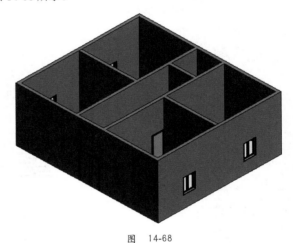

图 14-68

图 14-66

 **读书笔记**

第 15 章

体量与族

本章学习要点

- 创建体量
- 族的介绍
- 创建族的方法
- 系统族与可载入族的区别
- 族样板的选择与使用
- 族类别与族参数的应用

15.1 体量的基本概念

概念设计环境是一种族编辑器，主要应用于建筑概念及方案设计阶段。通过在该环境中创建设计，使建筑师便于建筑体量推敲，加快设计流程的进度。

建立概念体量的过程中会涉及许多专业词汇，为了方便用户理解各个词汇所代表的意思及用途，下面将关于概念体量的相关词汇做详细的介绍。

- 体量：使用体量实例观察、研究和解析建筑形式的过程。
- 体量族：形状的族，属于体量类别。内建体量随项目一起保存，它不是单独的文件。
- 体量实例或体量：载入的体量族的实例或内建体量。
- 概念设计环境：一类族编辑器，可以使用内建和可载入族体量图元来创建概念设计。
- 体量形状：每个体量族和内建体量的整体形状。
- 体量研究：在一个或多个体量实例中对一个或多个建筑形式进行的研究。

- 体量面：体量实例上的表面，可用于创建建筑图元（如墙或屋顶）。
- 体量楼层：在已定义的标高处穿过体量的水平切面。体量楼层提供了有关切面上方体量直至下一个切面或体量顶部之间尺寸标注的几何图形信息。
- 建筑图元：可以从体量面创建的墙、屋顶、楼板和幕墙系统。
- 分区外围：建筑必须包含在其中的法定定义的体积。分区外围可以作为体量进行建模。

15.2 创建体量

Revit 概念设计环境在设计过程的早期为建筑师、结构工程师和室内设计师提供了灵活性，使他们能够表达想法并创建可集成到建筑信息建模（BIM）中的参数化体量族。通过这种环境，可以直接操纵设计中的点、边和面，形成可构建的形状。

15.2.1 创建与编辑体量

在概念设计环境中创建的设计是可用在 Revit 项目环境中的体量族，可以以这些族为基础，通过应用墙、屋顶、楼板和幕墙系统来创建更详细的建筑结构。也可以使用项目环境来创建楼层面积的明细表，并进行初步的空间分析。

★ 重点 实战——创建"上海中心"体量	
场景位置	无
实例位置	实例文件＞第15章＞实战：创建"上海中心"体量.rvt
视频位置	多媒体教学＞第15章＞实战：创建"上海中心"体量.mp4
难易指数	★★★★★
技术掌握	掌握概念体量创建的方法及工具的使用

扫码看视频

01 单击"新建概念体量"按钮，在弹出的对话框中选择"公制体量"并单击"打开"按钮，如图 15-1 所示。

02 进入体量环境后，切换到"创建"选项卡，单击"内接多边形"按钮，此时会进入"修改 / 放置线"选项卡，然后在工具选项栏中设置"边"为3，"半径"为20000，接着在视图中绘制三角形轮廓，如图 15-2 所示。

图 15-1

03 选中弧形绘制工具，在三角形三个角点位置内部分别绘制弧线，如图 15-3 所示。

04 使用弧线工具将三段弧线进行连接，并将外围的三角形删除，如图 15-4 所示。

05 选中绘制好的轮廓，单击"创建形状"按钮，如图 15-5 所示。

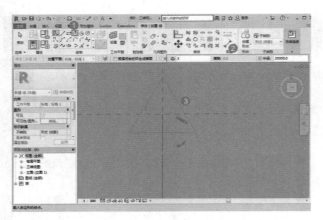

图 15-2

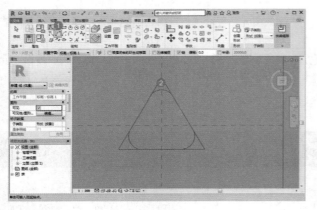

图 15-3

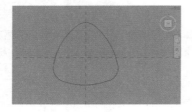

图 15-4

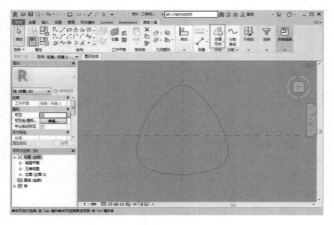

图 15-5

06 选中创建好形状的顶面，向上拖动控制柄，将模型拉伸至合适的高度，如图 15-6 所示。

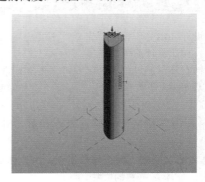

图 15-6

07 选中拉伸好的模型，单击"透视"按钮，让模型结构更加清晰，如图 15-7 所示。

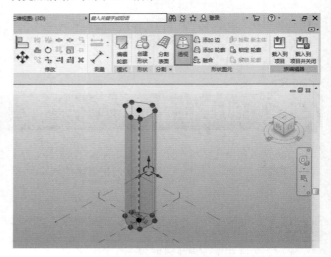

图 15-7

08 单击"添加轮廓"按钮，在模型中不同高度位置依次添加三段轮廓线，如图 15-8 所示。

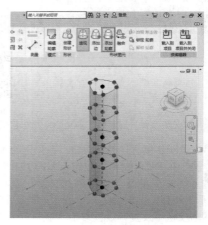

图 15-8

09 按 Tab 键选中各个轮廓线段，由下到上依次缩放各个轮廓的大小，如图 15-9 所示（第 2 个轮廓的缩放比例为 0.9，第 3 个轮廓的缩放比例为 0.8，第 4 个轮廓的缩放比例为 0.7，第 5 个轮廓的缩放比例为 0.6）。

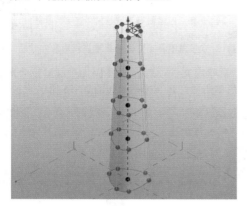

图　15-9

10 使用旋转工具以逆时针方向旋转各个轮廓的角度，如图 15-10 所示。由下至上的角度分别是：第 2 个旋转 22.5°，第 3 个旋转 45.0°，第 4 个旋转 67.5°，第 5 个旋转 90.0°。

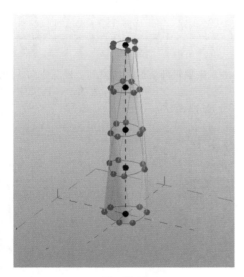

图　15-10

11 取消"透视"模式，查看体量最终完成的效果，如图 15-11 所示。

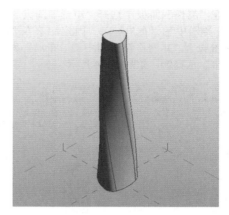

图　15-11

01 打开学习资源包中的"场景文件 > 第 15 章 >01.rfa"文件，如图 15-12 所示。

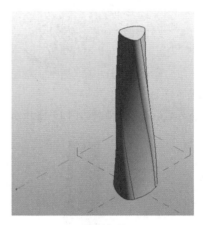

图　15-12

02 选中要分割的竖向表面，单击"分割表面"按钮，如图 15-13 所示。

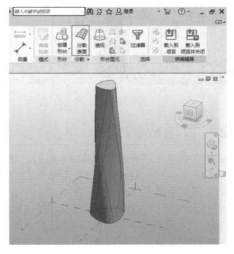

图　15-13

★ 重点 实战——有理化分割体量表面	
场景位置	场景文件 > 第 15 章 >01.rfa
实例位置	实例文件 > 第 15 章 > 实战：有理化分割体量表面 .rvt
视频位置	多媒体教学 > 第 15 章 > 实战：有理化分割体量表面 .mp4
难易指数	★★★★★
技术掌握	掌握体量表面有理化分割的方法及原理

扫码看视频

03 在"属性"面板中选择"矩形"图案，然后设置"U网格"类别中的"布局"为"固定距离"，"距离"为3000。接着设置"V网格"类别中的"布局"为"固定距离"，"距离"为1500，如图15-14所示。

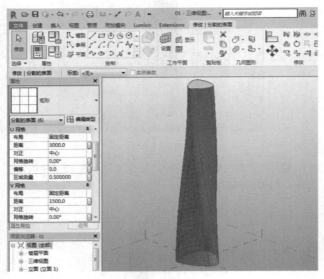

图 15-14

04 体量表面最终划分效果如图15-15所示。

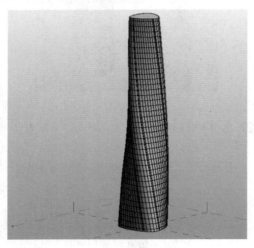

图 15-15

15.2.2 自适应构件

自适应构件是基于填充图案的幕墙嵌板的自我适应。例如，自适应构件可以用在通过布置多个符合用户定义限制条件的构件而生成的重复系统中。

可通过修改参照点来创建自适应点。通过捕捉这些灵活点而绘制的几何图形将产生自适应的构件。自适应构件只能用于填充图案嵌板族、自适应构件族、概念体量环境和项目。

★ （重点）实战——基于填充图案的幕墙嵌板

场景位置	场景文件 > 第15章 > 02.rfa
实例位置	实例文件 > 第15章 > 实战：基于填充图案的幕墙嵌板.rvt
视频位置	多媒体教学 > 第15章 > 实战：基于填充图案的幕墙嵌板.mp4
难易指数	★★★★★
技术掌握	掌握基于自适应体量幕墙嵌板的制作方法

扫码看视频

01 新建族文件，选择族样板为"自适应公制常规模型"，然后单击"打开"按钮，如图15-16所示。

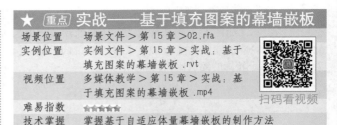

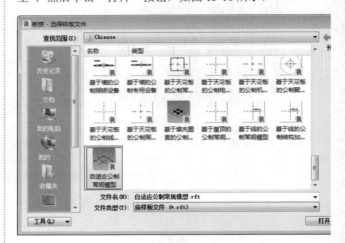

图 15-16

02 进入族编辑环境后，切换到上视图方向。然后使用"矩形"工具并勾选"三维捕捉"选项，在视图中绘制矩形轮廓，如图15-17所示。

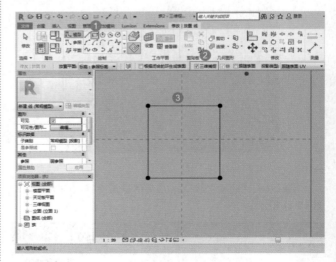

图 15-17

03 选中矩形的4个端点，单击"使自适应"按钮，如图15-18所示。接着单击自适应点的序号进行修改，如图15-19所示。

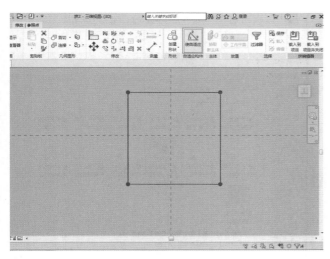

图　15-18

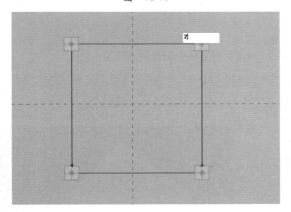

图　15-19

04 单击"设置"按钮，然后拾取自适应点"3"的垂直方向面，如图 15-20 所示。

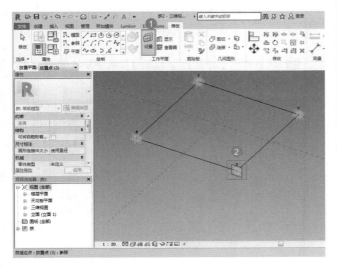

图　15-20

05 切换到前视图方向，使用矩形工具绘制一个高 100、宽 50 的矩形轮廓，如图 15-21 所示。

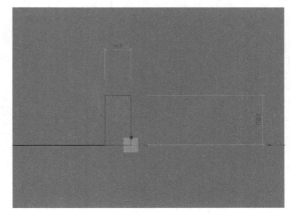

图　15-21

06 选中矩形轮廓与之前绘制好的线段，单击"创建形状"按钮，如图 15-22 所示。此时将生成矩形框，如图 15-23 所示。

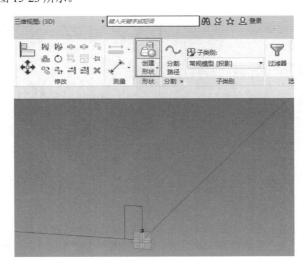

图　15-22

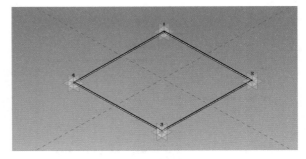

图　15-23

07 在视图中选中之前绘制的矩形轮廓，单击"创建形状"按钮，创建立方体形状，如图 15-24 所示。

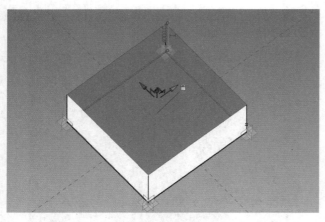

图　15-24

08 选中生成形状的上表面，在"属性"面板中单击"正偏移"参数后方的"关联族参数"按钮，如图15-25所示。

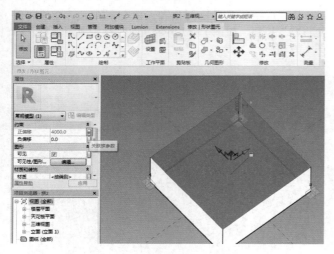

图　15-25

09 在"关联族参数"对话框中单击"新建参数"按钮，在"参数属性"对话框中输入参数"名称"为"嵌板厚度"，如图15-26所示。然后依次单击"确定"按钮，关闭所有对话框。

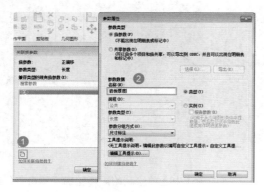

图　15-26

10 再次新建族，选择族样板为"基于填充图案的公制常规模型"，然后单击"打开"按钮，如图15-27所示。

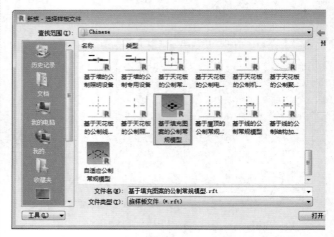

图　15-27

11 返回到自适应族中，单击"载入到项目"按钮，如图15-28所示。将其载入新建的族环境中。

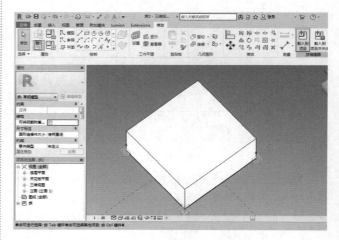

图　15-28

12 在新建族中依次拾取面现有样板中的4个适应点，放置自适应族，如图15-29所示。

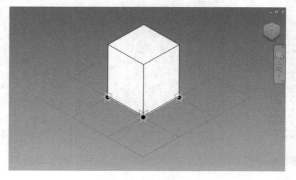

图　15-29

13 选中自适应族，在"属性"面板中单击"编辑类型"按钮。在"类型属性"对话框中修改"嵌板厚度"参数为10，如图15-30所示。最后单击"确定"按钮，嵌板厚度将发生变化，如图15-31所示。

图 15-30

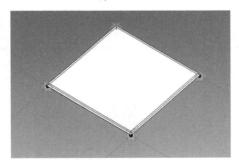

图 15-31

14 打开学习资源包中的"场景文件>第15章>02.rfa"文件，如图15-32所示。将刚刚创建的族载入其中，选中体量任意表面，然后在"属性"面板中选择分割方式为"矩形族3"。

图 15-32

15 对应的体量模型面将被替换为所创建幕墙嵌板族，如图15-33所示。

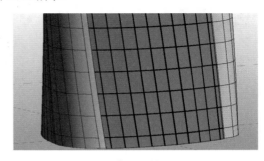

图 15-33

15.2.3 体量楼层的应用

在 Revit 中，可以使用"体量楼层"工具划分体量，这对计算建筑楼板面积、容积率等数据非常有帮助。体量楼层将在每一个标高处得到创建，它在三维视图中显示为一个在标高平面处穿过体量的切面。

★ 重点 实战——快速统计建筑面积	
场景位置	无
实例位置	实例文件>第15章>实战：快速统计建筑面积.rvt
视频位置	多媒体教学>第15章>实战：快速统计建筑面积.mp4
难易指数	★★★★★
技术掌握	掌握体量工具的使用方法及其作用

扫码看视频

01 新建项目文件，切换到"插入"选项卡，单击"载入族"按钮。在"载入族"对话框中，进入"场景文件"下的"第15章"文件夹，然后选择"02.rfa"文件，并载入项目中，如图15-34所示。

图 15-34

02 切换到"体量和场地"选项卡，单击"放置体量"按钮，如图15-35所示。然后在视图中合适的位置单击放置体量，如图15-36所示。

图　15-35

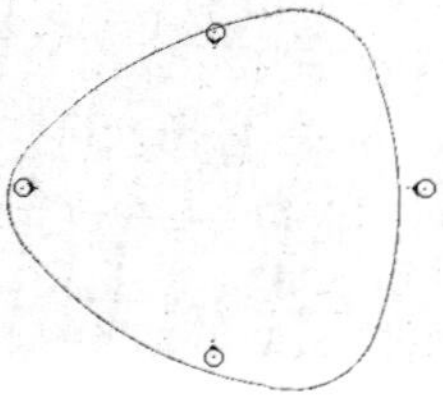

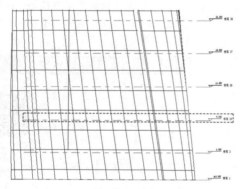

图　15-36

03 切换到立面视图，选择"标高2"，然后使用阵列工具（快捷键为AR）向上进行阵列，阵列间距为5米，阵列数量23，如图15-37所示。

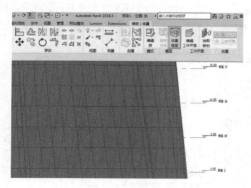

图　15-37

04 选中体量模型，单击"体量楼层"按钮，如图15-38所示。然后在"体量楼层"对话框中选择全部标高，最后单击"确定"按钮，如图15-39所示。

图　15-38

05 为了方便选择体量楼层，使用快捷键VV打开"可见性/图形替换"对话框，设置体量的"透明度"为80%，如图15-40所示。最后单击"确定"按钮。

06 按Tab键选中任一体量楼层，在其"属性"面板中将报告一些有关该楼层的几何图形信息，如"楼层周长""楼

层面积""外表面积"和"楼层体积"，如图15-41所示。若单击选中体量，可以看到整幢建筑的相关信息，如图15-42所示。

图　15-39

图　15-40

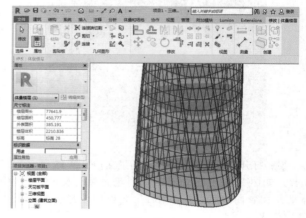

图　15-41

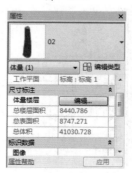

图　15-42

07 切换到"视图"选项卡，单击"明细表"按钮，选择"明细表 / 数量"选项，如图 15-43 所示。

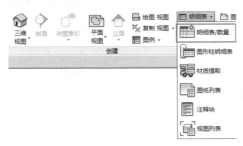

图　15-43

08 在"新建明细表"对话框中选择"体量"类别下的"体量楼层"选项，然后单击"确定"按钮，如图 15-44 所示。

图　15-44

09 在"明细表属性"对话框中分别添加"标高""楼层面积""合计"3 个字段，如图 15-45 所示。

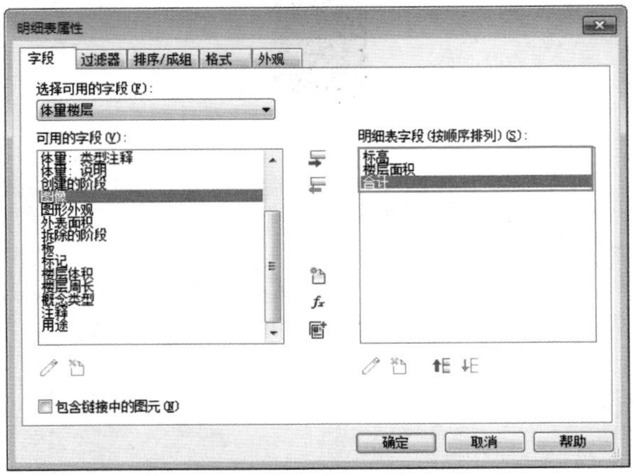

图　15-45

10 切换到"排序 / 成组"选项卡，在"排序方式"下拉菜单中选择"标高"，接着选中"总计"选项，如图 15-46 所示。

11 切换到"格式"选项卡，在"字段"列表中选择

"楼层面积"，然后选择"计算总数"选项，如图 15-47 所示。

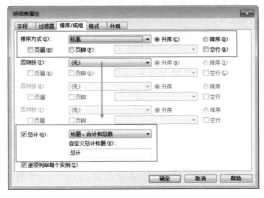

图　15-46

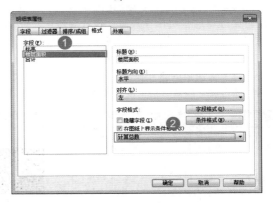

图　15-47

12 单击"确定"按钮，最终生成"体量楼层明细表"，如图 15-48 所示。

〈体量楼层明细表〉

A	B	C
标高	楼层面积	合计
标高 1	519.42	1
标高 2	508.76	1
标高 3	495.33	1
标高 4	481.38	1
标高 5	466.58	1
标高 6	450.78	1
标高 7	433.93	1
标高 8	416.24	1
标高 9	398.20	1
标高 10	380.63	1
标高 11	364.08	1
标高 12	348.78	1
标高 13	334.52	1
标高 14	320.88	1
标高 15	307.55	1
标高 16	294.43	1
标高 17	281.42	1
标高 18	268.71	1
标高 19	256.41	1
标高 20	244.71	1
标高 21	233.48	1
标高 22	222.49	1
标高 23	211.56	1
标高 24	200.52	1
总计：24	8440.79	

图　15-48

15.3 从体量实例创建建筑图元

可以从体量实例、常规模型、导入的实体和多边形网格的面创建建筑图元。

- 抽象模型：如果要对建筑进行抽象建模，或者要将总体积、总表面积和总楼层面积录入明细表，则使用体量实例。通过拾取面所生成的图元，不会跟随体量形状的改变而自动更新。

- 常规模型：如果必须创建一个唯一的、与众不同的形状，并且不需要对整个建筑进行抽象建模，则使用常规模型。墙、屋顶和幕墙系统可以从常规模型族中的面来创建。

- 导入的实体：要从导入实体的面创建图元，在创建体量族时必须将这些实体导入概念设计环境中，或者在创建常规模型时必须将它们导入族编辑器中。

- 多边形网格：可以从各种文件类型导入多边形网格对象。对于多边形网格几何图形，推荐使用常规模型族，因为体量族不能从多边形网格提取体积的信息。

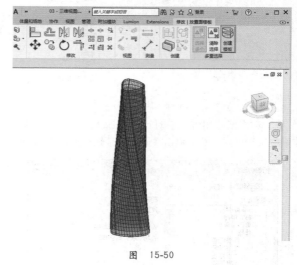

图 15-50

图 15-51

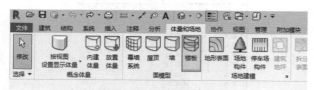

★ 重点 实战——将概念体量转换为实体构件

场景位置	场景文件＞第15章＞03.rvt
实例位置	实例文件＞第15章＞实战：将概念体量转换为实体构件.rvt
视频位置	多媒体教学＞第15章＞实战：将概念体量转换为实体构件.mp4
难易指数	★★★★★
技术掌握	掌握拾取体量面创建建筑图元的方法与技巧

扫码看视频

01 打开学习资源包中的"场景文件＞第15章＞03.rvt"文件，切换到"体量和场地"选项卡，单击"楼板"按钮，如图15-49所示。接着在"属性"面板中选择默认的楼板类型。

图 15-49

02 在绘图区域框选所有的体量楼层，单击"创建楼板"按钮，如图15-50所示。

03 按 Esc 键退出命令，楼板创建完成，如图15-51所示。

04 在"体量和场地"选项卡中单击"幕墙系统"按钮，如图15-52所示，接着在"类型选择器"中选择默认的幕墙系统类型。

 技巧提示

编辑体量时，如不能选中需要的表面或控制线，可按Tab键进行切换选择，直至选中合适的对象后左击即可。同理，默认在立面视图会优先选择线段，可以按Tab键选择上表面。

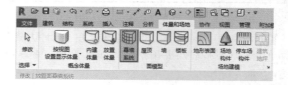

图 15-52

05 选择体量模型中的所有垂直面，单击"创建系统"按钮，如图 15-53 所示。

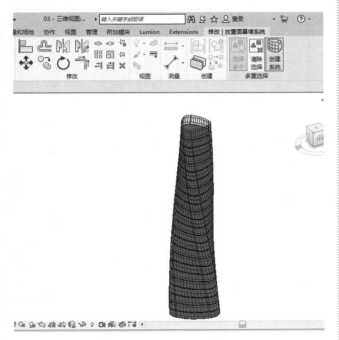

图　15-53

06 使用快捷键 VV 打开"可见性／图形替换"对话框，关闭体量显示。最终完成的效果如图 15-54 所示。

图　15-54

15.4 族的基本概念

　　族是组成项目的构件，也是参数信息的载体，在 Revit 中进行的建筑设计不可避免地要调用、修改或者新建族，所以熟练掌握族的创建和使用方法是有效运用 Revit 的关键。在 Revit 中有 3 种类型的族，分别是"系统族""可载入族"和"内建族"。在项目中创建的大多数图元都是系统族或可载入族，非标准图元或自定义图元是使用内建族创建的。

　　系统族包含创建的基本建筑图元，例如，建筑模型中的"墙""楼板""天花板"和"楼梯"的族类型。系统族还包含项目和系统设置，而这些设置会影响项目环境，并且包含如"标高""轴网""图纸"和"视口"等图元的类型。系统族已在 Revit 中预定义且保存在样板和项目中，而不是从外部文件载入样板和项目中的。不能创建、复制、修改或删除系统族，但可以复制和修改系统族中的类型，以便创建自定义的系统族类型。系统族中可以只保留一个系统族类型，除此以外的其他系统族类型都可以删除，这是因为每个族至少需要一个类型才能创建新系统族类型。

　　"可载入族"是在外部 RFA 文件中创建的，并可导入（载入）项目中。"可载入族"用于创建如窗、门、橱柜、装置、家具和植物等构件的族。由于"可载入族"具有高度可自定义的特征，因此"可载入族"是 Revit 中最经常创建和修改的族。对于包含许多类型的族，可以创建和使用类型目录，以便仅载入项目所需的类型。

　　"内建族"是需要创建当前项目专有的独特构件时所创建的独特图元。可以创建内建几何图形，以便它可参照其他项目中的几何图形，使其在所参照的几何图形发生变化时，进行相应的调整。创建"内建族"时，Revit 将为该内建图元创建一个族，该族包含单个族类型。创建"内建族"涉及许多与创建可载入族相同的族编辑器工具。

　　Revit 的族主要包含 3 项内容，分别是"族类别""族参数"和"族类型"。"族类别"是以建筑物构件性质来归类的，包括"族"和"类别"。例如，门、窗或家具都分别属于不同的类别，如图 15-55 所示。

　　"族参数"定义应用于该族中所有类型的行为或标识数据。不同的类别具有不同的族参数，具体取决于 Revit 以何种方式使用构件。控制族行为的一些常见族参数示例包括"总是垂直""基于工作平面""加载时剪切的空心"和"可将钢筋附着到主体"。

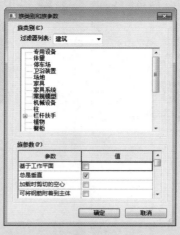

图　15-55

- 基于工作平面：选择该选项时，族以活动工作平面为主体。可以使任一无主体的族成为基于工作平面的族。

- 总是垂直：选择该选项时，该族总是显示为垂直，即90°，即使该族位于倾斜的主体上，例如楼板。

- 共享：仅当族嵌套到另一族内并载入项目中时才适用此参数。如果嵌套族是共享的，则可以从主体族独立选择、标记嵌套族和将其添加到明细表。如果嵌套族不共享，则主体族和嵌套族创建的构件将作为一个单位。

- 加载时剪切的空心：选中后，族中创建的空心将穿过实体。天花板、楼板、常规模型、屋顶、结构柱、结构基础、结构框架和墙可通过空心进行切割。

- 可将钢筋附着到主体：选择该选项则当前族具备结构属性，并且能够在当前族放置钢筋。

- 房间计算点：选择该选项族将显示房间计算点。通过房间计算点可以调整族归属房间，如图15-56所示。

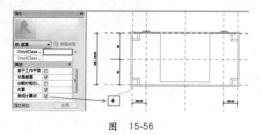

图　15-56

在"族类型"对话框中，族文件包含多种族类型及多组参数，其中包括带标签的尺寸标注及其通用参数值。不同族类型中的参数数值都各不相同，其中也可以为族的标准参数（如材质、模型、制造商和类型标记等）添加值，如图15-57所示。

图　15-57

15.5　创建二维族

创建可载入族时，要使用软件中提供的样板，该样板要包含所要创建的族的相关信息。先绘制族的几何图形，使用参数建立族构件之间的关系，创建其包含的变体或族类型，确定其在不同视图中的可见性和详细程度。完成族后，先在示例项目中对其进行测试，然后使用族在项目中创建图元。

重点 15.5.1 创建注释族

"注释族"是应用于族的标记或符号，它可以自动提取模型族中的参数值，自动创建构件标记注释。标记也可以包含出现在明细表中的属性，通过选择与符号相关联的族类别，然后绘制符号并将值应用于其属性，可创建注释符号。一些注释族可以起标记作用，其他则是用于不同用途的常规注释。

★ 重点 实战——创建窗标记族

场景位置	无
实例位置	实例文件＞第15章＞创建窗标记族 .rfa
视频位置	多媒体教学＞第15章＞实战：创建窗标记族 .mp4
难易指数	★★★★★
技术掌握	使用标签创建窗标记

扫码看视频

01 单击"族"面板下的"新建"按钮，在"选择样板文件"对话框中进入"注释"文件夹，然后选择"公制窗标记"样板，并单击"打开"按钮，如图15-58所示。

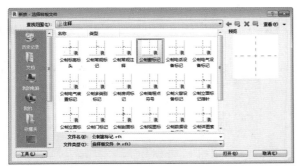

图 15-58

02 在"创建"选项卡中单击"标签"按钮，如图15-59所示，接着在视图中心位置单击，以确定标签位置。

图 15-59

03 在打开的"编辑标签"对话框中双击"类型标记"字段，将其添加到"标签参数"面板，然后设置"样例值"为C1010，最后单击"确定"按钮，如图15-60所示。

图 15-60

04 移动标签文字，使文字中心对齐垂直参数线，底部略高于水平参数线。然后在"属性"面板中选中"随构件旋转"选项，如图15-61所示。

图 15-61

疑难问答——为什么要选中"随构件旋转"参数？

选中"随构件旋转"参数后，当项目中有不同方向的门窗时，门窗标记族会根据所标记对象的方向自动更改。

技巧提示

其他类型的标记族与窗标记族的制作方法相同，只需要在注释族之间选择相应的样板即可。

★ 重点 实战——创建通用注释族

场景位置	无
实例位置	实例文件＞第15章＞实战：创建通用注释族 .rfa
视频位置	多媒体教学＞第15章＞实战：创建通用注释族 .mp4
难易指数	★★★★★
技术掌握	创建实施实例族参数并驱动对象

扫码看视频

01 单击"族"面板下的"新建"按钮，然后在"新族-选择样板文件"对话框中进入"注释"文件夹，选择"公制常规注释"样板，最后单击"打开"按钮，如图15-62所示。

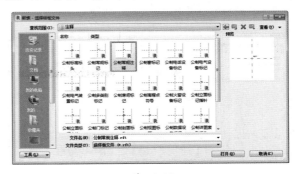

图 15-62

技巧提示

　　如果族样板文件中没有提供需要的样板，可以先选择"公制常规模型"样板，然后在族编辑环境下将其更改为需要的类别就可以了。

　　02 在"创建"选项卡中单击"族类型"按钮，如图 15-63 所示。

图　15-63

　　03 在"族类型"对话框中单击"新建参数"按钮。然后在"参数属性"对话框中输入参数"名称"为"公共注释"，设置"参数类型"与"参数分组方式"均为"文字"，最后将族参数类型设置为"实例"，如图 15-64 所示。

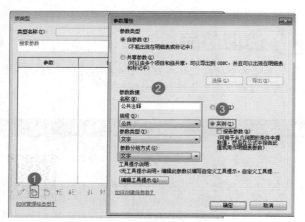

图　15-64

　　04 依次单击"确定"按钮，关闭所有对话框。然后单击"标签"按钮，并在视图中心位置单击，在打开的"编辑标签"对话框中双击"公共注释"字段，将其添加到"标签参数"中，最后单击"确定"按钮，如图 15-65 所示。

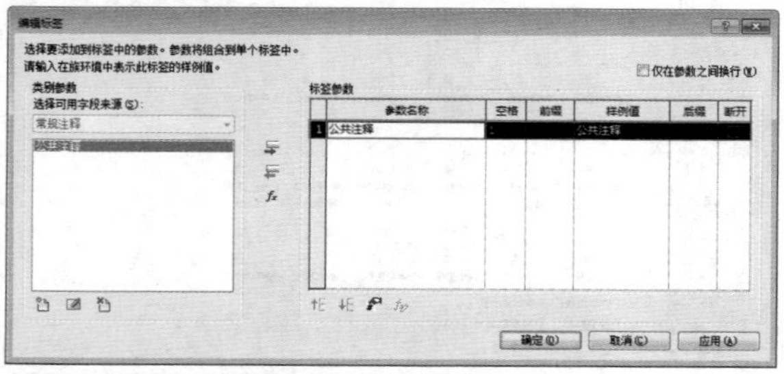

图　15-65

　　05 在"创建"选项卡中单击"参照线"按钮，如图 15-66 所示。

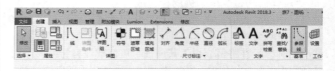

图　15-66

　　06 在现有参照平面的右侧绘制一条垂直方向的参照线，如图 15-67 所示。

图　15-67

　　07 在"创建"选项卡中单击"线"按钮（快捷键为 LI），如图 15-68 所示。

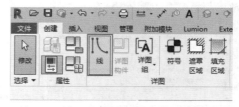

图　15-68

　　08 在视图中沿着参照平面与参照线绘制水平方向的引线，然后使用"对齐"工具（快捷键为 AL），将引线的端点与参照线对齐并锁定，如图 15-69 所示。

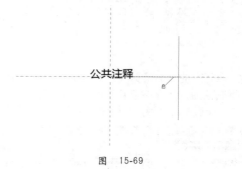

图　15-69

技巧提示

　　这样做的目的是将填充区域与参照线绑定。当参照线位置发生移动后，填充区域会跟随移动。

09 使用“对齐尺寸标注”工具（快捷键为 DI）标注参照平面与参照线之间的距离。然后选中尺寸标注，在标签下方位置单击“创建参数”按钮，如图 15-70 所示。

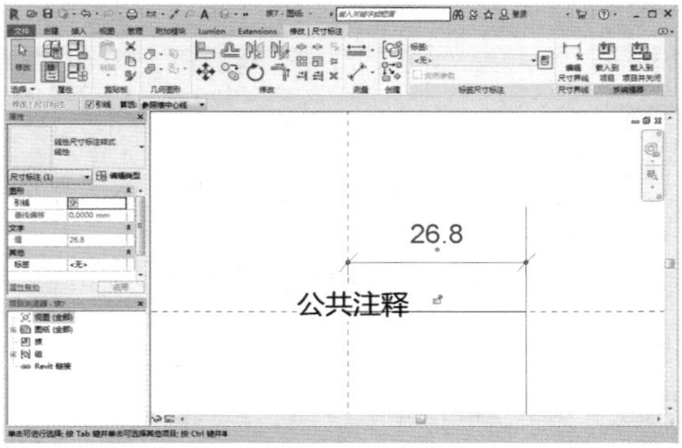

图 15-70

10 在“参数属性”对话框中输入参数“名称”为“引线长度”，并修改参数类型为“实例”，如图 15-71 所示。

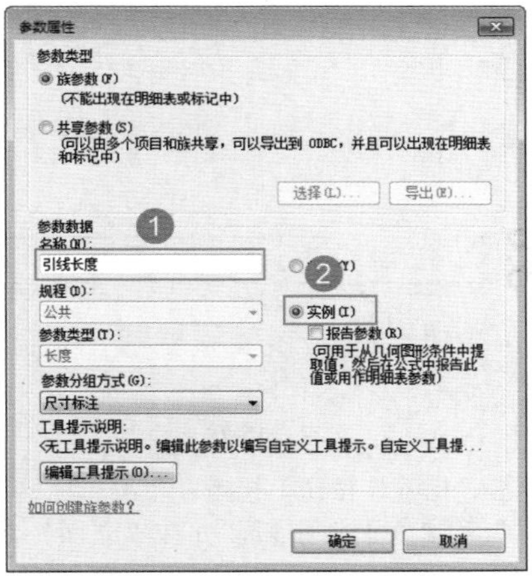

图 15-71

11 选中文字标签，在“属性”面板中修改“垂直对齐”参数为“底”，“水平对齐”参数为“左”，最后移动标签至引线上方合适的位置，最终效果如图 15-72 所示。

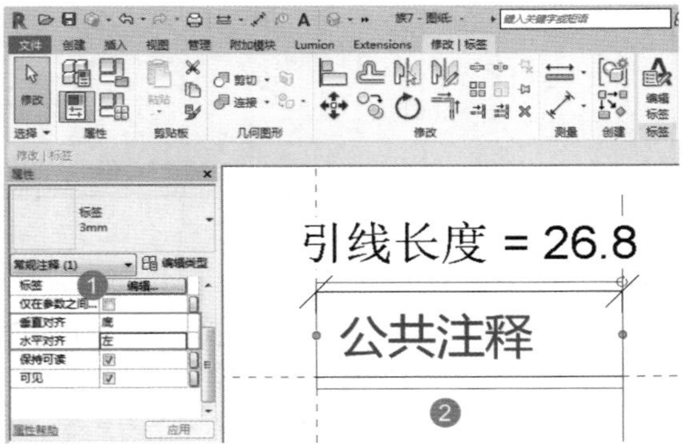

图 15-72

重点 15.5.2 创建符号族

在绘制施工图的过程中，需要使用大量的注释符号以满足二维出图要求，如指北针、高程点等符号。同时为了满足国标要求，还需要创建一些视图符号，如剖面剖切标头、立面视图符号和详图索引标头等。

★ 重点 实战——创建指北针符号

场景位置	无
实例位置	实例文件 > 第 15 章 > 实战：创建指北针符号 .rfa
视频位置	多媒体教学 > 第 15 章 > 实战：创建指北针符号 .mp4
难易指数	★★★★★
技术掌握	填充区域与参照线的用法

扫码看视频

01 单击族面板中的“新建”按钮，在“新族 – 选择样板文件”对话框中选择“公制常规注释”样板，接着单击“打开”按钮，如图 15-73 所示。进入族编辑环境后，删除族样板默认提供的注意事项文字。

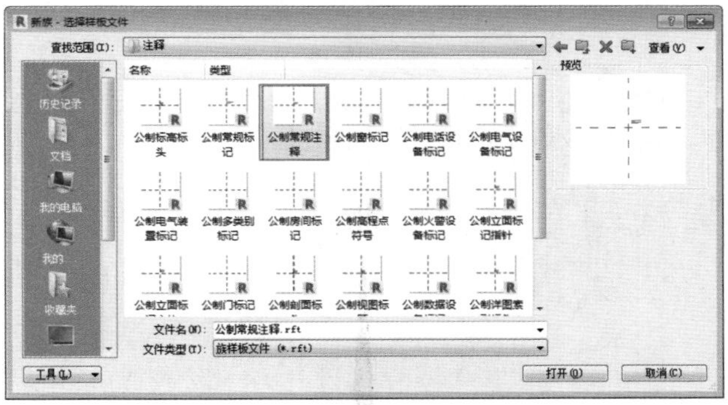

图 15-73

02 切换到“创建”选项卡，单击“直线”按钮，接着在视图中心点位置绘制直径为 24mm 的圆，如图 15-74 所示。

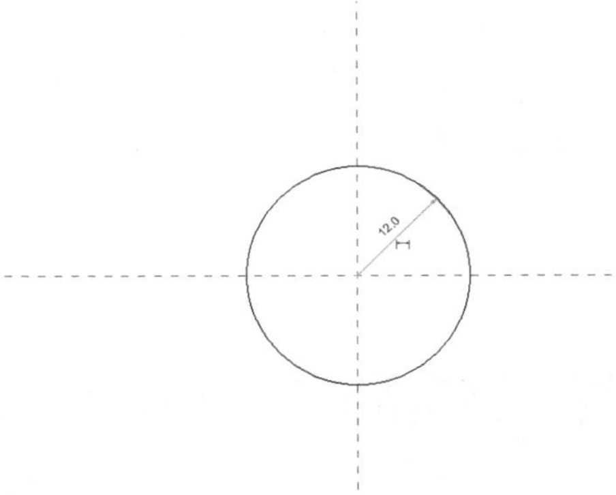

图 15-74

03 单击“参照线”按钮，接着选择“拾取线”的方式，并设置“偏移量”为 1.5mm，以垂直参数平面为基础，向左右两个方向各自偏移绘制参照线，如图 15-75 所示。

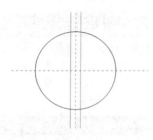

图 15-75

04 单击"填充区域"按钮，接着在参照线范围内绘制等腰三角形，然后单击"完成"按钮，如图 15-76 所示。

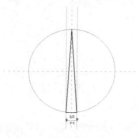

图 15-76

05 单击"文字"按钮，在所绘制的图形上方添加文字。最终完成的效果如图 15-77 所示。

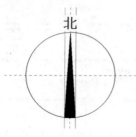

图 15-77

疑难问答——是否需要删除自行添加的参照线段？以免影响指北针图形的正常显示。

不需要，当符号族载入项目后，参照平面及参照线将不显示在视图中。

★ 重点 **实战——创建标高符号**

场景位置	无
实例位置	实例文件＞第 15 章＞实战：创建标高符号 .rfa
视频位置	多媒体教学＞第 15 章＞实战：创建标高符号 .mp4
难易指数	★★★★★
技术掌握	标签参数的应用

扫码看视频

01 单击"族"面板中的"新建"按钮，然后在"新族－选择样板文件"对话框中选择"公制标高标头"样板，接着单击"打开"按钮，如图 15-78 所示，最后将族样板中的文字及虚线进行删除。

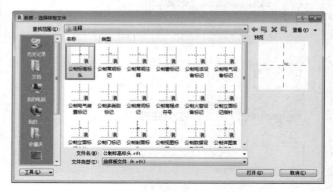

图 15-78

02 切换到"创建"选项卡，单击"直线"按钮，接着在视图中心位置创建高度为 3mm 的等腰三角形，并分别在顶部及底部添加引线，如图 15-79 所示。

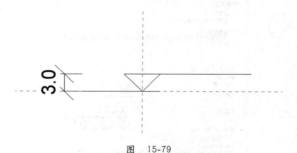

图 15-79

03 单击"标签"按钮，接着在"编辑标签"对话框中添加"名称"和"立面"字段，并在"立面"参数后选中"断开"选项，如图 15-80 所示。

图 15-80

04 选择"立面"参数，然后单击"编辑参数的单位格式"按钮，如图 15-81 所示，接着在"格式"对话框中取消选中"使用项目设置"复选框，再设置"单位"为"米"，"舍入"为"3 个小数位"，最后单击"确定"按钮，如图 15-82 所示。

图 15-81

图 15-82

05 将族文件进行保存，最终完成后的效果如图 15-83 所示。

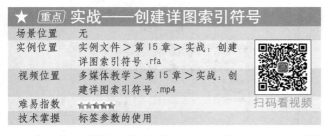

图 15-83

★ 重点 实战——创建详图索引符号

场景位置	无
实例位置	实例文件＞第 15 章＞实战：创建详图索引符号 .rfa
视频位置	多媒体教学＞第 15 章＞实战：创建详图索引符号 .mp4
难易指数	★★★★★
技术掌握	标签参数的使用

扫码看视频

01 单击"族"面板中的"新建"按钮，然后在"新族－选择样板文件"对话框中选择"公制详图索引标头"样板，最后单击"打开"按钮，如图 15-84 所示。

02 删除样板中提供的文字，然后切换到"创建"选项卡，单击"直线"按钮。在视图中心位置创建直径为 10mm 的圆，并添加中心分隔线，如图 15-85 所示。

图 15-84

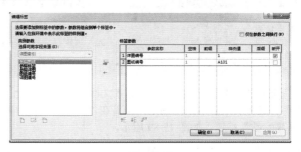

图 15-85

03 切换到"创建"选项卡，然后在"文字"面板中单击"标签"按钮，打开"编辑标签"对话框，添加"图纸编号"与"详图编号"字段，接着选中"断开"复选框，如图 15-86 所示。

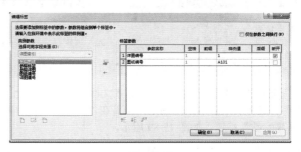

图 15-86

04 选择标签并单击"编辑类型"按钮，然后在"类型属性"对话框中复制新"类型"为 2.5mm，接着设置"背景"为"透明"，"文字大小"为 2.5mm，最后单击"确定"按钮，如图 15-87 所示。

图 15-87

05 适当移动调整好的标签位置，索引符号完成后，最终效果如图15-88所示。

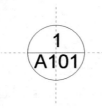

图 15-88

重点 15.5.3 共享参数

在Revit中创建项目时，后期需要对载入族或系统族添加一些通用参数，可能每个项目都会用到这些参数信息，所以可以通过共享参数的方式将它们保存到文本文件中，方便其他人或进行下一次项目时使用。

可以在项目环境或族编辑器中创建共享参数，在创建用于分类的组中组织共享参数。例如，可以创建特定图框参数的图框组或特定设备参数的设备组。下面将通过简单的创建图框的实例，来介绍一下共享参数的添加与使用。

★ 重点 实战——创建图框族

场景位置	场景文件 > 第15章 > 04.rfa
实例位置	实例文件 > 第15章 > 实战：创建图框族.rfa
视频位置	多媒体教学 > 第15章 > 实战：创建图框族.mp4
难易指数	★★★★★
技术掌握	共享参数的创建与使用方法

01 打开学习资源包中的"场景文件 > 第15章 > 04.rfa"文件，切换到"管理"选项卡，接着在"设置"面板中单击"共享参数"按钮，如图15-89所示。

图 15-89

02 在打开的"编辑共享参数"对话框中单击"创建"按钮，如图15-90所示，然后在打开的"创建共享参数文件"对话框中输入"文件名"为"会签栏"，接着单击"保存"按钮，如图15-91所示。

03 在"编辑共享参数"对话框中单击"组"面板中的"新建"按钮，然后在"新参数组"对话框中输入"名称"为"会签签字"，最后单击"确定"按钮，如图15-92所示。

04 在打开的"编辑共享参数"对话框中设置"参数组"为"会签签字"，然后单击"参数"组中的"新建"按钮，如图15-93所示。

图 15-90

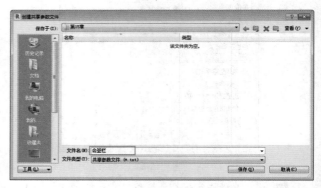

图 15-91

图 15-92

图 15-93

05 在打开的"参数属性"对话框中设置"名称"为"建筑负责人","参数类型"为"文字",如图 15-94 所示。

图　15-94

06 按照相同的方法,分别添加其他负责专业人参数,如图 15-95 所示。最后单击"确定"按钮。

图　15-95

技巧提示

共享参数文件可以包含若干参数组,每个参数组可以包含若干参数。可以根据具体需求,将共享参数划分到不同的参数组内进行归类,方便后期查找相应参数。

07 切换到"创建"选项卡,单击"标签"按钮,接着在图框会签栏的位置单击,并在"编辑标签"对话框中单击"添加参数"按钮。然后在"参数属性"对话框中单击"选择"按钮,如图 15-96 所示。

图　15-96

08 在"共享参数"对话框中依次选择需要添加的共享参数并单击"确定"按钮,如图 15-97 所示。重复此操作,将所有共享参数全部添加至标签参数栏中。

图　15-97

09 将各个专业负责人标签全部放置到图框"会签签字"一栏中,如图 15-98 所示。新建项目,将图框保存并载入项目中。

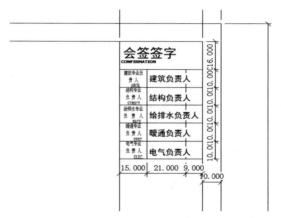

图　15-98

10 新建图纸,选择载入的图框族,然后切换到"管理"选项卡,单击"项目参数"按钮,如图 15-99 所示。

图　15-99

11 在"项目参数"对话框中单击"添加"按钮,如图 15-100 所示。

12 在"参数属性"对话框中选择"共享参数"选项,然后单击"选择"按钮,接着在"共享参数"对话框中双击添加"建筑负责人"参数,如图 15-101 所示。

图 15-100

图 15-101

13 在打开的"参数属性"对话框中选择"实例"选项，接着在"类别"选项栏中选中"项目信息"类别，如图 15-102 所示。按照相同的操作方法添加其他共享参数。

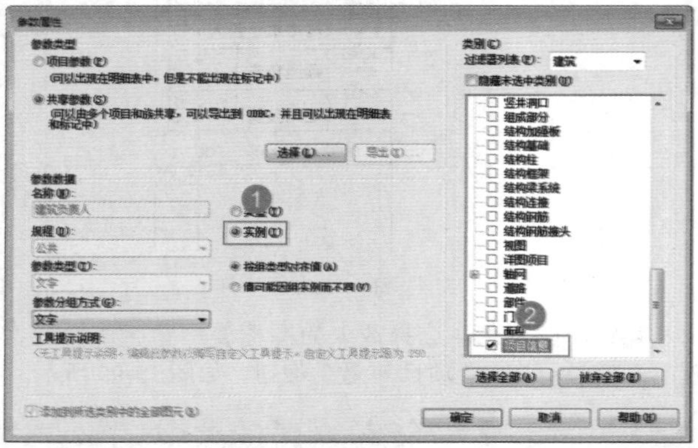

图 15-102

14 切换到"管理"选项卡，单击"项目 信息"按钮，接着在"项目信息"对话框中输入各专业负责人信息，最后单击"确定"按钮，如图 15-103 所示。

15 在图框"会签签字"栏中将按照项目信息中的内容进行显示，如图 15-104 所示。

图 15-103

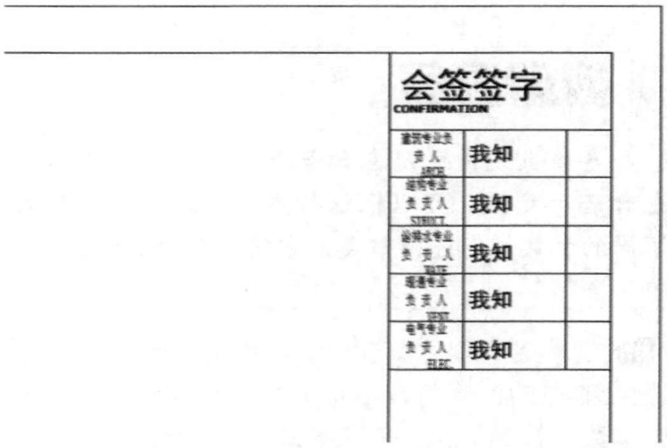

图 15-104

15.6 创建模型族

Revit 模型都是由族构成的，按图元属性可分为两类，一类是注释族，另一类是模型族。注释族在前面的章节已经介绍过了，例如，尺寸标注、视图符号、填充区域等都属于注释族。注释族属于二维图元，不存在三维几何图形。当然在三维视图中也可以使用注释族进行标记。而模型族属于三维图元，在空间中表现为三维几何图形，同时可以承载信息。

重点 15.6.1 建模方式

在 Revit 族编辑器中，可以创建两种形式的模型，分别是实心形状与空心形状。空心形状是与实心形状之间做布尔运算进行抠剪得到的最终形状。Revit 分别为实心形状与空心形状提供了 5 种建模方式，分别是拉伸、融合、旋转、放样和放样融合。不论是哪种建模方式，都需要绘制二维草图轮廓，然后根据轮廓样式结合建模工具生成实体。关于不同建模方式的使用说明及最终生成的三维效果如表 15-1 所示。

表 5-1　不同建模方式的使用说明及三维效果

建模方式	草图轮廓	模型效果	使用说明
拉伸			通过拉伸二维轮廓来创建三维实心形状
融合			通过绘制底部与顶部二维轮廓并指定高度，将两个轮廓融合在一起生成模型
旋转			通过绘制封闭的二维轮廓并指定中心轴来创建模型
放样			通过绘制路径并创建二维截面轮廓生成模型
放样融合			创建两个不同的二维轮廓后，沿路径对其进行放样，从而生成模型

★ 重点 实战——创建推拉窗

场景位置	无
实例位置	实例文件＞第15章＞实战：创建推拉窗 .rfa
视频位置	多媒体教学＞第15章＞实战：创建推拉窗 .mp4
难易指数	★★★★★
技术掌握	拉伸命令的用法及参数控制

扫码看视频

01 单击"族"面板中的"新建"按钮，在打开的"新族－选择样板文件"对话框中选择"公制窗"文件，接着单击"打开"按钮，如图 15-105 所示。

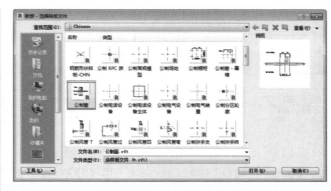

图　15-105

02 切换到立面视图内部，然后在"创建"选项卡中单击"设置"按钮，如图 15-106 所示。

图　15-106

03 在打开的"工作平面"对话框中设置"名称"为"参照平面：中心（前 / 后）"，并单击"确定"按钮，如图 15-107 所示。然后在"转到视图"对话框中选择"立面：内部"，单击"打开视图"按钮，如图 15-108 所示。

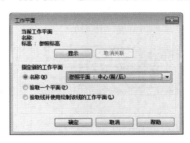

图　15-107

图　15-108

04 在"创建"选项卡中单击"拉伸"按钮，如图15-109所示。

图　15-109

05 选择"矩形"绘制工具，沿着立面视图洞口边界绘制轮廓，如图15-110所示，接着使用"偏移"工具（快捷键为OF），设置"偏移"值为40，使用Tab键选择全部边界轮廓线并向内进行偏移复制，如图15-111所示。

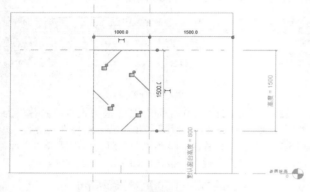

图　15-110

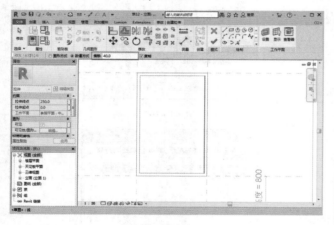

图　15-111

06 继续使用偏移工具，在向下偏移600的位置复制两条直线，然后使用"拆分图元"工具（快捷键为SL）将内侧轮廓线进行拆分，接着使用"修剪"工具（快捷键为TR）将其与其他线段连接，如图15-112所示。

07 在"属性"面板中，设置"拉伸终点"为−30，"拉伸起点"为30。然后向下拖曳滑块，设置"子类别"为"框架/竖梃"，最后单击"完成"按钮✔，如图15-113所示。

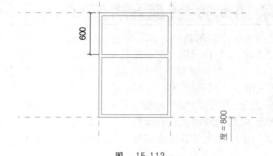

图　15-112

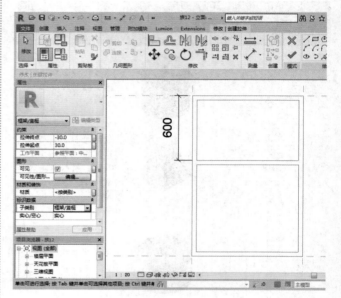

图　15-113

08 使用"拉伸"工具绘制窗扇，轮廓宽度为30，如图15-114所示，然后在"属性"面板中设置"拉伸终点"为−30，"拉伸起点"为0，"子类别"为"框架/竖梃"，最后单击"完成"按钮。

图　15-114

09 窗扇绘制完成后，使用"镜像"工具（快捷键为MM）将其复制到另外一侧，并设置"拉伸终点"为0，"拉伸起点"为30，拉伸效果如图15-115所示。

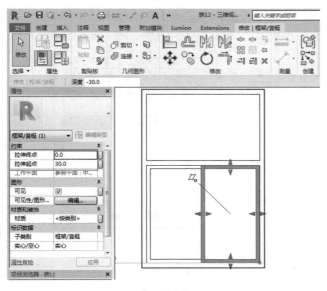

图 15-115

10 使用"拉伸"工具沿着窗框内侧绘制窗玻璃轮廓，如图 15-116 所示。注意横梃和两个窗扇之间的玻璃要单独绘制，并分别设置接下来拉伸的数值。

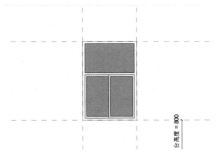

图 15-116

11 切换到平面视图中，选择绘制的所有图元，单击"可见性设置"按钮，如图 15-117 所示。

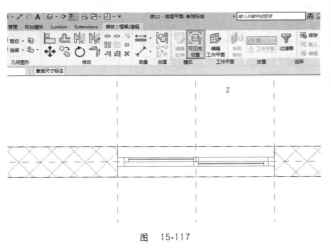

图 15-117

12 在打开的"族图元可见性设置"对话框中，取消选中"在三维及以下视图中显示："参数中的第 1 个与第 4 个复选框，如图 15-118 所示。

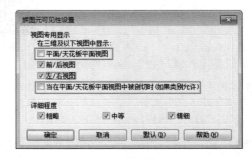

图 15-118

13 切换到"注释"选项卡，单击"符号线"按钮，选择"直线"绘制方式。在"属性"面板中设置"子类别"为"玻璃（截面）"，最后在视图中洞口的位置添加四条平行线，如图 15-119 所示。

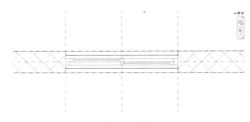

图 15-119

14 使用对齐尺寸标注工具（快捷键为 DI）对添加的符号线进行标注，然后选择尺寸标注，单击 EQ 进行均分，如图 15-120 所示。

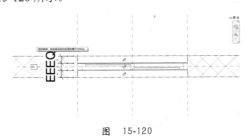

图 15-120

15 分别选中窗框与玻璃，修改对应的材质，然后通过修改高度及宽度参数进行测试。切换到三维视图查看最终效果，如图 15-121 所示。

图 15-121

★ 重点 实战——创建装饰构件

场景位置	无
实例位置	实例文件＞第15章＞实战：创建装饰构件.rfa
视频位置	多媒体教学＞第15章＞实战：创建装饰构件.mp4
难易指数	★★★★★
技术掌握	拉伸及放样命令的用法及可见性参数控制

扫码看视频

01 单击"族"面板中的"新建"按钮，在"新族－选择样板文件"对话框中选择"基于面的公制常规模型"样板，然后单击"打开"按钮，如图 15-122 所示。

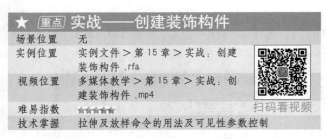

图 15-122

02 切换到"创建"选项卡，单击"族类型"按钮，如图 15-123 所示。在"族类型"对话框中单击"新建参数"按钮，然后在"参数属性"对话框中输入参数"名称"为"宽度"，如图 15-124 所示。按照相同的方法添加"高度"参数，如图 15-125 所示。最后单击"确定"按钮。

图 15-123

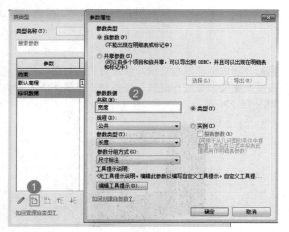

图 15-124

图 15-125

03 切换到"创建"选项卡，单击"放样"按钮，如图 15-126 所示。接着单击"绘制路径"按钮，如图 15-127 所示。

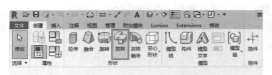

图 15-126

图 15-127

04 在视图中绘制一个矩形的路径，并进行尺寸标注。然后选择第二层标注，分别与不同参数进行关联，如图 15-128 所示。最后单击"完成"按钮。

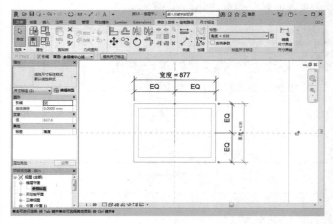

图 15-128

05 单击"编辑轮廓"按钮，如图 15-129 所示。在"转到视图"对话框中选择"立面：右"，并单击"打开视图"
按钮，如图 15-130 所示。

图　15-129

图　15-130

06 在当前视图中，沿垂直参照平面绘制一个高 100、
宽 50 的矩形轮廓，如图 15-131 所示。最后单击两次"完成"
按钮，完成放样命令。

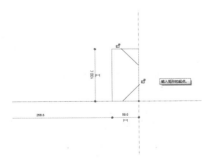

图　15-131

07 切换到平面视图，使用拉伸工具沿放样轮廓内侧绘
制矩形轮廓，如图 15-132 所示。然后在"属性"面板中设
置"拉伸终点"为 20，最后单击"完成"按钮。

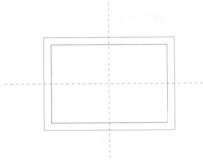

图　15-132

08 切换到三维视图，对边框与内部面板分别赋予不同
的材质，如图 15-133 所示。

图　15-133

09 选中边框模型，在"属性"面板中单击"材质"参
数后方的"关联族参数"按钮，如图 15-134 所示。

图　15-134

10 在"关联族参数"对话框中单击"新建参数"按
钮。然后在"参数属性"对话框中输入参数"名称"为"边
框"，如图 15-135 所示。按照相同的方法完成面板材质参数
的新建与关联。

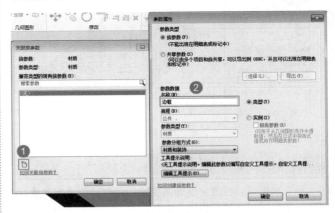

图　15-135

11 选中边框模型，在"属性"面板中单击"可见"参
数后方的"关联族参数"按钮，如图 15-136 所示。

图 15-136

12 在"关联族参数"对话框中单击"新建参数"按钮。然后在"参数属性"对话框中输入参数"名称"为"边框可见"，参数类型为"实例"，如图15-137所示，最后单击"确定"按钮。

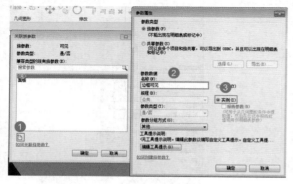

图 15-137

13 新建项目文件，将族载入项目中。选中族文件，在"属性"面板中取消选中"边框可见"参数，此时视图中的边框模型将不显示，如图15-138所示。

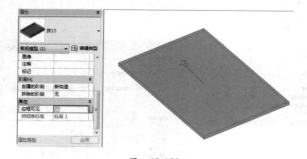

图 15-138

重点 15.6.2 嵌套族

嵌套族指可以在族中嵌套其他族，以创建包含合并族几何图形的新族。在进行族嵌套之前，是否共享了这些族，决定着嵌套几何图形在以该族创建的图元中的行为。如果嵌套的族未共享，则使用嵌套族创建的构件与其余的图元作为单个单元使用。不能分别选择构件、分别对构件进行标记，也

不能分别将构件录入明细表。如果嵌套的是共享族，可以对构件分别进行标记，也可以分别将构件录入明细表。

★ 重点 实战——创建单开门

场景位置	无
实例位置	实例文件 > 第15章 > 实战：创建单开门.rfa
视频位置	多媒体教学 > 第15章 > 实战：创建单开门.mp4
难易指数	★★★★★
技术掌握	了解控件的作用及嵌套族的概念

扫码看视频

01 单击"族"面板中的"新建"按钮，在"新族 – 选择样板文件"对话框中选择"公制门"样板，然后单击"打开"按钮，如图15-139所示。

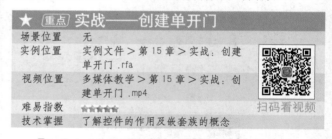

图 15-139

02 切换到"创建"选项卡，单击"设置"按钮。然后在"工作平面"对话框中选择"拾取一个平面"选项，如图15-140所示。

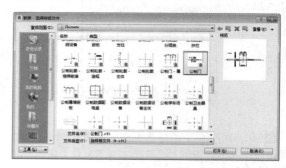

图 15-140

03 拾取水平方向中心参照平面，然后在打开的"转到视图"对话框中选择"立面：内部"，接着单击"打开视图"按钮，如图15-141所示。

图 15-141

04 单击"拉伸"按钮，接着选择"矩形"工具，绘制门扇轮廓。然后在"属性"面板中设置"拉伸终点"为15，"拉伸起点"为−15，最后单击"完成"按钮，如图15-142所示。

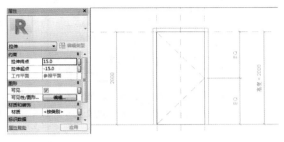

图 15-142

05 切换到平面视图，选择门扇图元，然后单击"可见性设置"按钮。在"族图元可见性设置"对话框中取消选中"在三维及以下视图中显示："参数中的第1个与第4个选项，最后单击"确定"按钮，如图15-143所示。

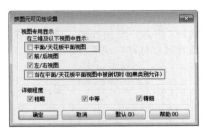

图 15-143

06 切换到"注释"选项卡，单击"符号线"按钮。选择"矩形"绘制方式，设置"子类别"为"门（截面）"，在平面视图门洞左侧绘制长1000mm、宽40mm的矩形，如图15-144所示。

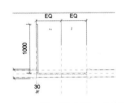

图 15-144

07 选择"弧形"绘制方式，设置"子类别"为"平面打开方向（截面）"，接着在视图中绘制门开启线并修改角度为90°，如图15-145所示。

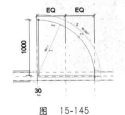

图 15-145

08 删除现有翻转控件，然后切换到"创建"选项卡，单击"控件"按钮，如图15-146所示。

图 15-146

09 在"控制点类型"面板中单击"双向垂直"按钮，然后在视图中单击添加控件，如图15-147所示。按同样的方法添加"双向水平"控件。

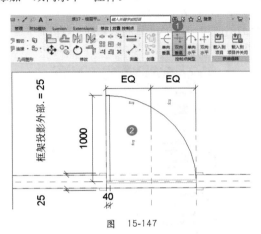

图 15-147

技巧提示

控件的作用是在视图中切换图元的放置方向。通过单击控件，可以控制门的开启方向为外开或内开等。

10 切换到"插入"选项卡，单击"载入族"按钮。在打开的"将文件作为族载入"对话框中依次进入"建筑 > 门 > 门构件 > 拉手"文件夹中，然后选择"门锁8"文件，单击"打开"按钮，如图15-148所示。

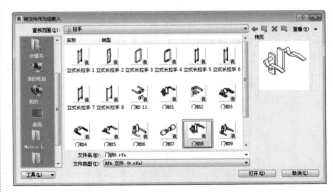

图 15-148

11 切换到"创建"选项卡，单击"构件"按钮，选择

"门锁8"并放置在合适的位置，标注与门框边的距离并锁定，如图15-149所示。

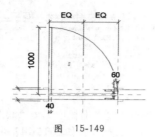

图 15-149

12 双击门锁族，进入族编辑环境，然后切换到"创建"选项卡，接着在"属性"面板中单击"族类别和族参数"按钮，在打开的"族类别和族参数"对话框中选中"族参数"列表中的"共享"参数，如图15-150所示。

图 15-150

技巧提示

选中"共享"参数后，将门族载入项目中时，其中所嵌套的门锁族可以在明细表中单独被统计。同时，也可以将门锁族进行单独调用。

13 将修改完成的门锁族载入门族中，然后在打开的"族已存在"对话框中选择"覆盖现有版本"命令，如图15-151所示。

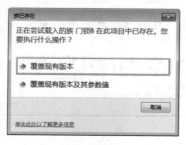

图 15-151

14 选择门锁族，然后单击"编辑类型"按钮，在"类型属性"对话框中设置"面板厚度"为30，最后单击"确定"按钮，如图15-152所示。

图 15-152

15 切换到"内部"立面视图，将门锁移动到合适的高度，然后进行尺寸标注，接着将标注结果进行锁定，如图15-153所示。

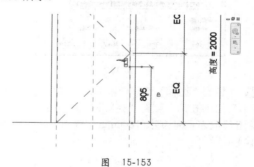

图 15-153

16 为门扇添加材质，然后修改参数，测试族文件状态。最后切换到三维视图，查看最终完成的效果，如图15-154所示。

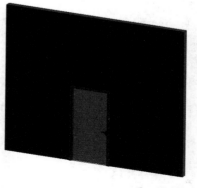

图 15-154

★ 重点 实战——创建百叶窗

场景位置	场景文件 > 第 15 章 >05.rfa
实例位置	实例文件 > 第 15 章 > 实战：创建百叶窗 .rfa
视频位置	多媒体教学 > 第 15 章 > 实战：创建百叶窗 .mp4
难易指数	★★★★★
技术掌握	了解控制的作用及嵌套族的概念

扫码看视频

01 打开学习资源包中的"场景文件 > 第 15 章 >05.rfa"文件，然后切换到"创建"选项卡，接着单击"构件"按钮，并放置百叶族至视图中心位置，如图 15-155 所示。

图 15-155

02 切换到内部立面视图，将百叶窗分别与水平方向与垂直方向参数平面对齐锁定，如图 15-156 所示，然后标注百叶窗框内侧尺寸，接着添加参数为"百叶宽度"，如图 15-157 所示。

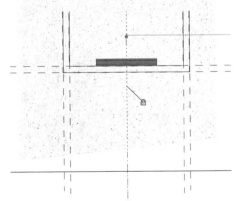

图 15-156

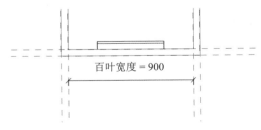

图 15-157

03 切换到"创建"选项卡，单击"族类别"按钮，接着在"族类型"对话框中设置"百叶宽度"后方的公式

为"宽度 –100mm"，最后单击"确定"按钮，如图 15-158 所示。

图 15-158

04 选择百叶族，单击"编辑类型"按钮，在"类型属性"对话框中单击"百叶片长度"参数后的"关联"按钮，如图 15-159 所示，再在打开的"关联族参数"对话框中选择"百叶宽度"参数，最后单击"确定"按钮，如图 15-160 所示。

图 15-159

307

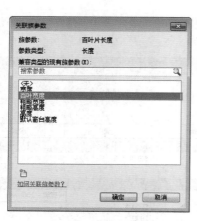

图 15-160

05 使用"阵列"工具阵列百叶族，设置"间距"为79，"个数"为18，然后按 Tab 键，选择阵列个数并添加相应参数，如图 15-161 所示。

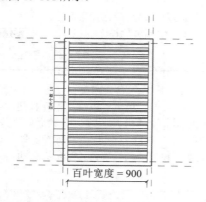

百叶宽度 = 900

图 15-161

06 切换到"创建"选项卡，单击"族类别"按钮，在"族类型"对话框中设置"百叶个数"参数后方的公式为"（高度 –100）/80mm"，最后单击"确定"按钮，如图 15-162 所示。

读书笔记

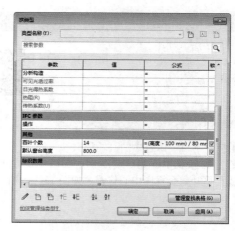

图 15-162

技巧提示

当修改高度参数后，软件会自动根据公式计算百叶个数参数值，然后自动更改。

07 切换到三维视图，查看最终效果，如图 15-163 所示。

图 15-163

第 16 章

■ Lumion 基础入门

本章学习要点

- 了解 Lumion 的优点和应用范围
- 了解安装 Lumion 8.0 对硬件的需求
- 掌握安装 Lumion 的方法
- Lumion 的初始界面和操作界面
- 掌握 Lumion 的基础操作功能

Lumion 概述

Lumion 是由荷兰 Act-3D 公司开发的虚拟现实软件。自面世以来，仅仅经过一年多的时间就被各个行业广泛运用，尤其是在设计领域。Lumion 所见即所得的表现模式、丰富的素材、便捷的操作方式以及极快的运算模式为方案表达提供了极强的表现力和视觉冲击力。

16.1.1　Lumion 的优点

Lumion 采用图形化操作界面，完美兼容了 Google SketchUp、3ds Max 等多种软件的 DAE、FBX、MAX、3DS、OBJ、DXF 格式，同时支持 TGA、DDS、PSD、JPG、BMP、HDR 和 PNG 等格式图像的导入。

在 Lumion 中内置了大量的动植物素材。通过素材的添加以及对真实光线和云雾等环境的模拟，可以在极短的时间内创造出不同凡响的视觉效果。

Lumion 可以将场景输出为 AVI（MJPEG）、MP4（AVC）、BMP、JPG 等格式的视频或视频序列，同时也可以输出各种尺寸的静帧图。在未来的版本中还可输出具有交互能力的场景包，为设计表达提供多种不同的表现形式。

16.1.2　Lumion 的应用范围

Lumion 目前被广泛应用于景观设计、旅游景区设计、建筑设计及部分舞美设计中。通过在实际项目中的运用可以发现，Lumion 被用于项目前期投标及方案汇报时，不但通过率极高，而且甲方对 Lumion 这种直观、真实的表达方式都比较满意。因此，可以预见 Lumion 未来一定会渗透各行各业。

Revit 目前在效果表现方面还存在一定的局限性。可以使用 Revit 完成模型创建后，导入 Lumion 中进行效果表现，这是不错的设计工作流程。

安装 Lumion 8.0

想要完全熟悉一款全新的软件，最快的方法就是通过大量的实际操作来达到一定的熟练程度。而在使用 Lumion 进行实际操作之前，首先要解决的问题就是如何安装软件，下面将进行详细的介绍。

16.2.1　Lumion 8.0 的安装环境

由于 Lumion 采用了 GPU 渲染技术，所以对显卡的压力比较大。安装 Lumion 8.0 的最低硬件需求如表 16-1 所示，推荐配置如表 16-2 所示，能够流畅运行 Lumion 8.0 的安装需求如表 16-3 所示。

表 16-1　安装 Lumion 8.0 的最低硬件配置

操作系统	Windows 7
显示器分辨率	1280×720
显卡	NVIDIA GeForceGT 1030
内存	4GB

表 16-2　安装 Lumion 8.0 的推荐配置

操作系统	Windows 7、Windows 8、Windows 10
显示器分辨率	1920×1080
显卡	NVIDIA GeForce GTX1060
内存	8GB 以上

表 16-3　安装 Lumion 8.0 的流畅运行配置

操作系统	Windows 7、Windows 8、Windows 10
显示器分辨率	1280×720
显卡	NVIDIA GTX 1080TI 以上
内存	16GB
CPU	I7 以上

01 双击运行安装程序，进入 Select Destination Location（选择目标位置）界面，然后设置软件的安装路径，如图 16-1 所示。

02 完成安装路径设置后，单击 Next 按钮进入 Select Additional Tasks（选择附加任务）界面，然后选中 Create a desktop icon（创建一个桌面图标）选项，如图 16-2 所示。

03 单击 Next 按钮，进入 Ready to Install（准备安装）界面，如图 16-3 所示。在该界面中再次确认安装信息，如果没有需要修改的地方，单击 Install（安装）按钮进行安装，安装过程中会显示安装的进度，如图 16-4 所示。

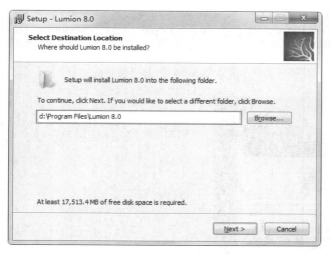

图 16-1

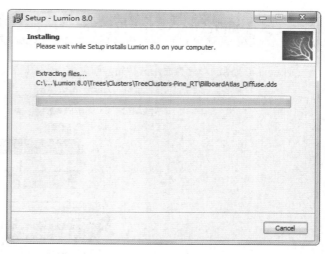

图 16-4

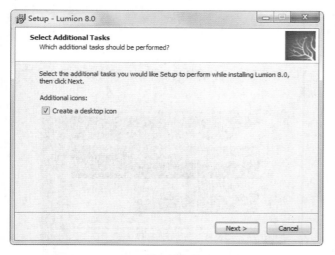

图 16-2

16.2.2　激活 Lumion 8.0

01 完成软件的安装后，在桌面上双击 Lumion 图标，运行 Lumion 8.0，如图 16-5 所示。

图 16-5

02 在联网状态下输入授权账号及密码，然后单击 Login（登录）按钮，如图 16-6 所示。

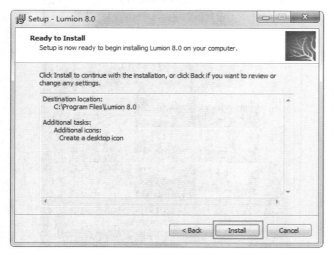

图 16-3

图 16-6

16.3 Lumion 的初始界面

Lumion 采用图形化界面，其初始界面主要由当前语言、导航栏和辅助栏 3 部分组成，如图 16-7 所示。

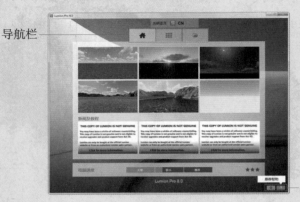

导航栏

辅助栏

图　16-7

16.3.1　当前语言

单击界面最上方的按钮，可以更改软件的语言。Lumion 内置了 25 种不同语言，单击任意语言，可以将软件切换到所设置的语言状态，如图 16-8 所示。

选择语言

US　CN　ES　FR　PT

BR　RU　TR　DE　DK

IT　JP　KR　NL　NO

PL　GR　TW　HE　CZ

图　16-8

16.3.2　导航栏

导航栏位于初始界面的上方，主要由 3 个图形化按钮构成，这 3 个按钮从左到右依次为"开始"按钮 、"输入范例"按钮 和"加载场景"按钮 ，下面将分别进行介绍。

1. 开始

单击导航栏中的"开始"按钮 ，即可进入"开始"面板。该面板中提供了 6 种不同地貌和天气的场景，单击即可建立相应的场景文件，如图 16-9 所示。

2. 输入范例

单击"输入范例"按钮 ，打开"范例"面板，如

图 16-10 所示。该面板集成了官方提供的多个不同类型的场景，单击任意一个场景的缩略图，即可打开相应的范例场景。

图　16-9

图　16-10

3. 加载场景

可以自己添加或打开场景，对于曾经创建并保存了的场景文件，都会显示在输入场景面板中，如图 16-11 所示。

图　16-11

16.3.3　辅助栏

辅助栏位于初始界面的右下角，包含两个图形化按钮，分别为"帮助"按钮 ? 和"设置"按钮 ⚙ 。其中"帮助"按钮主要用于帮助用户解读界面中各个工具和命令的使用方法，例如新建一个场景，然后将鼠标指向"帮助"按钮，此时就会弹出相应的介绍内容，如图 16-12 所示。

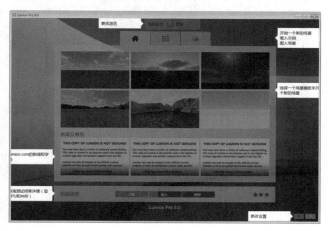

图　16-12

单击"设置"按钮后会弹出相应的设置面板，可进行 Lumion 相关的软件设置，如图 16-13 所示。

- "在编辑器中显示高品质地形"按钮 ▲：激活该按钮后，在编辑模式中，地形精度将会提高，但同时所耗费的计算机资源会增大。

- "编辑器内的高素质树木"按钮 ◆：激活该按钮后，在

编辑模式中，在视点较远的状态下，远处的树木依旧显示真实状态，而非使用静态贴图代替。

图　16-13

- "平板电脑开关"按钮 ⎘：单击该按钮将在 Lumion 中激活数位板。

技巧提示

需要注意的是，当激活"平面电脑开关"按钮 ⎘ 时，计算机键盘将被锁定，所以不需要连接数位板时最好不要激活该按钮。

- "启用反转上 / 下相机倾斜"按钮 ⟨◔⟩：该按钮默认是未激活状态，此时在 Lumion 的操作过程中，鼠标与摄像机的移动方向相反；而激活该按钮后，鼠标与摄像机的移动方向相同。

- "静音"按钮 ←：激活该按钮后，在编辑模式中，将不会出现任何声音。

- "切换全屏"按钮 ▭：激活该按钮后，Lumion 将切换到全屏模式。

- "编辑器品质"按钮 ↻ ☆ ★ ★ ★ ：控制图像的显示效果，一颗星效果最差，四颗星效果最好。

- "编辑器分辨率"按钮 25% 50% 66% 100% ：4 种比值分别代表了 4 种不同的软件分辨率，这些比值为软件显示分辨率与计算机最高分辨率的比值，100% 为最高分辨率。

- "单位设置"按钮 m ft ： m 为公制单位， ft 为英制单位。

- OK（确定）按钮 ✔：单击该按钮即可保存设置并返回初始界面。

16.4 Lumion 的操作界面

在导航栏中单击"开始"按钮，进入开始面板，然后单击选择第 1 个场景（Plain 场景），进入 Lumion 的操作界面。可以看到，Lumion 的操作界面共分为输入系统、输出系统和操作平台 3 部分，如图 16-14 所示，下面分别进行介绍。

图　16-14

16.4.1　输入系统

输入系统位于操作界面的左下侧，主要用来调整天气、建立或调整地形、导入并编辑模型材质、添加组件物件等。

在输入系统的左侧有 4 个导航按钮，从上到下依次为"天气"按钮、"景观"按钮、"材质"按钮和"物体"按钮。这 4 个按钮为弹出式按钮，默认状态下只显示其中已经激活的按钮及相应的参数面板，将鼠标移动到界面左下角即可弹出所有的导航按钮，如图 16-15 所示。

图　16-15

1. 天气

单击"天气"按钮，打开如图 16-16 所示的参数面板。该面板中的参数主要用于对场景中的天气进行调节，包括调整太阳（月亮）的位置、光线、云等。

图　16-16

在天气参数面板中，所有的参数均为滑竿调节模式，即用鼠标左键按住滑竿进行左右拖曳来调节，拖曳的同时配合键盘上的 Shift 键可以进行微调。向左拖曳为降低参数值，向右拖曳为增大参数值。在拖曳滑竿的时候，相应的参数会以数字的形式在滑竿上显示，如图 16-17 所示。

图　16-17

在天气参数面板下，有一个"太阳位置"控制罗盘和一个"太阳高度"控制罗盘,此外还有一个"云彩类型",如图16-18所示。

太阳位置　太阳高度　　　　　　　　　　　云彩类型

图　16-18

- "太阳位置"控制罗盘:太阳在场景中以地面为基准面,以地面坐标轴为中心。该罗盘用来控制太阳的相对位置,使用鼠标左键按住太阳标记不放并拖曳来调节太阳方向角。

- "太阳高度"控制罗盘:该罗盘用来控制太阳的垂直高度,同时可以切换场景中的白天与黑夜。使用鼠标左键按住太阳标记不放并拖曳即可更改太阳角度。

- 云彩类型:单击此按钮将有9种云彩类型可供选择,可自行更换云彩类型,如图16-19所示。

选择云彩

图　16-19

2.景观

单击"景观"按钮▲,打开如图16-20所示的参数面板。这些参数主要用于建立地形、水面、大海以及导入地形,还可以对地面材质与地貌类型进行调整。面板中的参数主要用来制作一些简易的地形,可以对地形进行抬升、降低、平整、起伏及平滑等处理,同时也可以更改地貌类型。

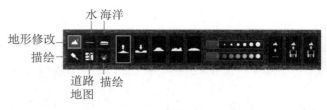

水海洋

地形修改——

描绘——

道路　描绘
地图

图　16-20

(1)地形修改

- "提升高度"按钮:用来抬升地面高度,将地面向上隆起形成山体,操作过程如下。

01　单击"提升高度"按钮,此时在场景中,鼠标光标会变为圆形笔刷形状,如图16-21所示。

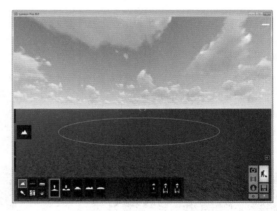

图　16-21

02　在地面上需要抬升的位置处按下鼠标左键不放并拖曳,即可抬升笔刷垂直覆盖范围内的地面,如图16-22所示。

图　16-22

- "降低高度"按钮 ![btn]：用于将地面向下挤压，降低地面高度，操作过程如下。

01 单击"降低高度"按钮 ![btn]，此时在场景中，鼠标光标会变为圆形笔刷形状，如图 16-23 所示。

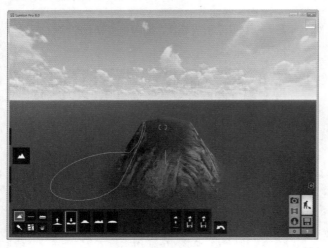

图　16-23

02 在需要降低地面高度的位置处按下鼠标左键不放并拖曳，即可向下挤压地形，降低笔刷垂直覆盖范围内的地面，如图 16-24 所示。

图　16-24

- "平整"按钮 ![btn]：用于将圆形笔刷范围内的地形高差向同一高度整平（以圆形的中心点为基准），操作过程如下。

01 单击"平整"按钮 ![btn]，此时在场景中，鼠标光标会变为圆形笔刷形状，如图 16-25 所示。

02 在需要平整地面高度的地方按下鼠标左键不放并拖曳，即可整平笔刷垂直覆盖范围内的地面，如图 16-26 所示。

图　16-25

图　16-26

- "起伏"按钮 ![btn]：用于使圆形笔刷范围内的地面随机上下起伏，以形成地面的上下波动，操作过程如下。

01 单击"起伏"按钮 ![btn]，此时在场景中，鼠标光标会变为圆形笔刷形状，如图 16-27 所示。

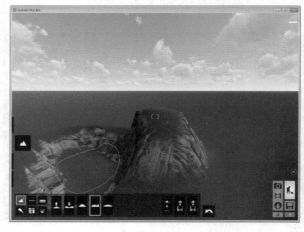

图　16-27

02 在需要起伏的地面上按下鼠标左键不放并拖曳，即可使笔刷垂直覆盖范围内的地表上下起伏，形成噪波效果，如图 16-28 所示。

图　16-28

● "平滑"按钮：用于柔化圆形笔刷范围内的地表，使地面高差的起伏变得光滑，操作过程如下。

01 单击"平滑"按钮，此时在场景中，鼠标光标会变为圆形笔刷形状，如图 16-29 所示。

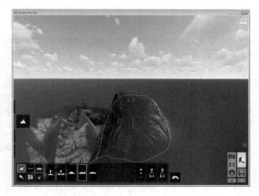

图　16-29

02 在需要柔化地表的地形上按下鼠标左键不放并拖曳，即可将笔刷垂直覆盖范围内的地形做平滑处理，如图 16-30 所示。

图　16-30

（2）水体

面板中的参数用于在场景中添加、修改和删除平面水体，如图 16-31 所示。

图　16-31

● "放置物体"按钮：用于在场景中放置平面水体，操作过程如下。

01 单击"放置物体"按钮，然后在需要添加水体的地方左击，即可在场景中添加一个 10m×10m 的正方形水体，如图 16-32 所示。通过拖动四个角点位置的控制柄，可以调整水体的大小与高度。

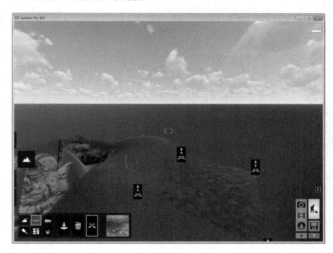

图　16-32

02 使用这种方法放置的水体支持水下世界，当将摄像机移动到水体正下方时，即可出现水下世界的效果，如图 16-33 所示。

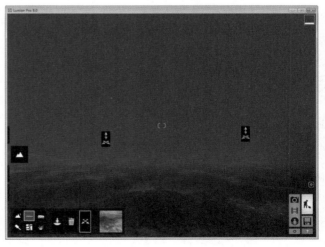

图　16-33

（3）海洋

面板中的参数用于在场景中打开或关闭海洋，同时可以调节海平面的高度、风向、海浪强度、海水颜色以及透明度等，如图16-34所示。

图 16-34

单击"海洋开/关"按钮◎打开海洋，此时会同时打开一个调节海洋参数的子面板，如图16-35所示。

图 16-35

- 浪波强度：用于调节海平面上海浪的强度。数值越大，海面的波动幅度就越大；数值越小，海面就越平静。
- 风速：用于调节海浪移动的速度。数值越大，海浪移动速度越快，反之越慢。
- 浑浊度：用于调节海水的浑浊程度。数值越大，海水越浑浊，透明度越低；反之海水越清澈，透明度越高。
- 高度：用于调节海平面的高程。数值越小，海平面越低，反之海平面越高。
- 风向：用于调节风的方向。
- 颜色预设：单击该按钮即可打开调色盘。
- 调色盘：用于调整海面的颜色，不同的数值代表了不同的颜色。

（4）描绘

面板中的参数主要用于调整地形材质，在现在的版本中，在一种地貌类型中最多只能添加4种材质，其方法为选择一种需要的材质，然后选择合适的笔刷和硬度，接着在场景的地形上刷出各种不同的材质，如图16-36所示。

（5）草丛

面板中的参数主要用于调整草地材质。单击"草丛开关"按钮，会打开草丛编辑按钮。可以控制草丛尺寸、高度等参数，还可以在草丛中添加各类其他元素，如图16-37所示。

图 16-36

图 16-37

3. 材质

用于编辑导入场景中的模型的贴图及材质，操作过程如下。

单击"材质"按钮，然后单击需要更改材质的模型，即可激活"材质库"。通过"材质库"即可对贴图及材质进行编辑，如图16-38所示。

图 16-38

技术专题 17：材质库详解

在"材质库"的顶部是材质分类列表，该列表为常规材质的分类，如图16-39所示。

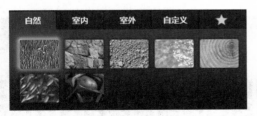

图 16-39

在材质分类列表的下方是二级分类窗口，如图16-40所示。

图 16-40

双击任意一个材质球，可以调整材质的参数，包括图位置、方向、透明度、饱和度等，如图16-41所示。根据所选择材质类型的不同，可调整的参照也不相同，此处将不逐一介绍，读者可以自行尝试。

图 16-41

4. 物体

单击左侧导航栏中的"物体"按钮，打开如图16-42所示的参数面板，该面板中的参数主要用于在场景中添加系统自带的动物、植物、交通工具、自然景观、粒子、建筑、室内配饰及灯光等组件。同时还可以通过该面板导入 Revit、SketchUp、3ds Max、Maya 等软件导出的模型，并对模型的材质、位置、大小等进行调整。

图　16-42

（1）物体分类

Lumion 提供了 8 种不同类型的组件模型，同时还支持从外面导入模型文件，如图 16-43 所示。

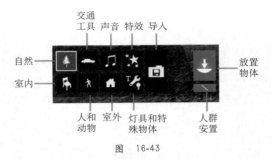

图　16-43

● "自然"按钮![]：单击该按钮后，再单击"放置物体"按钮![]上方的"选择物体"![]按钮。此时会打开"自然库"界面，在其中可以选择不同类型的植物，如图 16-44 所示。

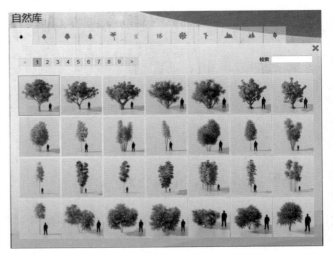

图　16-44

回到编辑器后，单击"放置物体"按钮![]，然后在场景中任意位置单击进行放置，如图 16-45 所示。

图 16-45

　　如果单击"人群安置"按钮 ，先单击确定起点，然后移动光标再次单击确定终点。此时场景中会出现由这两点生成的一条路径，可沿路径批量放置植物，还可以设置放置数量等参数。确定之后，单击完成按钮完成放置，如图 16-46 所示。

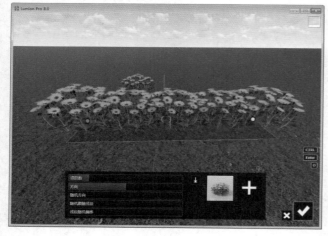

图 16-46

　　● "交通工具"按钮 ：单击该按钮后，再单击"放置物体"按钮 上方的"选择物体"按钮。此时会打开"交通工具库"界面，在其中可以选择不同类型的交通工具，如图 16-47 所示。可以选择任意模型放置在场景中，放置方法与放置植物相同。

图 16-47

　　● "声音"按钮 ：单击该按钮后，再单击"放置物体"按钮 上方的"选择物体"按钮，此时会打开"声音库"界面，在其中可以选择不同类型的声音，如图 16-48 所示。可以选择任意声音放置在场景中，放置方法与放置植物相同。

图 16-48

　　● "特效"按钮 ：单击该按钮后，再单击"放置物体"按钮 上方的"选择物体"按钮，此时打开"特效库"界面，在其中可以选择不同类型的特效效果，如图 16-49 所示。可以选择任意特效放置在场景中，放置方法与放置植物相同。

图 16-49

　　● "室内"按钮 ：单击该按钮后，再单击"放置物体"按钮 上方的"选择物体"按钮，此时打开"室内库"界面，在其中可以选择不同类型的室内模型，如图 16-50 所示。可以选择任意室内模型放置在场景中，放置方法与放置植物相同。

室内库

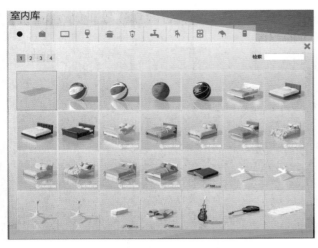

图　16-50

● "人和动物"按钮 ：单击该按钮后，再单击"放置物体"按钮 上方的"选择物体"按钮，此时打开"角色库"界面，在其中可以选择不同类型的人体与动物模型，如图16-51所示。可以选择任意人和动物模型放置在场景中，放置方法与放置植物相同。

角色库

图　16-51

● "室外"按钮 ：单击该按钮后，再单击"放置物体" 按钮上方的"选择物体"按钮，此时打开"室外素材库"界面，在其中可以选择不同类型的室外模型，如图16-52所示。可以选择任意室外模型放置在场景中，放置方法与放置植物相同。

● "灯具和特殊物体"按钮 ：单击该按钮后，再单击"放置物体"按钮 上方的"选择物体"按钮。此时会打开"光源和工具库"界面，在其中可以选择不同类型的灯光及其他特殊工具，如图16-53所示。可以选择任意灯具和特殊物体模型放置在场景中，放置方法与放置植物相同。

室外素材库

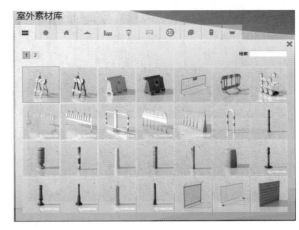

图　16-52

光源和工具库

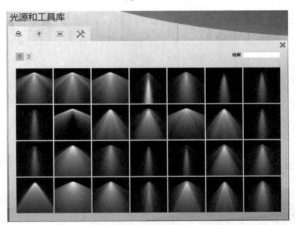

图　16-53

● "导入"按钮 ：单击该按钮后，再单击"放置物体"按钮 上方的"导入新模型" 按钮，此时会弹出"打开"对话框，选择需要导入的模型文件，单击"打开"按钮，如图16-54所示。

图　16-54

导入时可以为模型命名。如果导入的模型是动态组件，还可以选中"导入动画"选项，让导入的模型支持动态效果，如图16-55所示。

图 16-55

技巧提示

Lumion支持导入的格式有Dae/Fbx、Dae（3d）、Fbx（3d）Max、Dxf、3ds、Obj、skp等。

将模型导入后，在鼠标光标的位置处会出现一个长方体形状的黄色线框，该线框为导入模型的边界预览，如图16-56所示。

图 16-56

在需要添加模型的位置处左击，即可将导入的模型添加到场景中，如图16-67所示。按Esc键退出。

- "选择物体"按钮：该按钮位于"放置物体"按钮上方，单击该按钮将打开模型库，如图16-58所示。用户可以选择模型库中的模型添加到场景中，也可以将模型从模型库中删除，如图16-59所示。

（2）操作按钮

物体面板中的操作按钮如图16-60所示。主要用于移动、删除组件及执行其他高级操作。

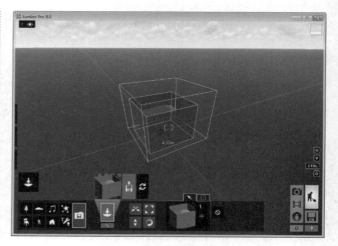

图 16-57

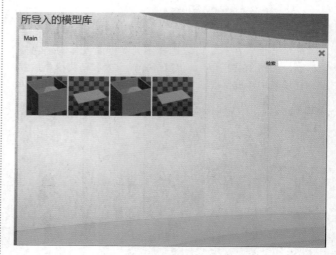

图 16-58

图 16-59

图 16-60

- "移动物体"按钮：用于沿地面移动已添加到场景中的模型，移动时模型只能沿着地形平移，并且移动过程中模型的原点位置会一直贴合地面，操作过程如下。

01 单击"移动物体"按钮，此时模型的插入点（坐标原点）上会出现一个蓝色的指示点，将鼠标光标移动到该点上，将出现移动标记，并且该指示点所控制的模型会呈绿色叠加显示，如图 16-61 所示。

图　16-61

02 在指示点上按住鼠标左键不放并拖曳，即可沿地面移动模型，松开鼠标左键后，模型会停留在鼠标松开时所在的位置，如图 16-62 所示。

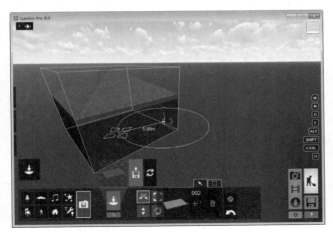

图　16-62

技巧提示

移动时，在模型的源位置（移动前模型原点的位置）会有一个白色的平面指示点，移动所产生的位移会以一个圆形范围线显示，同时在原指示点和移动中的指示点之间会有一个白色的距离指示线，在指示线上有一行白色的数字，为移动的距离数值。

● "调整高度"按钮 ⬍：用于沿垂直方向移动已添加到场景中的模型，操作过程如下。

01 单击"调整高度"按钮 ⬍，此时模型的插入点（坐

标原点）上会出现一个蓝色的指示点，将鼠标光标移动到该点上，将出现垂直移动标记，如图 16-63 所示。

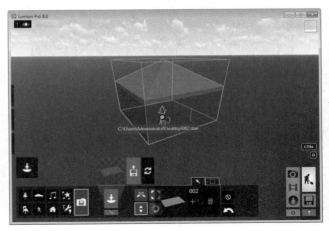

图　16-63

02 在指示点上按住鼠标左键不放并上下拖曳，即可沿垂直方向（Z 轴）移动模型，松开鼠标左键后，模型就会停留在鼠标松开时所在的高度，如图 16-64 所示。

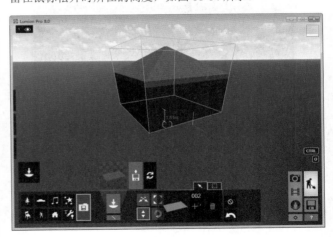

图　16-64

技巧提示

移动时，在模型的源位置（移动前模型原点的位置）和移动中的原点之间会有一个蓝色的距离指示线，在指示线上有一行红色的数字，为移动的高差数值。

● "调整尺寸"按钮 ✥：用于调整模型的尺寸大小，操作过程如下。

01 单击"调整尺寸"按钮 ✥，此时模型的插入点（坐标原点）上会出现一个白色的指示点，将鼠标光标移动到该点上，模型呈绿色显示（激活状态），如图 16-65 所示。

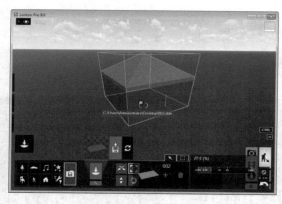

图 16-65

02 在指示点上按住鼠标左键不放并围绕插入点（坐标原点）上下拖曳，即可将模型以插入点为中心等比放大或缩小；松开鼠标左键后，模型就会停留在鼠标松开时所显示的大小，如图 16-66 所示。

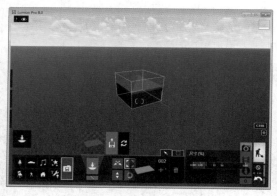

图 16-66

● "沿 Y 轴旋转" 按钮：用于以模型插入点（坐标原点）为旋转轴旋转模型，操作过程如下。

01 单击沿 Y 轴旋转按钮，此时模型的插入点（坐标原点）上会出现一个白色的指示点，将鼠标光标移动到该点上，将出现旋转标记，如图 16-67 所示。

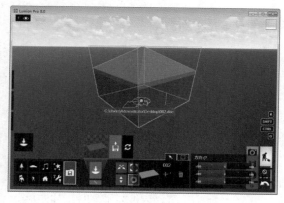

图 16-67

02 在指示点上按住鼠标左键不放并围绕插入点（坐标原点）拖曳，即可以插入点为中心旋转模型；松开鼠标左键后，模型就会停留在鼠标松开时所在的角度，如图 16-68 所示。在方向面板中，可以精确调整向各个方向旋转的角度。

图 16-68

技巧提示

旋转时，与插入点同一高度的平面上会出现4条方向指示线，并且在这4条线的端点处分别用E、S、W、N代表了东、南、西、北4个方向。这4条方向指示线可以帮助用户调整建筑物或者其他模型的朝向。

● "删除物体" 按钮：用于删除已添加到场景中的模型，操作过程如下。

01 单击 "删除物体" 按钮，此时模型的插入点（坐标原点）上会出现一个白色的指示点，将鼠标光标移动到该点上，模型呈绿色显示（激活状态），如图 16-69 所示。

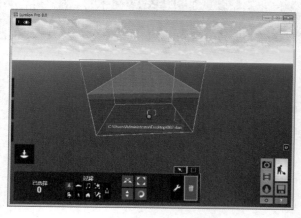

图 16-69

02 在指示点上左击，即可删除相应模型。

● "关联菜单" 按钮：该工具用来对已添加到场景中的模型进行批量选择、排列、对齐及图层操作，操作过程如下。

01 单击"关联菜单"按钮，此时模型的插入点（坐标原点）上会出现一个白色的指示点，将鼠标光标移动到该点上，模型呈绿色显示（激活状态），如图16-70所示。

图　16-70

02 在指示点上左击，将弹出一个二级菜单，如图16-71所示。

图　16-71

技术专题 18：关联菜单详解

在图16-72所示的菜单中，共分为"选择""变换"和"特殊"三部分。由于实际应用命令主要集中在"选择"和"变换"两部分内容中，所以将着重讲解这两部分的内容。其中"选择"菜单中的命令主要用于对模型进行单独或批量选择、取消选择及图层操作，如图16-72所示。

下面简单介绍一下"选择"菜单中各命令的含义。

- 选择：选择指示点对应的模型。
- 选择相同的对象：选择场景中插入的所有相同模型。
- 选择类别中的所有对象：在当前场景中选择所有与指示点相同类别的物体，在模型系统中，该命令为选择所有插入场景中的模型。
- 取消选择：在当前选择集中减去指示点所对应的模型。
- 取消所有选择：取消所有当前选择。
- 删除选定：在当前场景中删除所有已选择的模型。
- 库：可以将模型库中的模型进行替换，或将现有模型设定为模型库中的模型。
- 选择：返回上一级命令菜单。

"变换"菜单中的命令主要用于为已选择的模型进行排列、对齐、缩放等操作，如图16-73所示。

下面简单介绍一下"变换"菜单中各命令的含义。

- 随机选择：用于随机排列、旋转、缩放当前选择集中的所有模型。

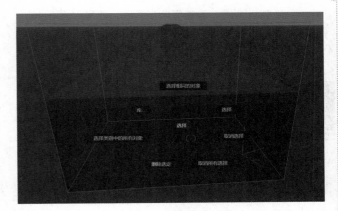

图　16-72

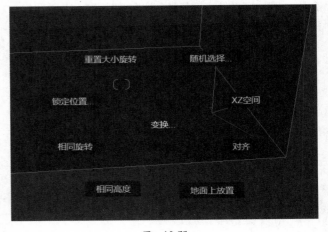

图　16-73

- XZ空间：用于将当前选择集中的模型以米的间距排列成直线。
- 对齐：用于将当前选择集中的模型全部对齐到原点（模型插入点）。
- 地面上放置：用于将当前选择集中模型的高度全部以插入点为基准对齐到地面相应的投影位置。
- 相同高度：用于将当前选择集中的模型全部对齐到相同高度。
- 相同旋转：用于将当前选择集中的模型全部调整到相同角度。
- 锁定位置：用于锁定当前选择集中模型的位置。模型锁定后将不能进行移动、缩放等操作，解锁时只需再单击该按钮一次即可。
- 重置大小旋转：将全部选中的模型重置为初始状态。
- 变换：返回上一级命令菜单。

- "放置模式"工具：默认此工具为选中状态，如图 16-74 所示。

图 16-74

- "移动模式"工具：当选择此工具时，选择方式变为区域选择，可以同时批量选中多个物体。同时在过滤面板中可以设置哪些类型的物体不被选择。还可以为选中的物体创建组，如图 16-75 所示。

图 16-75

16.4.2 输出系统

"输出系统"位于操作界面的右下侧，如图 16-76 所示。"输出系统"主要用来保存场景、切换界面、输出静帧图片、制作并输出动画等。

图 16-76

1. 静帧

单击拍照模式按钮 ，打开如图 16-77 所示的参数面板，该面板中的参数主要用于将场景中显示的画面或者页面渲染为静帧图片。

Photo（静帧）面板共分 3 部分，其中占据最大区域的为

预览窗口，主要用于渲染时提供即时预览，如图 16-78 所示。

图 16-77

图 16-78

预览窗口下面是页面窗口，用于显示保存的页面视图，如图 16-79 所示。

图 16-79

预览窗口最左侧是渲染照片按钮，如图16-80所示。单击此按钮后，会进入"渲染照片"界面，在该界面下方则是渲染尺寸窗口，其中提供了4种不同大小的渲染尺寸，单击选择一种尺寸即可按其提供的大小渲染静帧图片，如图16-81所示。

图 16-80

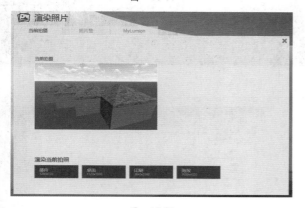

图 16-81

在预览窗口左边是修改窗口，用于修改场景的特效，如图16-82所示。

图 16-82

● "自定义风格"按钮 <自定义风格>：单击该按钮，将弹出"选择风格"界面，其中共有9种风格可选择，在此不再赘述，如图16-83所示。

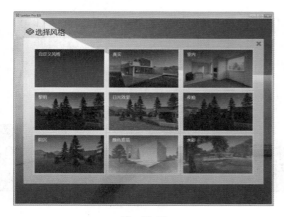

图 16-83

● "自定义场景特效"按钮 FX：单击该按钮，将弹出"选择照片效果"界面，其中共有7个分类效果，一个分类里共有9种特效可选择，如图16-84所示，在此不再赘述。

图 16-84

2. 动画

● 单击"动画"按钮 目：打开如图16-85所示的参数面板。该面板中的参数主要用于将制作好的场景文件进行动画走镜设置，并输出为MP4格式的视频。

图 16-85

"动画"面板主要分为5个部分，如图16-86所示。其中动画编辑部分用于添加视频片段、录制动画、添加图片以及添加视频；控制播放部分用于播放已录制好的动画片段或完整动画；预览部分用于预览动画；特效部分用于为录制好的动画片段或完整动画添加动画特效；输出部分用于输出动画。

图 16-86

（1）添加动画片段

在动画模式面板中任意选择一个动画片段，此时将弹出3个工具，分别为"录制"工具、"来自文件的图像"工具和"来自文件的电影"工具，如图16-87所示。

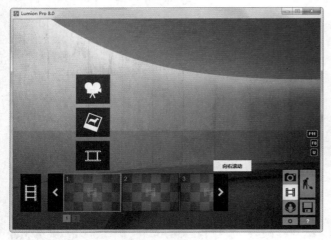

图 16-87

- "录制"工具：单击该工具按钮即可开始录制视频。在漫游中，摄像机转向、抬升或者下降时录制关键帧，Lumion自动将其间的部分补全为完整动画，如图16-88所示。
- "来自文件的图像"工具：单击该工具按钮，在弹出的对话框中选择BMP、JPG、DDS、TGA或PNG格式的图片文件并打开，即可将其当作一个片段插入视频序列中，如图16-89所示。
- "来自文件的电影"工具：单击该工具按钮，在弹出的对话框中选择一个MP4格式的视频文件并打开，即可将其当作一个片段插入视频序列中，如图16-90所示。

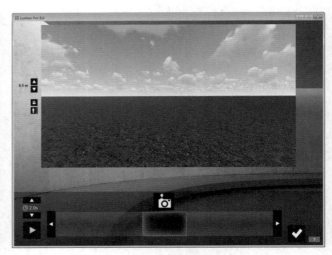

图 16-88

图 16-89

图 16-90

（2）修改动画片段

修改动画片段的方法比较简单，单击已保存图片的"编辑片段"按钮 ，如图16-91所示。返回到图片录制窗口，然后选择已经录制好的图像，接着调节好摄像机并单击"拍摄照片"按钮 即可更新该图片。

图 16-91

（3）调整播放速度

在录制视频窗口中单击 ▲ 或 ▼ 按钮，即可调节摄像机的移动速度。这两个按钮中间的数字为相对于正常速度的倍数，括号中的数字为片段的播放时间，如图16-92所示。

图 16-92

（4）修改动画片段位置

在想要调整位置的片段上按住鼠标左键不放并将其拖曳到需要的位置，然后松开鼠标左键即可完成位置的调整，如图16-93所示。

图 16-93

（5）删除动画片段

单击选择想要删除的片段，此时在该片段上会显示"删除"按钮 ，如图16-94所示。双击该按钮，即可删除选择的片段。

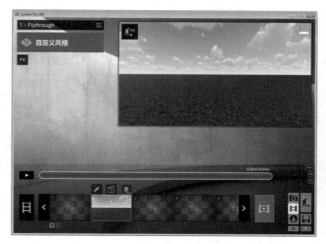

图 16-94

（6）保存动画

01 单击选择动画片段，在该片段的上方即会显示"渲染片段"按钮，如图16-95所示。

图 16-95

02 单击"渲染片段"按钮，将弹出动画尺寸、格式及精度等参数，如图16-96所示。可以输出整个片段为MP4格式，也可输出当前拍摄的图片为图像格式。

图 16-96

03 单击选择任意一种尺寸即可打开"另存为"对话框，用于设置保存的路径和名称等，如图16-97所示。设置好保存的路径和名称后，单击"保存"按钮即可开始渲染动画，可以在预览窗口中显示渲染的即时效果，如图 16-98 所示。

图 16-97

图 16-98

（7）向动画片段中添加特效

01 单击选择需要添加特效的动画片段，然后单击屏幕左上角的"添加效果"按钮，打开效果列表，如图 16-99 所示。

图 16-99

02 在效果列表中单击选择一种特效，即可将其添加到动画片段中。已添加的特效会依次显示在界面的左上角，拖动相应的滑竿即可调节特效的强度，如图 16-100 所示。

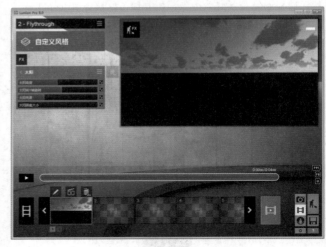

图 16-100

16.4.3 操作平台

占据 Lumion 操作界面最大区域的是操作平台，所有的操作及效果都会在这里即时显示，下面对 Lumion 的部分操作方法进行介绍。

- 在命令按钮、模型库或物件库等图形化按钮上左击即可执行该命令、插入模型或物件。
- 在参数滑竿上按住鼠标左键并左右拖曳，即可调节该参数的数值。
- 按住鼠标右键并移动即可转动摄像机（控制视角变化）。
- 滚动鼠标中键即可推拉摄像机，向前滚动可以拉近摄像机，向后滚动可以拉远摄像机。
- 按住鼠标中键并移动即可平移摄像机。
- 按键盘上的 W 键或 ↑ 键，摄像机向前移动；按键盘上的 S 键或 ↓ 键，摄像机向后移动；按键盘上的 A 键或 ← 键，摄像机向左移动；按键盘上的 D 键或 → 键，摄像机向右移动。
- 按键盘上的 Q 键或按鼠标中键并向上拖曳，摄像机向上平移；按键盘上的 E 键或按鼠标中键并向下拖曳，摄像机向下平移；按鼠标中键并向左拖曳，摄像机向左平移；按鼠标中键并向右拖曳，摄像机向右平移；按上述按键的同时配合 Shift 键，摄像机加速移动。
- 按键盘上的 F11 键，即可在全屏和窗口化之间切换。

第 17 章

Revit+Lumion
标准工作流

本章学习要点

- 掌握Revit与Lumion之间的数据传递
- 了解Lumion各项功能的数据调节
- 掌握Lumion的基础操作功能

17.1 Revit 与 Lumion 的交互方式

Revit 与 Lumion 之间的分工非常明确，Revit 主要负责模型建立，而 Lumion 负责模型效果表现。因此两个软件之间的模型转换就成了非常重要的问题。

目前 Revit 与 Lumion 之间有两种交互方式：一种为将 Revit 模型通过插件或自身功能导出 .dea/.fbx/.dwg 等 Lumion 可以接收的文件，然后将模型导入 Lumion 中；另一种方式是通过 Lumion 官方提供的 LiveSync 插件实现 Revit 与 Lumion 之间的无缝连接，使模型数据之间进行传递，而且可实现实时同步。

17.1.1 模型导出注意事项

在 Revit 中完成模型后，不论使用哪种方式进行导出，一定要给不同构件赋予不同材质进行区分。因为 Revit 模型导入 Lumion 中进行材质替换时，Lumion 会根据材质对模型进行分类。

例如，在 Revit 模型中，将墙体与门窗均设定为一种材质，或者是默认状态，那么进入 Lumion 之后，替换墙体材质时，会连同门窗材质一起替换。在 Lumion 中无法按构件进行材质赋予，只能根据原模型的材质分类进行模型类别的判断。

17.1.2 Revit 导出模型

如果模型已经全部完成，且不需要再做任何修改，只需要在 Lumion 中渲染几张效果图或几段动画时，可以将模型直接导出，然后导入 Lumion 中完成后续的工作。

01 打开 Revit 模型并切换到三维视图，单击"文件"菜单→"导出"→ FBX 命令，如图 10-1 所示。

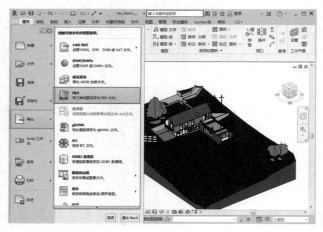

图 17-1

02 在弹出的对话框中选择文件保存位置，然后输入文件名并单击"保存"按钮，如图 17-2 所示。文件导出后，就可以将文件导入 Lumion 中了。

03 如果安装了导出插件，也可以直接使用插件进行导出。打开模型之后切换到 Lumion 或"附加模块"选项卡，单击 Export 按钮，如图 17-3 所示。

图 17-2

图 17-3

技巧提示

安装的插件版本不同，对应插件位置以及界面都会发生变化。

04 在弹出的对话框中设置模型精度等相关参数，最后单击 Export 按钮，将模型进行导出，如图 17-4 所示。

图 17-4

Revit+Lumion中文版从入门到精通（建筑设计与表现）

05 在保存对话框中，选择文件的保存位置，然后输入文件名称，最后单击"保存"按钮，就可以将模型导出为 .dea 格式了，如图 17-5 所示。

图　17-5

17.1.3　使用插件进行连接

在建筑设计过程中的方案阶段，经常需要不停地修改方案。如果按照传统的方式，每次方案模型修改完成后，都要重新导出导入，重新设定材质等相关信息，过程非常烦琐。如果在设计过程中需要通过 Lumion 对比不同材料的效果，整个过程就显得更加痛苦了。

官方提供了 Lumion LiveSync for Revit 插件，安装之后就可以实现 Revit 与 Lumion 之间的实时同步。插件下载地址为 https://www.lumion3d.net.cn/revit-exporters.html。

01 插件安装好之后，同时打开 Revit 与 Lumion 软件。在 Lumion 中打开新建任意场景的文件，如图 17-6 所示。

02 切换到 Revit 中并打开任意模型，切换到 Lumion 选项卡，单击 Start 按钮▶，如图 17-7 所示。

03 此时，Revit 的模型将被实时同步到 Lumion，如图 17-8 所示。在 Revit 中所做的任何修改，也将实时传递到 Lumion 中。

图　17-6

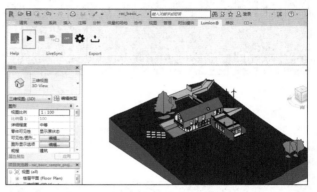

图　17-7

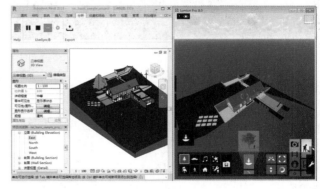

图　17-8

17.2　Lumion 前期准备

在 Revit 中导出模型后，接下来就需要将导出的模型导入 Lumion 中，或者是将 Revit 模型同步到 Lumion 中。不论哪种操作方式，都需要在执行前做一些准备工作。

很多人使用 Lumion 时，第一步往往是打开 Lumion 直接导入模型，这种做法常常会导致不能直观地看到模型导入后的效果，从而影响对场景整体的把握。正确的做法应该是将 Lumion 调整到合适的状态，然后再导入模型，这样就不会出现模型导入后操作不流畅或者对地形等进行修改后又要重新调整导入的模型等问题。

17.2.1　基准场景设置

在导入模型前应该在 Lumion 中先选择一个适合模型的场景作为基准场景，这里以 Plain 场景为例进行介绍。

01 在 Lumion 中打开 Plain 场景，如图 17-9 所示。

图　17-9

02 打开"天气"面板，将太阳角度调整到 45° 左右，这样可以使导入模型的各个部分都能够产生正确的阴影，不会出现距离摄像机较远的地方没有阴影显示的现象，如图 17-10 所示。

图　17-10

03 调整云层浓度为最小值，也就是说将所有的云都关掉，如图 17-11 所示。

图　17-11

17.2.2　Lumion 操作技巧

下面对 Lumion 中的一些操作技巧进行详细的讲解。

1. 画面显示精度设定

Lumion 中的画面有 4 种显示精度，其快捷键分别为 F1、F2、F3 和 F4。

如果按键盘上的 F1 键，那么画面的显示精度将对应 Settings（设置）菜单中的一星模式。此模式下水体显示为黑色，模型材质不显示反射效果，场景中的阴影也呈不显示状态。

如果按键盘上的 F2 键，那么画面的显示精度将对应 Settings（设置）菜单中的二星模式。此模式下水体显示正常，但阴影显示范围较小，材质的反射及高光等显示效果较差。

如果按键盘上的 F3 键，那么画面的显示精度将对应 Settings（设置）菜单中的三星模式。此模式下 Lumion 的效果及特效基本全开，但是地形纹理不显示。

如果按键盘上的 F4 键，画面的显示精度将对应 Settings（设置）菜单中的四星模式。此模式下 Lumion 的所有特效及效果全部打开到最佳状态，画面精度最高，为最接近最终输出效果的显示模式。

2. 场景物体显示范围设定

在 Lumion 中，如果场景较大，那么远处的配景尤其是植物就会虚显，只显示树干甚至不显示。这是为了在使用过程中不占用过多的系统资源，但对用户把控整个场景造成了一定的影响。针对这种情况，Lumion 提供了一个快捷键供用户快速切换，当按 F9 键时，远处的物体或者树木就会完全显示，再次按下 F9 键，系统就会进入默认模式。

3. 全屏切换

通过 F11 键可以在全屏和非全屏之间进行切换（不显示任务栏）。

4. 其余快捷操作

在 Lumion 的导入面板和组件面板中（面板内带有移动模型等工具），如果按住键盘上的 H 键不放，鼠标操作将临时切换到改变物体高度的状态，其作用等同于更改模型高度工具；如果按住键盘上的 R 键不放，鼠标操作将自动切换到旋转物体的状态，其作用等同于旋转物体工具。

旋转物体时，如果按 Shift 键，将关闭物体以 45° 角为增量进行旋转的功能。

5. 页面的保存、更新与提取

在 Lumion 中可以对设置好视角的页面进行保存，方法为调整好一个角度后，按 Ctrl+ 数字键即可。例如，按 Ctrl+1 组合键可以将当前视角保存到 1 这个数字键上，以后如果想查看此时所保存的视角，按 Shift+1 即可。

另外，保存的页面也可以在拍照面板中进行查看，如图 17-12 所示。

图　17-12

6. 多个页面的保存、更新与提取

由于键盘上只有 10 个数字键，所以使用上面所述的方法只能存储 10 个页面。当有更多的页面要保存时，就要借助动画面板中的片段功能。

01 单击"动画模式"按钮，进入其界面，任意选择一个片段，并在弹出的按钮中单击"录制"按钮🎬，如图 17-13 所示。

图　17-13

02 在动画录制窗口中选择一个合适的角度，单击"拍摄照片"按钮📷，将当前角度及焦距作为一个关键帧保存在动画中。最后单击"返回"按钮✔返回到动画面板，如图 17-14 所示。

图　17-14

03 这样页面就被保存在动画片段中了，想要激活该页面时，只需在"动画"面板中单击片段的缩略图，然后再返回操作平台即可，如图 17-15 所示。

图　17-15

17.3 导入模型

在 Lumion 中完成了前期地形准备后，下面就可以导入制作好的模型了。

17.3.1　分批导入及对齐

在 Revit 中制作模型时，可能会因为项目体量太多，需将模型拆分成几个文件，通过链接的方式将其结合在一起。在这种情况下，就需要分批导出模型，同时也要分批导入和对齐。

01 将模型文件的地形导入 Lumion 的模型库并插入场景中，如图 17-16 所示。

图 17-16

02 将模型的其他部分分别导入并插入场景中，如图 17-17 所示。

图 17-17

03 将模型的各部分都导入后，接下来要将导入的模型对齐。首先在"物体"面板中单击"关联菜单"，然后按住 Ctrl 键的同时使用鼠标左键框选所有模型（框选的对象为模型各个部分的插入点），如图 17-18 所示。

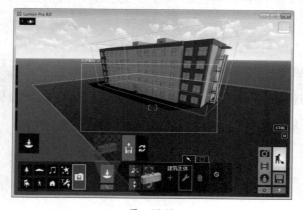

图 17-18

04 任意选择一个插入点，然后在弹出的按钮中单击"变换"按钮，再单击"对齐"按钮，如图 17-19 所示。将模型对齐后，再对模型的位置和高度进行系统的调整，完成模型的导入，如图 17-20 所示。

图 17-19

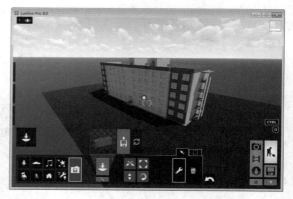

图 17-20

★ **重点** 实战——Revit 模型导出与导入

场景位置	场景文件 > 第 17 章 > 01.rvt
实例位置	实例文件 > 第 17 章 > 实战：Revit 模型导出与导入 .ls8
视频位置	多媒体教学 > 第 17 章 > 实战：Revit 模型导出与导入 .mp4
难易指数	★★★★★
技术掌握	模型导出与导入的方法与注意事项

扫码看视频

01 打开学习资源包中的"场景文件 > 第 17 章 > 01.rvt"文件，检查各模型材质是否正确。然后切换到 Lumion 选项卡，单击 Save File 按钮，如图 17-21 所示。

疑难问答——为什么不使用自动同步功能将模型同步到Lumion中？

因为使用自动同步功能导入Lumion中的对象不能在Lumion中编辑材质。

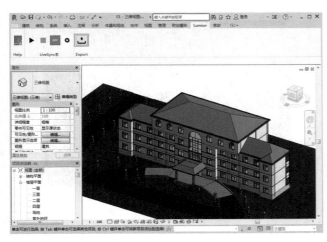

图 17-21

02 在弹出的对话框中设置模型的导出精度等相关参数，然后单击 Export 按钮，如图 17-22 所示。

图 17-22

03 选择文件的保存位置，然后输入文件名称并单击"保存"按钮，如图 17-23 所示。

图 17-23

04 启动 Lumion 软件，选择 Plain 场景，新建文件，如图 17-24 所示。

图 17-24

05 单击"物体"按钮，然后选择"导入"按钮。接着单击"导入新模型"按钮，在"打开"的对话框中选择需要导入的模型文件，最后单击"打开"按钮，如图17-25 所示。

图 17-25

06 在弹出的对话框中可以输入文件名称并设置模型存放的文件夹，最后单击"加入库中"按钮，如图 17-26 所示。

图 17-26

07 在场景中合适的位置单击放置模型，并使用"调整高度"工具适当地将模型高度进行调整，如图 17-27 所示。

图 17-27

17.3.2 模型更新

在 Lumion 中并不具备建模或者对模型实体进行修改的功能，如果需要对模型进行修改，那么可以通过替换模型的方法来达到目的。

01 将模型的源文件打开，对其进行修改。

02 将修改完成的模型以同名文件导出并导入上一次导出的目录下，也就是说要用修改后的模型文件覆盖修改前的模型文件。

03 覆盖完成返回 Lumion 中，选中要替换的模型，然后在"材质编辑器"内选择需要替换的模型。

04 单击"重新导入模型"按钮 更新模型，如图 17-28 所示。

图 17-28

17.3.3 模型替换

如果由于重装系统等原因，导致导入的模型文件名称或者路径发生改变，或者想将场景中的模型替换为另一个模型时，就需要使用 Lumion 为用户提供的替换模型接口。

与上述方法一样，在想要替换的模型上激活"材质编辑器"，然后单击"重新导入模型"按钮 的同时按键盘上的 Alt 键，此时会弹出一个对话框，只需要找到修改过的模型或者想要替换到场景中的模型重新加载即可，如图 17-29 所示。

图 17-29

17.4 光线调节

光线是场景内容表达最重要的一部分。Lumion 中的光线和现实中的光线一样，下面将介绍光线调节的具体步骤及一些特殊光线环境的制作方法。

17.4.1 光线调节的方法

下面讲解 Lumion 中一些光线的基础调节方法。

在调节光线时，首先要针对表现主体调节基本的光影环境，如图 17-30 所示，可以看出模型的光影角度与 Lumion 的光影环境并不匹配。

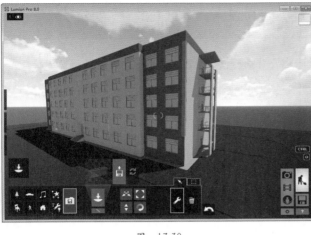

图　17-30

将太阳角度调节到45°左右（这样就能清晰地表现出建筑的体块关系），然后将太阳高度调节到合适的位置。接着调节阳光高度与天光亮度到合适的比例，参照标准为阴影浓度及天空的颜色，如图17-31所示。

图　17-31

17.4.2　特殊光线环境的营造

一张完美的效果图常常需要一些较为特殊的环境效果，如夜晚、雨雪天气、黄昏，甚至是沙暴等。这些光线环境在Lumion中的调节方法并不能完全地参数化，更多地需要一种感性上的认识，但仍然有一定的规律。所以，下面将一一讲解这些特殊天气环境的制作方法。当然，这些方法只是告诉大家Lumion中的光线与真实光线的关联性及调节的规律，并不是一定要靠这种参数去调节，毕竟相同的参数针对不同

的场景、不同的角度是会产生不同效果的。

1. 夜景光线的调节

将Lumion的太阳高度调节到地平线以下（为了方便看到效果，这里添加了一些配景和灯光），如图17-32所示。

图　17-32

2. 黄昏光线的调节

黄昏的气氛是建筑和景观表现中常用到的一种表现手法。黄昏状态下太阳高度较低，光照较强，实体色彩和阴影较浓，色调偏暖。所以在Lumion中需要降低太阳高度、调高画面对比度、调低阴影亮度，同时需要增加云层和太阳的亮度。另外要增加一些眩光，这样更能将黄昏的效果表现出来，效果如图17-33所示。

图　17-33

17.5 添加配景

配景是用来表现设计主体的重要组成部分，Lumion 中的配景主要有动植物、交通工具、室内外配景、粒子及灯光组件。

17.5.1 配景的添加技巧

在添加配景时，对于大量相同的素材，常常需要进行批量添加，其操作方法比较简单，选中素材后按键盘上的 Ctrl 键并在场景中需要添加的位置左击即可，如图 17-34 所示。

图　17-34

17.5.2 配景的选择技巧

如果想同时选择多个物体，可以在按下 Ctrl 键的同时使用鼠标左键在场景中拖曳出矩形框，位于矩形框范围内的物体（以物体的插入点为依据）即可被选中。如果要将选择集外的物体添加进选择集，可以在按住 Ctrl+Shift 键的同时使用鼠标左键进行框选。

17.5.3 物件的移动技巧

使用物体面板中的"移动"按钮 ![icon] 移动组件时，默认会贴合地形，也就是说移动时会自动随着地形变化而产生高度变化。Lumion 提供了多种移动时的贴合方式以及一些其他快捷操作。

- 在移动物体时配合 Alt 键可以复制物体。
- 在旋转物体时配合 Shift 键可以取消让物体以 45° 为增量角进行旋转。
- 在移动物体时配合 G 键，移动的物体会贴合地面地形，而忽略其他物体，也就是贴合地面优先。
- 在移动物体时配合 F 键，移动的物体会贴合除了植物以外的其他实体（正面），而忽略其他物体，也就是贴

合实体优先。

- 在移动物体时配合 Ctrl + F 组合键，移动的物体会贴合除了植物以外的所有面（包括地形）。
- 在移动物体时配合 Shift 键，物体在移动时将保持现有高度，不贴合任何面。
- 在旋转物体时配合 Shift 键，物体自动以 12° 为增量角进行分级旋转。
- 按住 Ctrl 键框选物体后，单击"关联菜单"按钮，并选择作为基准的物体的插入点，接着依次单击"变换"按钮和"相同高度"按钮，即可将选择的物体都变更为与该物体同高。
- 按住 Ctrl 键框选物体后，单击"关联菜单"按钮，并选择作为基准的物体的插入点。接着依次单击"变换"按钮和"XZ 空间"按钮，即可将选择的物体都以该物体为基准，排成一条直线。

★ 重点 实战——光线调整与添加配景

场景位置	场景文件 > 第 17 章 > 02.ls8
实例位置	实例文件 > 第 17 章 > 实战：光线调整与添加配景 .rvt
视频位置	多媒体教学 > 第 17 章 > 实战：光线调整与添加配景 .mp4
难易指数	★★★★★
技术掌握	天气与物体工具的使用方法

扫码看视频

01 打开学习资源包中的"场景文件 > 第 17 章 >02.ls8"文件，单击"天气"按钮，然后调整太阳方向为正北方，调整太阳高度为 45°，如图 17-35 所示。

图　17-35

02 单击"云彩类型"按钮，选择第一种云彩样式，如图 17-36 所示。

图   17-36

03 向左侧拖动云层滑竿，适当地将云彩数量减少，如图 17-37 所示。

图   17-37

 疑难问答——为什么不使用自动同步功能将模型同步到Lumion中？

因为使用自动同步功能导入Lumion中的对象不可以在Lumion中编辑材质。

04 单击"物体"按钮，然后选择交通工具，如图 17-38 所示。

05 在"交通工具库"面板中，切换到"跑车"选项卡，选择需要添加的车辆模型，如图 17-39 所示。

图   17-38

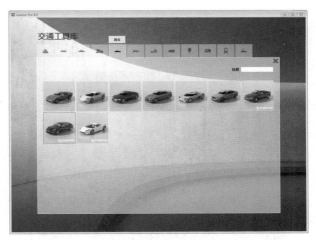

图   17-39

06 在场景中任意位置单击放置车辆模型，然后使用移动与放置工具调整车辆位置与方向，如图 17-40 所示。

图   17-40

07 在场景中任意位置单击放置车辆模型，然后单击"显示更多属性"按钮，在调色板中将车身颜色调整为红色，如图 17-41 所示。

图　17-41

08 单击"自然"按钮，按照相同的方法在道路两侧单击放置一些树木，如图 17-42 所示。

图　17-42

09 单击"人和动物"按钮，随机在大门附近的位置添加几个不同的人物，如图 17-43 所示。

图　17-43

17.5.4　特效

特效是一个比较独特的组件系统，其中包含了喷泉、火焰、烟雾和雾气 4 种类型。这些特效的插入方法与插入其他物件相同。

1. 喷泉粒子

插入一个喷泉粒子到场景中，如图 17-44 所示。

图　17-44

通过任意控制工具，选中喷泉。单击"显示更多属性"按钮，此时会弹出喷泉粒子的调整参数，如图 17-45 所示。

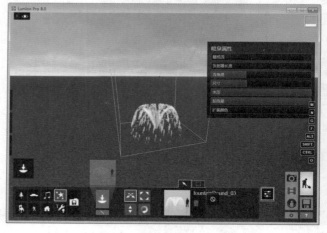

图　17-45

● 随机流：该参数用来调整粒子发射角度及数量的均匀程度。数值越小，则粒子发射时的角度、数量及速度越平稳，粒子的变化越小，反之，粒子的发射角度、数量及速度变化程度越大，产生的粒子效果随机性就越大。

● 发射器长度：该参数用来调整粒子发射器的宽度。数值越大，发射的粒子越宽，呈带状；反之，发射的粒子宽度就越小，呈点状。

○ 流角度：该参数用来调整粒子发射的角度。数值越小，发射角度越接近90°，即垂直向上发射；反之，则越接近0°，即向水平方向发射。

○ 尺寸：该参数用来缩放粒子的尺寸。数值越小，粒子越小；反之，数值越大，粒子越大。

○ 水压：该参数用来调节粒子之间的密度。数值越大，粒子与粒子之间的空隙越大；反之则空隙越小。

○ 起泡量：该参数用来调节水粒子产生的泡沫浓度。数值越大，泡沫就越浓；反之泡沫浓度就越低。

○ 扩展颜色：该参数用来调整喷泉的透明度。数值越大，不透明度越高；反之不透明度越低。

2. 火焰粒子

同喷泉粒子一样，火焰特效中也有一些专门设置的参数，如图17-46所示。

图　17-46

○ 发射器区域尺寸：该参数用来调整火焰整体的大小。数值越大，火焰的尺寸越大；反之火焰的尺寸越小。

○ 粒子量：该参数用来调整粒子的密度。数值越大，火焰越浓；反之火焰越淡。

○ 区域扩张系数：该参数用来控制火焰分布的大小。数值越大，火焰粒子越紧密；反之火焰粒子分布越宽松，占地越大。

○ 火焰大小：该参数用来控制火焰的大小。数值越大，火焰的尺寸越大；反之则越小。

○ 火焰颜色：该参数用来控制火焰的颜色。拖动滑竿，不同的数值代表着不同的颜色。

○ 亮度：该参数用来调整火焰的亮度。数值越大，火焰就越亮；反之亮度越低。

3. 烟雾粒子

烟雾粒子的参数面板如图17-47所示。

图　17-47

○ 亮度：该参数用来调整烟雾的亮度。数值越大，烟雾就越亮；反之亮度越低。

○ 浓度：该参数用来调整粒子的密度。数值越大，烟雾越浓；反之烟雾越淡。

○ 列宽度：该参数用来调整烟雾整体的大小。数值越大，烟雾的尺寸越大；反之烟雾的尺寸越小。

○ 粒子尺寸：该参数用来调整烟雾中每个粒子的大小。数值越大，组成烟雾的粒子尺寸就越大；反之粒子的尺寸就越小。

○ 随机分布：该参数用来控制烟雾中粒子发射器的随机性。数值越大，烟雾的变化就越丰富；反之烟雾的变化就单一。

○ 调色板：调色板用来控制烟雾的颜色。

4. 雾气粒子

雾气粒子的参数面板如图17-48所示，这些参数主要用于设置雾气的浓度、范围、颜色和运动速度等。

图　17-48

○ 亮度：该参数用来调整雾气的亮度。数值越大，雾气就越亮；反之亮度越低。

○ 浓度：该参数用来控制粒子的密度。数值越大，雾气越浓；反之雾气越淡。

○ 发射器区域尺寸：该参数用来调节雾气的分布系数。数值越大，雾气的覆盖面积越大；反之，覆盖面积越小。

○ 动画速度：该参数用来调节雾气的动画速度。数值越大，速度越快；反之则越慢。

17.5.5　灯光

在 Lumion 8.0 中，灯光系统大大丰富了 Lumion 的表现手法和表现力。Lumion 中的灯光大致可以分为两种，一种是光域网光源，另一种是非光域网光源。这两种光源最大的区别在于，光域网光源可以正确地投射阴影。而非光域网光源则只能照亮场景，不会产生任何阴影。

在"物体"面板中单击"灯光和特殊物体"按钮 ，进入组件库，如图 17-49 所示。

在"光源和工具库"中有很多类型的灯光，如"聚光灯""点光源""区域光源"等，选择任意光源并添加到场景中，即可看到灯光的效果。下面介绍部分光源的制作方法。

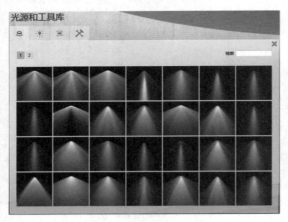

图　17-49

1. 聚光灯

在场景中添加一个光域网（这里选择 Lamp），如图 17-50 所示。

图　17-50

单击"显示更多属性"按钮 ，在弹出的参数调节面板中可以设置灯光的亮度、颜色、锥角等参数，从而控制灯光的不同属性，如图 17-51 所示。

图　17-51

2. 点光源和区域光源

点光源和区域光源的添加都比较简单，选择相应的光源类型，直接在场景中单击放置即可。如图 17-52 所示为点光源效果，如图 17-53 所示为区域光源效果。这两种光源都只能起到照亮场景的作用，而无法产生光照阴影。

图　17-52

图　17-53

17.6 材质调节

本节将讲解如何在 Lumion 中修改模型的材质。

17.6.1 水体材质的制作与调节

Lumion 中的水体共有两种做法，一种是通过"水"
工具进行创建，用这种方法添加的水体边界只能为正方形或
长方形，水面只能为平面，而且水体的反射等信息不能被调
节，因此常用于配景水面。另一种是为导入的模型赋予水的
材质，使用这种方法可以灵活控制水边缘的形状以及水体的
反射等信息。

第 1 种方法在前面已经有详细的介绍，下面对第 2 种方
法的操作过程进行讲解。

01 将模型导入 Lumion 后，单击"材质"按钮，选择
需要修改材质的物体，如图 17-54 所示。

图　17-54

02 切换到自定义选项卡，单击"水"按钮，此时所选
物体的材质将成为水材质，如图 17-55 所示。

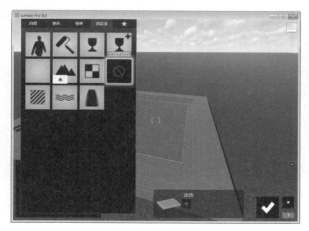

图　17-55

03 接着会弹出材质编辑器，在这里可以调节水波高、
颜色等参数，如图 17-56 所示。

图　17-56

1. 水材质参数详解

水材质赋予完成后，可以看到在"材质"面板中有很多
参数，这些参数主要由两部分构成，分别为属性和颜色，如
图 17-57 所示。

图　17-57

- 波高：该参数主要用来调节水面起伏程度的大小，参数
越大，水面的波浪起伏越大；反之起伏越小。

- 光泽度：该参数用来平衡水体的反射与透明度。数值
越大，水体的反射越小，透明度越大；反之反射越大，

透明度越小。

- 波率：该参数用来调节水体的纹理大小。数值越大，水体的纹理越大；反之水体的纹理越小。
- 聚焦比例：该参数用来调节阳光照在水面上产生的光影纹理大小。数值越大，水体的焦散纹理越大；反之焦散纹理越小。
- 反射率：该参数用来调节水体的反射强度，数值越大，反射强度越大；反之反射强度越小。
- 泡沫：该参数用来调节水面与实体接触部分所产生的浪花及泡沫数量。数值越大，产生的泡沫密度就越大；反之密度越小。
- 颜色密度：该参数用来调节水面的颜色浓度。数值越大，水体颜色越淡；反之水体颜色越浓。
- 调整水的亮度：该参数用来调节水面的亮度值，数值越大，光照越明显；反之则越弱。
- 调色盘：用于调节水颜色。

2. 制作高透明度水体

如果要表现清澈的水面，只需在调色盘中将明暗度调高，使水体颜色变得较为明亮，然后再将颜色密度的数值调高，使水体颜色变淡即可，如图17-58所示。

图 17-58

3. 制作水下世界

Lumion支持水下世界，配合水下植物、动画，可以产生丰富的效果，如图17-59所示。

4. 制作瀑布

Lumion中的瀑布同水体一样，是一种材质。因此只需为创建好的瀑布模型赋予瀑布材质即可，如图17-60所示。

5. 制作跌水

如果需要制作跌水景观，同样要用到瀑布材质，不同的是对纹理和透明度等需进行适当的调节，如图17-61所示。

图 17-59

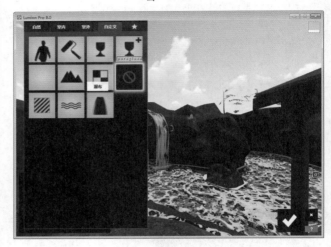

图 17-60

图 17-61

6. 制作海水

海水是Lumion中的一个组件。在景观面板中单击"海洋"按钮，在弹出的子面板中单击"海洋开 / 关"按钮，即可制作海水，如图 17-62 所示。

图　17-62

17.6.2　玻璃材质的制作与调节

玻璃在 Lumion 中同样是一种材质，只需为模型赋予玻璃材质即可，如图 17-63 所示。

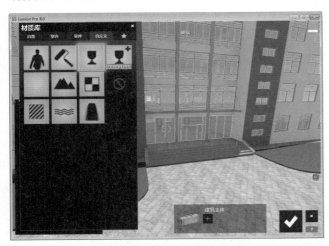

图　17-63

1. 玻璃材质参数详解

玻璃材质同样有一些调节参数，如图 17-64 所示，下面进行详细介绍。

- 反射率：该参数用来调节玻璃的反射强度。数值越大，玻璃的反射强度就越强；反之玻璃的反射强度就越弱。

- 透明度：该参数用来调节玻璃的透明度。数值越大，玻璃透明度越高；数值越小，玻璃的透明度越低。

- 纹理影响：该参数适用于非纯色的材质，当赋予带有贴图信息的材质给玻璃后，可通过这个参数来调节贴图

的显隐程度。数值越大，玻璃中原有的贴图就越明显；反之玻璃上的贴图显示就越淡。

图　17-64

- 双面渲染：该参数用来调节玻璃的反射度与透明度之间的关系。数值越大，玻璃的透明度就越高，反射强度就越弱；反之玻璃的透明度就越低，反射强度就越强。

- 光泽度：该参数用来调节玻璃的光泽度。数值越大，玻璃反射的物体边缘越清晰；数值越小，玻璃反射的物体边缘越模糊。

- 亮度：该参数用于调节玻璃本身的亮度，数值越大，玻璃亮度越高；数值越小，玻璃亮度越低。

- 调色板：用来调节玻璃的基准色。

2. 调节普通玻璃

对于普通玻璃，只需在赋予玻璃材质后，对玻璃的颜色等进行一些简单的调节即可，如图 17-65 所示。

图　17-65

3. 调节弱光线环境下的玻璃

在弱光线环境下，玻璃往往反射强度较弱，透明度也较低，反映出来多为表面较暗。在 Lumion 中要制作这种玻璃只需调低玻璃亮度即可，如图 17-66 所示。

图　17-66

4. 调节玻璃幕墙

玻璃幕墙在外面看时，多为不透明状态，而且反射强度较强。在 Lumion 中需要将纹理影响调大，并调高反射率和双面渲染，同时将玻璃的颜色调为较浅的颜色，如图 17-67 所示。

图　17-67

5. 调节磨砂玻璃

磨砂玻璃常常为不透明状态，反射度不高并且表面不光滑。在调节时不能用普通玻璃材质，而要使用室内选项卡中的玻璃材质，并且根据磨砂效果的不同，选择对应的磨砂玻璃材质，如图 17-68 所示。

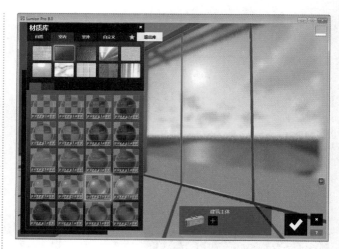

图　17-68

★ 重点 实战——调整模型材质

场景位置	场景文件 > 第 17 章 >03.ls8
实例位置	实例文件 > 第 17 章 > 实战：调整光线并添加配景 .rvt
视频位置	多媒体教学 > 第 17 章 > 实战：调整光线并添加配景 .mp4
难易指数	★★★★★
技术掌握	材质工具的使用方法

扫码看视频

01 打开学习资源包中的"场景文件 > 第 17 章 >03.ls8"文件，单击"材质"按钮，拾取场景中的玻璃，如图 17-69 所示。

图　17-69

02 选择玻璃材质，将反射率数值适当调高，然后单击"保存"按钮，如图 17-70 所示。

03 选择坡道侧墙以及室外台阶，然后选择颜色材质，将颜色调整为白色并把亮度调高，如图 17-71 所示。最后单击"保存"按钮。

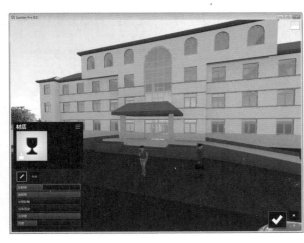

图　　17-70

图　　17-71

04 选择灯柱玻璃部分，然后在"材质库"中切换到"室内"选项卡，选择玻璃类别中的磨砂玻璃材质，如图17-72所示。最后单击"保存"按钮。

图　　17-72

05 选中屋顶部分，然后在"材质库"中切换到"室外"选项卡，在屋顶类别中选择roof_014A材质，如图17-73所示。最后单击"保存"按钮。至此项目中的所有材质就基本调整完成了。

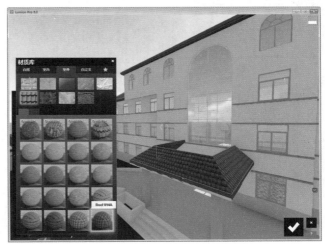

图　　17-73

17.6.3　不可见材质的制作与调节

当场景中有材质需要隐藏时，只需为其赋予"自定义"选项卡中的"无形"材质即可，如图17-74所示。

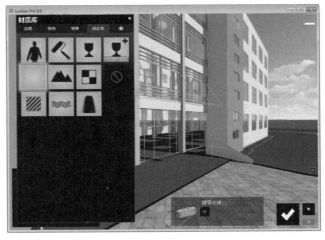

图　　17-74

17.6.4　标准贴图及凹凸贴图的制作

在Lumion中，常常不需要使用其自带的材质，而是使用模型本身的材质。这一目的可以通过标准材质来实现。

1.制作标准贴图

在Lumion中打开场景，并导入模型，然后单击"材质"按钮，选择需要调整材质的模型。在"自定义"选项卡中选择"标准"材质，如图 17-75 所示。此时就可以通过材质下方的参数对模型自带的材质进行调节。

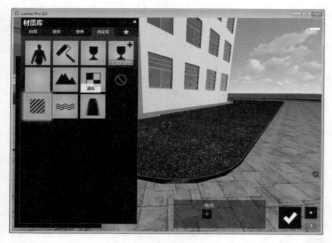

图 17-75

2. 制作凹凸贴图

对于某些需要重点表现的材质，需要进行凹凸处理，具体操作方法如下。

01 为需要制作凹凸贴图的材质赋予标准材质，在材质的参数调节窗口中单击"选择法线贴图"蓝色缩略图，如图 17-76 所示。

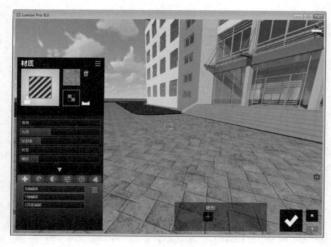

图 17-76

02 在弹出的对话框中找到与该材质相匹配的凹凸贴图并打开，如图 17-77 所示。

03 回到"材质编辑器"中，对"视差"强度进行调整，即可看到材质的凹凸变化，数值越大，凹凸效果越强，如图 17-78 所示。

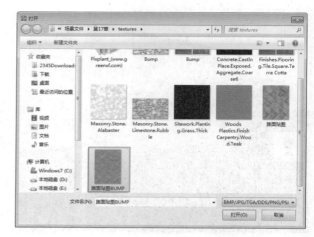

图 17-77

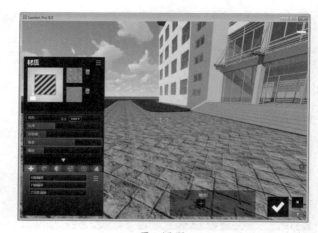

图 17-78

17.6.5 纯色材质的调节

如果需要将材质调节为纯色材质，可以通过"自定义"选项卡中的"颜色"材质来实现，如图 17-79 所示。

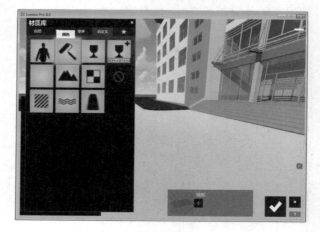

图 17-79

17.7 静帧出图

　　静帧出图时，最终得到的效果往往与预览图略有偏差，这些偏差与显卡型号有很大关系。所以对画面完成调节后不要马上出图，要先将画面调暗一些，这样导出的图像经过自动优化以后就会有很好的效果了。

　　在Lumion中导出图片时可以添加很多视频滤镜，这些滤镜能给画面带来不错的效果，具体操作方法如下。

　　01 打开一个已经做好的场景，使用Ctrl+数字键将需要静帧出图的角度保存到一个页面中（以Ctrl+1为例），如图17-80所示。

图　17-80

　　02 单击"拍照模式"按钮，进入"图像渲染"面板。选择之前记录好的画面1并对其进行微调，然后单击"保存相机视口"按钮，如图17-81所示。

图　17-81

　　03 选择场景风格，然后添加需要的特效，如图17-82所示。

　　04 单击"渲染照片"按钮 ，进入"渲染照片"面板，选择一个尺寸，将静帧图渲染出来，如图17-83所示。

图　17-82

图　17-83

　　05 最终效果如图17-84所示。

图　17-84

★ [重点] 实战——渲染静态图像

场景位置	场景文件 > 第 17 章 >04.ls8
实例位置	实例文件 > 第 17 章 > 实战：渲染静态图像 .ls8
视频位置	多媒体教学 > 第 17 章 > 实战：渲染静态图像 .mp4
难易指数	★★★★★
技术掌握	静态渲染的表现方式

扫码看视频

01 打开学习资源包中的"场景文件 > 第 17 章 >04.ls8"文件，将相机视角调整至合适的角度，如图 17-85 所示。

图 17-85

02 单击"拍照模式"按钮，进入拍照界面，然后单击"添加效果" **FX** 按钮，如图 17-86 所示。

图 17-86

03 在"选择照片效果"面板中切换到"相机"选项卡，然后单击"2 点透视"特效，如图 17-87 所示。

04 特效添加成功后，单击特效后方的开关按钮，打开效果，如图 17-88 所示。

图 17-87

图 17-88

05 将光标放置到第一个相机框内，单击"保存相机视口"按钮，保存当前视角。然后单击"渲染照片"按钮进行图像渲染，如图 17-89 所示。

图 17-89

06 在"渲染照片"面板中，选择任意渲染尺寸，如图17-90所示。然后在"另存为"对话框中选择图像需要保存的位置。

图 17-90

技巧提示

保存图像时尽量以英文或数字命名，如果使用中文命名，可能会导致图像渲染失败。

07 渲染完成后的最终效果如图17-91所示。

图 17-91

17.8 高级动画制作

在Lumion中录制动画的方法非常简单。但为了表现动画的丰富性，常常还需要添加一些丰富的动态效果，如人或车的行走、建筑物的拼装、剖面动画、高级移动动画、组装动画、景深动画、物体掉落、雨雪动画、天气变化、时间变化、季节变化等。

17.8.1 简单行走动画

在Lumion 8.0中共有两种位移动画效果，其中移动为直线位移动画，也就是说只能设置物体沿直线运动；而高级移动为高级位移动画，可以设置物体的路径动画。

在这两种动画效果中，位移可以自动识别人物，并且被设定的人物会沿着固定的速度行走；而在高级位移中，人物的行走速度决定于关键帧之间的时间长短。

所以一般情况下都使用位移来设定人物行走动画。在Lumion的人物模型中，名称中带有Walk字样的都支持行走动画。在预览窗口中该人物模型均为原地踏步，在动画中可以使其正常行走。

01 通过记录关键帧来记录一段动画，然后在场景中添加一个支持行走动画的人物模型，如图17-92所示。

02 选择记录的动画片段，然后在"场景和动画"选项卡中选择"移动"特效，为动画片段添加一个位移特效，如图17-93所示。

03 完成特效的添加后，在"自定义风格"面板中会显示相应的控制按钮，如图17-94所示。

04 单击"编辑"按钮 ✎ ，进入移动特效设置界面，如图17-95所示。

图 17-92

05 单击"开始位置"按钮，此时场景中可移动物体的操作点被激活，通过移动工具将人物移动到想要设定的起点位置，如图17-96所示。

06 起点位置设置好后，单击"结束位置"按钮，然后移动人物到想要设定的终点位置，如图17-97所示。

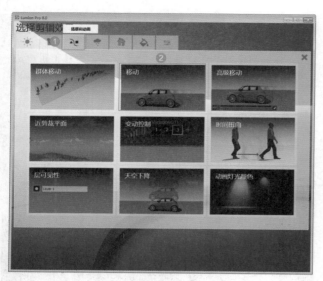

图　17-93

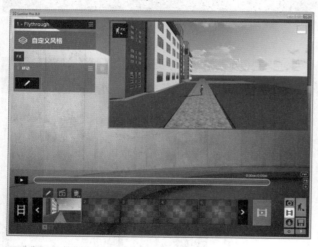

图　17-94

图　17-95

图　17-96

图　17-97

07 单击"返回"按钮 ✔，然后在动画面板中进行播放，即可看到人物从设定好的起点向终点走去，如图 **17-98** 所示。

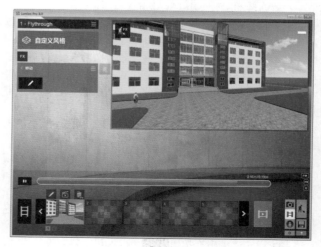

图　17-98

技巧提示

设置人物行走动画时，只需设定起点和终点位置，人物会自动面向终点位置以固定速度行走，并且在动画片段的时间范围内一直行走下去。也就是说在人物的行走动画中，起点为人物的起点，终点只是设定了人物行走的方向，并且不支持碰撞系统。

所以在设定人物的行走路线时一定要与片段镜头相结合，以避免时间太长，人物走出场景外或者穿入建筑或树木中等。另外，车辆和其他模型都可以通过该方法来设定直线动画。其中车辆在移动时，车轮会自动转动。但不同的是，车辆是在动画片段的时间范围内从设定好的起点出发，然后在片段播放完成后正好走到设定的终点，也就是在动画片段内进行时间和空间的等比线性运动。

"移动"特效参数详解

移动特效的设置界面与 Lumion 的操作界面相同，操作方式也相同，只是在左下角多了一个控制条。

- "开始位置"按钮◀：该按钮用来定义移动物体的起点。
- "结束位置"按钮▶：该按钮用来定义移动物体的终点。
- "移动"按钮✕：该按钮用来沿地面或物体表面移动物体。
- "垂直移动"按钮↕：该按钮用来沿垂直方向上下移动物体。
- "绕 Y 轴旋转"按钮↷：该按钮用来绕 Y 轴方向侧向旋转物体。
- "缩放"按钮⟷：该按钮用来缩放物体。
- "绕 X 轴旋转"按钮↻：该按钮用来绕 X 轴方向侧向旋转物体。
- "绕 Z 轴旋转"按钮↻：该按钮用来绕 Z 轴方向侧向旋转物体。

通过前面的参数解析还可以看到，"移动"特效可以记录起点和终点时物体的位置、大小、角度等。所以在 Lumion 中可以将导入的模型或其他物体通过这个特效实现旋转、放大，甚至在运动过程中放大并旋转等。

★ 重点 实战——制作建筑漫游动画

场景位置	场景文件 > 第 17 章 >05.ls8
实例位置	实例文件 > 第 17 章 > 实战：制作建筑漫游动画 .ls8
视频位置	多媒体教学 > 第 17 章 > 实战：制作建筑漫游动画 .mp4
难易指数	★★★★★
技术掌握	动画工具的使用

扫码看视频

01 打开学习资源包中的"场景文件 > 第 17 章 >05.ls8"

文件，单击"动画模式"按钮，然后单击"录制"按钮开始创建动画，如图 17-99 所示。

图 17-99

02 将相机调整到一个合适的角度后，单击"拍摄照片"按钮，确定第一个关键帧，如图 17-100 所示。

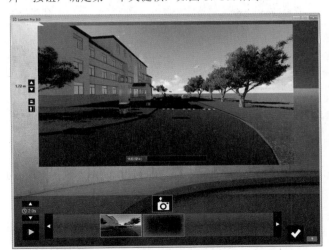

图 17-100

03 沿水平方向继续向前移动相机，移动到合适的位置后，再次单击"拍摄照片"按钮确定第二个关键帧，如图 17-101 所示。

04 将相机调整至鸟瞰视角，再次单击"拍摄照片"按钮确定第三个关键帧，如图 17-102 所示。

05 单击"播放"按钮，查看动画完成效果。如果动画时间过短，可以通过播放放置上方的两个小三角进行调节。调节完成后单击"返回"按钮，如图 17-103 所示。

06 返回"动画"面板后，可以单击当前动画上的"渲染片段"按钮，或者单击"渲染影片"按钮，如图 17-104 所示。将制作好的动画文件进行导出。

图　17-101

图　17-102

图　17-103

图　17-104

07 在"渲染片段"面板中设置"输出品质"以及"每秒帧数"，最后选择视频尺寸，如图 17-105 所示。在"另存为"对话框中选择视频保存的位置，输入文件名称并单击"保存"按钮。

图　17-105

08 最终导出的动画效果如图 17-106 所示。

图　17-106

17.8.2　剖面动画

剖面动画同样使用到了"移动"特效，具体操作步骤如下。

01 在场景中添加一个剖面，如图 17-107 所示。

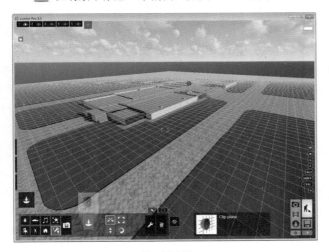

图　17-107

技巧提示

剖面在Lumion中是以组件的形式存在的，位于物体面板的"灯光和特殊物体"组件中。

02 回到"动画"面板，可以看到剖切面以上的部分已经不可见了，如图 17-108 所示。

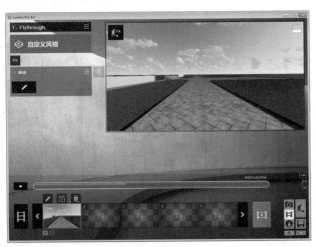

图　17-108

03 为动画片段添加一个"移动"特效，然后将剖面的起点和终点分别设置在地平线位置和建筑顶部以上，如图 17-109 和图 17-110 所示。

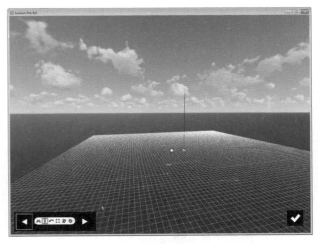

图　17-109

图　17-110

04 返回"动画"面板，预览动画效果，可以发现场景已经开始自下而上一层一层地显示，如图 17-111 所示。

图　17-111

17.8.3　高级移动动画

高级移动动画也就是前面介绍的"高级移动"路径动画。这个特效可以为除了植物和地形以外的其他物体指定多个关键帧，并且可以设定它们在不同关键帧的位置、大小、方向等信息，具体操作方法如下。

01 在场景中添加一辆汽车，然后在"动画"面板中录制一个片段，如图17-112所示。

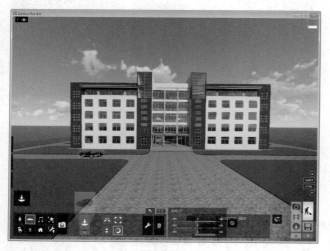

图　17-112

02 为录制的片段添加一个"高级移动"特效动画，如图17-113所示。

图　17-113

03 完成添加后，单击"编辑"按钮 ，进入编辑界面，如图17-114所示。

04 将时间轴拖曳到一定的位置处，然后将车辆移动一定的距离。可以看到，现在时间轴上多了一个白色的关键帧标记，使用相同的方法在时间轴上记录关键帧，如图17-115所示，车辆的位移路径以红色线条显示。

图　17-114

技巧提示

在"高级移动"特效的编辑界面中没有设置起点和终点的按钮，取而代之的是一个可拖曳的时间轴。如果要设置车辆的路径动画，只需拖曳时间轴，同时改变车辆的位置即可。

图　17-115

05 返回"自定义风格"面板预览动画，可以看到车辆已经按照设定好的路线移动了，如图17-116所示。

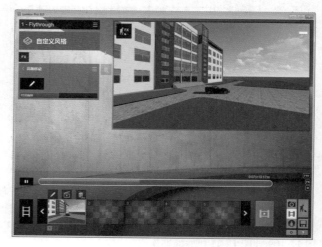

图　17-116

17.8.4　天空下降动画

Lumion 8.0 提供了一个从天空掉落物体的特效，具体使用方法如下。

01 打开场景，根据需要添加一段动画片段，接着为其添加一个"天空下降"动画特效，如图 17-117 所示。

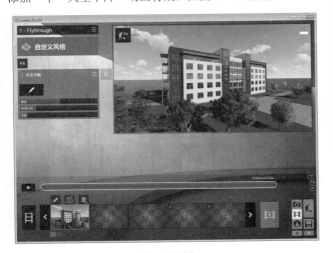

图　17-117

02 进入特效编辑界面，按住 Ctrl 键的同时框选需要设置为掉落的物体（使用 Shift+Ctrl+ 框选可以加选），如图 17-118 所示。

图　17-118

03 返回"动画"面板预览动画，可以看到物体依次从天空掉落到场景中，如图 17-119 所示。

这种方法可以让建筑产生拼装的动画效果，但导入模型时一定要注意将模型按需要分批导入。

图　17-119

17.8.5　景深动画

景深动画常常能起到很好的渲染气氛的作用，也是常用的一种特效，具体操作方法如下。

01 在"动画"面板中根据需要添加一个动画片段，然后为其添加一个景深特效，如图 17-120 所示。

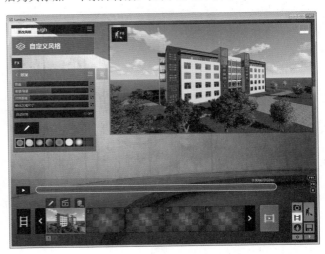

图　17-120

02 根据需要为特效定义关键帧，这里以让动画从景深效果慢慢过渡到正常焦点为例。首先将时间轴拖曳到初始位置，然后单击"对焦距亮"参数后面的标记，为其设定一个关键帧，接着将滑竿调整到合适的位置，如图 17-121 所示。

03 拖曳时间轴到需要恢复为正常焦点的时间点上，再次单击"对焦距离"参数后面的标记，添加第 2 个关键帧，并在此关键帧上调大对焦距离参数的数值，这样就可以在预览窗口中看到此时景深的强度，如图 17-122 所示。

04 预览动画效果，即可看到景深渐变的特效，同时也可以通过设置多个关键帧和不同的参数来制作不同的景深动画，如图 17-123 所示。

图　17-121

图　17-122

图　17-123

17.8.6　雨雪动画

雨雪动画这两个特效的使用和调节方法相同，这里以下雪动画为例，介绍该特效的使用方法。

01 在"动画"面板中添加一个动画片段，然后为其添加一个下雪特效，如图 17-124 所示。

图　17-124

02 特效添加完成后就可以在预览窗口中看到下雪的效果了，如图 17-125 所示。

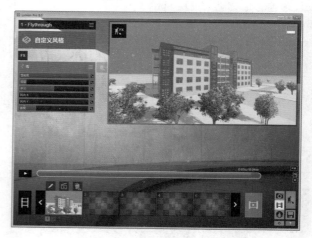

图　17-125

下雪特效参数详解

下雪特效的参数面板如图 17-126 所示。

图　17-126

- **雪密度**：该参数用来调节雪花的大小和密度。数值越大，画面中的雪花越大，同时密度也就越大。
- **雪层**：该参数用来调节雪花落在实体上（包括树木、车辆等在内的所有实体）形成的积雪效果的强弱。数值越大，积雪的覆盖率就越高；数值越小，积雪的覆盖率就越低，实体本身的裸露面积就越大。
- **多云**：该参数用来模拟雨雪天气的云层效果。数值越大，雨雪天气的云层效果越强，原有天空被遮蔽得就越多；数值越小，雨雪天气的云层效果就越弱，原有天空露出的就越多。
- **风向X/Y**：这两个参数用来调节 X 轴和 Y 轴上的风力大小。数值越大，风力越大，场景中的雨雪和植物的摆动幅度也就越大。
- **速度**：该参数用来调节雨雪的下落速度。数值越大，雨雪的下落速度就越快；反之就会越慢。

17.8.7　季节变化

Lumion 8.0 为用户提供了雨雪特效的同时，也让动画中的季节变化成为现实，具体操作方法如下。

01 添加一个动画片段，然后为该片段添加一个下雪特效，如图 17-127 所示。

图　17-127

02 将时间轴拖曳到一定的位置，然后为所有的参数添加一个关键帧（所有参数都为 0，也就是从最开始到此关键帧的区间内关闭下雪特效），如图 17-128 所示。

图　17-128

03 向后拖曳时间轴，然后在需要的位置处添加一个或多个关键帧，并逐渐在这些关键帧内修改参数，以实现动画效果的渐变，如图 17-129 所示。

图　17-129

技巧提示

这里还可以在动画片段中添加太阳角度和方向的变化，以丰富动画场景。